国家社科基金
GUOJIA SHEKE JIJIN HOUQI ZIZHU XIANGMU
后期资助项目

农村家庭金融
资产选择行为研究

The Research on the Financial Asset Selection
Behavior of Rural Households

卢亚娟　著

中国财经出版传媒集团
经济科学出版社
Economic Science Press

国家社科基金后期资助项目
出版说明

后期资助项目是国家社科基金设立的一类重要项目，旨在鼓励广大社科研究者潜心治学，支持基础研究多出优秀成果。它是经过严格评审，从接近完成的科研成果中遴选立项的。为扩大后期资助项目的影响，更好地推动学术发展，促进成果转化，全国哲学社会科学工作办公室按照"统一设计、统一标识、统一版式、形成系列"的总体要求，组织出版国家社科基金后期资助项目成果。

全国哲学社会科学工作办公室

前　　言

　　中国作为一个农业大国，农业、农村和农民问题（"三农"问题）一直是关系到国民经济发展和现代化建设的重要问题。在建设农村市场经济体制的历史进程中，我国进入了全面建设社会主义新农村的新阶段，机遇与挑战并存。目前，农民收入增长速度相对较慢；城乡居民之间、地区之间的收入差距继续扩大；"三农"问题仍然摆在我们面前，需要更加重视制度创新和政策调整。金融是现代经济的核心，农村金融作为现代金融的重要组成部分，是农村经济发展中重要的资本配置要素，其作用越来越显著。当前，我国农村经济金融发展呈现以下趋势：

　　首先，国家实施乡村振兴战略，推动农村经济发展。农村问题一直是国家关注的重点问题，农村经济的提升有助于推动整个社会经济的发展，2018年国务院公布的《中共中央国务院关于实施乡村振兴战略的意见》和《政府工作报告》都提出实施乡村振兴战略，以此推动农村经济的发展。在党的十九大报告中也提出乡村振兴战略，目的在于缩小城乡差距，促进社会经济发展。按照党的十九大关于决胜全面建成小康社会和分两个阶段实现第二个百年奋斗目标的战略部署，中央农村工作会议确定了实施乡村振兴的目标任务：到2020年，乡村振兴取得重大进展，基本形成体制框架和政策体系；到2035年，乡村振兴取得决定性进展，基本实现农业农村现代化；到2050年，农业强、农村美和农民富，乡村全面振兴。

　　其次，国家大力推进普惠金融，推动农村金融发展。普惠金融也被称为包容性金融，是指能够覆盖到社会大部分阶层的金融服务。2005年，联合国首次在国际信贷年会上提出"普惠金融"概念，普惠金融的实施促进了家庭金融的发展，党的十八届三中全会明确提出发展普惠金融是金融改革深化的方向。现阶段，随着经济的发展，普惠金融发展速度也逐渐加快。普惠金融开始推行的时候，只有两种形态，即小额信贷和微型金融，经过多年的发展，种类不断增加，覆盖范围包括银行存款、支付、保险、理财和信贷等多种金融产品和服务，使越来越多的人能够享受到金融服务，也正因此，世界银行不断督促各国政策制定者推动普惠金融的发展，扩大普惠金融的覆盖面，提高普惠金融发展质量。

近几年，互联网的快速发展使得"互联网＋"的模式渗透各行各业，金融服务业覆盖面越来越广，便捷度较之前有了很大的提升，居民的生活水平也有了极大的改善。但是城乡之间的差距仍然较大，收入差距会影响社会公平，造成社会矛盾，这个问题亟待解决。金融改革的深化要求更加注重金融服务质量和覆盖面，而普惠金融的理念符合这一要求。

最后，农村经济发展迅速，但农村金融存在较多问题。从改革开放到现在，国家经济快速发展，农村居民人均收入也在不断提高，农村经济的发展、人们财富的积累，使得农村地区金融机构数量逐渐增加，农村居民可以选择的金融产品也越来越多。这对我国农业发展、农民生活质量的提升都有很大的促进作用。然而，农村家庭金融的发展仍然存在较多问题：一是金融服务产品种类与农民需求不匹配。我国农村人口基数大，面临的问题众多而且复杂，城乡之间仍然存在差距，因此，在金融服务领域，适合农村地区的金融产品仍然缺少，人们对金融产品的了解度不高，对金融产品的满意度较低。金融机构提供的金融产品和农村居民实际的金融需求仍然有不吻合之处。二是农村家庭金融资产结构单一。农村家庭金融资产集中在银行存款，资产结构较为单一。三是农村地区的金融可持续发展能力较弱。农村金融机构不良贷款率较高，缺乏可持续发展的能力，为推动农村金融发展，需要将金融服务面向农村低收入群众，而他们往往缺少抵押品和相应的抵押担保人，这加大了金融机构的信用风险。四是农村家庭金融知识了解度不高，金融生态环境不完善。部分农村居民对金融知识缺乏了解，对金融产品的投资并不积极。农村金融市场存在市场信息供应不足、信息严重不对称等问题，使得我国农村金融发展受到严重阻碍。

因此，要发挥农村金融的促进作用，优化农村金融的资产配置，如下问题受到关注：①我国居民持有金融资产的总量与结构如何？②家庭作为一个重要的生产部门，我国农村家庭金融资产配置特征与需求状况是怎样的？③城乡居民家庭金融资产差异与成因是什么？④人口特征会对农村家庭金融资产选择产生哪些具体影响？⑤除了可观测的影响因素之外还有哪些潜在因素会影响农村家庭金融资产选择行为？⑥农村家庭户主主观行为对家庭财产水平是否有影响？

本书旨在通过行为的视角，使用中国家庭金融调查（China Household Finance Survey，CHFS）的微观数据，分析农村家庭金融资产选择行为，以寻找解决问题的方案。第一,回顾相关理论并梳理国内外研究现状。第二,分析我国家庭持有金融资产的总量与结构,并根据我国经济特征进一步分析城市家庭与农村家庭资产配置的差异。第三,采用 Probit、Tobit 模型分析影响农村家庭金融资产选择行为的影响因素。第四,使用倾向值匹配(PSM)的方法探究不同家庭中代际成员人数差异对金融资产选择的影响。第五,采用结构方程模型(SEM)进行实证分析,寻找影响农村家庭金融资产选择行为的潜在变量,并运用分位数回归分析(QRM)和邓氏灰色关联模型(DGRM)等方法分析农村家庭户主的投资参与度、风险偏好度、社会满意度和社会信任度等主观行为特征对财产水平的影响路径,基于行为视角研究农村家庭财产水平的差异问题。通过研究家庭金融资产的选择行为,提出合理的政策建议,帮助农村家庭优化金融资产配置,提高财产性收入和生活水平。

目　　录

第1章 绪 论

本章从研究背景切入，阐述研究目标和研究假说，明确本成果的研究方法、学术创新和学术价值，进而介绍了全书的研究架构和主要内容。

1.1 问题的提出

1.1.1 研究背景

当前，家庭金融已经发展为金融学领域一个独立的研究方向，与资产定价、公司金融等传统金融研究相提并论。家庭金融研究的快速发展有两个显著的标志：一是 2006 年美国金融协会主席约翰·坎贝尔（John Campbell）的家庭金融主题演讲；二是 2009 年美国国家经济研究局（NBER）成立的家庭金融研究小组。由此，家庭金融慢慢进入各国学者的视野，并渐渐发展起来。坎贝尔认为，家庭金融正逐渐成为金融学的一个重要领域。在此之前，金融学者的研究主要围绕资本市场资产价格如何决定、风险如何由平均资产收益率反映、金融工具如何被公司用来实现其利润最大化等问题。

家庭金融不同于传统的公司金融研究，它研究的是像家庭这样的微观个体。家庭作为一个社会基本单位，其社会经济活动不仅是每个个体行为的总和，而且是家庭内部关系的复杂行为，因此，需要更详细的分类，以便分析各类家庭。家庭金融投资包括参与决策和配置资产，参与资产选择决定了家庭资产中可能包含的资产项目，后者决定了特定项目的投资金额。不同家庭有不同的投资决策行为，包括投资状况、影响因素、差异成因等重要内容。长期以来，国内外学者深入探讨家庭金融，首先，学者们对"家庭金融"的概念进行明确，界定了家庭金融的研究范围；其次，随着学者们不同视角研究的深入，出现了更多的研究方向和更细致的研究内容。

从改革开放到现在，中国经济快速发展，农村居民人均收入也在不断提高，农村经济的发展，人们财富的积累，使得农村地区金融机构数量逐渐增加，适合农村居民可以选择的金融产品也越来越多。然而，农村家庭金融的发展仍然存在较多问题，例如，农村家庭金融资产结构较为单一，金融服务产品种类与农民需求不匹配，农村地区的金融可持续发展能力较弱，农村家庭金融知识普及程度偏低，金融生态环境不完善，这些问题的存在使得我国农村金融发展受到严重阻碍。

因此，要发挥农村金融的促进作用，优化农村金融的资产配置，如下问题受到关注：①我国居民持有金融资产的总量与结构如何？②家庭作为一个重要的生产部门，我国农村家庭金融资产配置特征与需求状况是怎样的？③城乡居民家庭金融资产差异与成因是什么？④人口特征会对农村家庭金融资产选择产生哪些具体影响？⑤除了可观测的影响因素之外，还有哪些潜在因素会影响农村家庭金融资产选择行为？

以上问题正是本书的着眼点，试图基于已有研究，采用中国家庭金融调查数据（CHFS），研究中国农村家庭金融资产选择行为，进而提出有效的改善建议。

1.1.2　研究意义

（1）理论意义。一方面，随着我国农村经济的健康发展，农村居民的财富不断增长，城乡差距也在不断缩小，农村家庭迫切需要合理配置家庭金融资产。本研究有益于丰富家庭金融发展理论，同时从选择行为这一视角进行研究，对于深化家庭金融领域的相关研究具有重大意义。另一方面，收入假说等经济理论在家庭资产选择上的验证与应用，作为有限理性经济人的家庭投资决策者，对其资产选择行为进行研究，是对已有家庭金融资产配置理论的必要补充，同时也丰富了经典的金融行为理论研究。

（2）实践意义。农村家庭金融资产选择行为的研究在实践层面同样十分重要。首先，农村家庭金融资产的选择涉及许多方面，例如金融机构、家庭以及宏观经济等。随着我国经济的快速发展，农村家庭作为重要的生产部门，积累了一定的财富，随着家庭收入的不断提高，家庭金融资产的总量和结构也在发生变化。与此同时，随着居民在资产选择方面的改变，整体家庭资产结构从以银行存款为主的较为单一化的配置，逐步向多元化转变。因此，深入分析家庭金融资产选择行为有助于深入了解居民家庭资产配置的原因和目的，帮助农村家庭选择适合自身的理财目标，科学选择家庭金融资产，从而在保障家庭金融资产的前提下获得收益，达到财产保值、增值的目的，并提高居民家庭的财产性收入。其次，本书中研究了家庭代际人数之间的区别，从代际人数的角度分析家庭金融资产选择，与以往的研究相比，提供了一个新的视角，同时，也为相关金融机构深入了解家庭居民的金融资产配置需求、有针对性地设计金融产品，提供了一条重要途径。金融机构了解农村家庭真实的金融需求，便可制定合适的金融产品，做到精准营销，以便与家庭需求相匹配，从而推动金融产品创新，提高农村家庭对金融市场的参与度。最后，家庭金融资产的选择已成为我国收入分配制度、社会保障制度和包括资本市场在内的金融市场改革的重要推力。居民科学选择金融资产，提高金融市场的参与度，能够促进金融市场的繁荣发展，同时，对促进我国资本市场与实体经济发展具有极其重要的意义。

1.2　研究目标和研究内容

1.2.1　研究目标

本书首先分析了国内外家庭金融的相关研究成果，从选择行为的视角出发，从宏观和微观两个视角研究农村家庭金融资产的总量和结构，找出了农村家庭金融资产选择行为的特点和家庭资产选择的依据，基于多种模型实证分析家庭金融资产配置的影响因素，通过实证研究得出我国农村家庭整体上偏好稳健型的金融资产，在资产选择时结构性差异较大，体现在家庭不同收入水平、不同年龄段、不同受教育程度、不同风险态度等方面，为引导我国农村家庭合理选择金融资产、提升家庭财产性收入水平提供科学依据和政策建议。研究的具体目标包括：

（1）利用宏观统计数据分析我国居民家庭金融资产的数量和结构；利用微观调查数据分析家庭金融资产选择行为，通过这两个层面的分析对比来认识我国居民家庭金融资产总量和结构特征。并使用 CHFS 的微观调查数据更为详细地分析家庭金融资产的总量、结构和家庭金融资产选择行为。

（2）通过描述性统计分析，研究我国居民家庭金融资产现状、城乡居民家庭持有金融资产的差异以及成因。利用 2017 年 CHFS 数据，从城乡家庭持有金融资产的规模和结构两个视角，深入研究家庭金融资产选择差异特征及其成因，以此提出科学合理的政策建议。

（3）在资产选择理论的基础上，从家庭结构、社会互动、家庭经济情况等方面分析家庭金融资产选择行为，并提出研究假设，通过对我国农村家庭金融资产选择的描述性统计分析，实证研究我国农户资产选择的行为偏好，最终得出影响我国农户金融资产和风险资产参与广度和深度的相关因素。

（4）通过理论分析与实证分析相结合的方法，具体分析家庭结构对金融资产选择行为的影响。在已有研究的基础上，以老、中、青各代际人数的差异定义"家庭结构"，并深入探究其影响金融资产选择的机制。从宏观、微观的角度分析我国农村家庭的结构现状，包括老人抚养比、少儿抚养比、各类结构下家庭持有金融资产的状况等。最后，对不同家庭结构下的金融资产选择行为进行实证研究。

（5）从微观层面出发，基于行为视角研究农村家庭财产水平的差距问题。分析农村家庭户主的投资参与度、风险偏好度、社会满意度和社会信任度等主观行为特征对财产水平的影响路径，并运用分位数回归分析（QRM）和邓氏灰色关联模型（DGRM）等方法进行实证研究，为研究城乡贫富差距问题提供了一个新的视角。

1.2.2　研究假说

本书根据前人的研究基础，在理论分析和描述性统计分析的基础上提出研究假说。通过对国内外学者家庭金融领域的研究成果分析发现，家庭金融资产会受到户主理念、家庭基本情况、外围环境等各类因素的影响。同样，对农村家庭金融资产选择行为进行研究时，不仅要考虑户主自身特征，还要将其周围环境纳入分析框架。因此，本研究将分别从家庭基本特征，如性别、年龄、受教育年限、健康状况、婚姻状况、家庭人口数、就业状况；家庭经济情况，如家庭收入、家庭负债、教育支出、通信支出和礼金往来；其他因素，如风险偏好、金融信息关注度等方面对农村家庭金融选择行为进行分析，研究假说如下：

假说 1：较为年轻的男性投资者更倾向于风险性金融资产的投资，而农村家庭中的已婚投资者往往更倾向于风险较低金融资产的投资。

假说 2：教育水平、健康状况均与家庭金融资产和风险性金融资产的持有呈正相关关系。

假说3：收入方面，年收入对家庭金融资产的持有呈现正向影响，对风险资产的持有也具有正向影响，而家庭人口数则对其具有相反的影响。

假说4：负债规模与家庭金融资产的持有份额呈负相关关系，教育支出对家庭金融资产的持有呈现正向影响。

假说5：通信支出、礼金往来的增加对风险资产参与具有正向影响。

假说6：风险偏好对金融资产尤其是风险资产的持有具有正向影响，风险偏好直接影响家庭金融资产的选择行为，这是样本家庭自身的主观选择偏好，主要取决于其对风险的认知与接受能力。

在通过结构方程模型研究农村家庭金融资产选择行为时，通过前人已有的相关研究成果和描述性统计分析发现，户主年龄、经济和金融信息了解度、婚姻状况、受教育程度、收入等都会影响农村家庭金融资产选择行为，而且农村家庭金融资产的选择决策是由多种原因共同作用的结果，因此，提出以下假说：

假说7：性别会影响家庭金融资产选择行为，并且男性是风险偏好者。

假说8：家庭结构影响家庭金融资产种类。家庭结构不同会导致选择行为的差异，户主婚姻状态与年龄也会影响家庭金融资产的配置。

假说9：居民风险承受能力强的家庭，金融资产选择更加多样。

假说10：居民对经济、金融知识了解程度会影响金融资产选择行为，居民对经济、金融了解程度越高，家庭金融资产选择行为越多样。

假说11：居民对经济、金融信息的了解程度，影响农村家庭风险承受能力。农村居民普遍受教育程度不高，加上许多类似于证券类金融产品在农村地区的普及度低，农村居民缺乏对经济、金融等知识的了解，因此，对金融信息关注较多的居民，对各种金融产品了解更为深入，资产选择时较其他居民会有更多类别。

1.2.3 研究内容

本书主要从多个视角分析农村家庭金融资产的选择行为，全书除绪论和研究结论以外，主要研究内容包括家庭金融的理论框架和现状分析，农村家庭金融的实证研究。具体研究内容如图 1-1 所示。

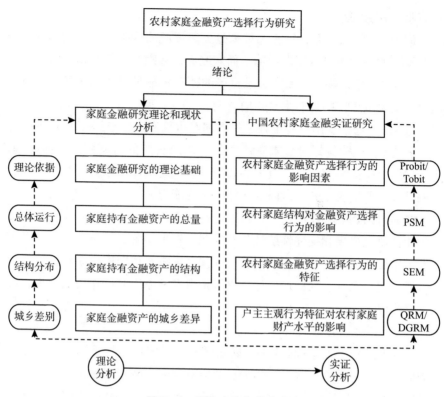

图 1-1　研究内容与技术路线

第一部分（第 1 章）绪论。本章以选题背景为基础阐述研究目标和研究假说，明确本书的研究方法、学术创新和学术价值，进而介绍了本书的研究架构和主要内容。

第二部分主题为家庭金融的理论框架和现状分析，共包括三章（第 2 ~ 4 章）。

第 2 章为家庭金融相关概念与理论基础。本章讨论了家庭金融资产的相关概念，家庭金融的主要目的在于通过利用不同的投资工具实现家庭金融资产的合理配置，帮助居民家庭科学选择家庭金融资产，达到最大化的消费效应，提升了家庭幸福指数。阐述了家庭金融资产的分类以及基本特点，并介绍了家庭金融的相关理论。

第 3 章为国内居民家庭金融资产的持有分析。本章研究国内居民家庭金融资产持有，在总量分析中，通过剖析不同年份居民家庭对现金、储蓄存款、债券、股票等资产的持有量，探究各类家庭金融资产的比例和结构的演变。

第 4 章为城乡居民家庭金融资产配置差异分析。本章首先研究我国居民家庭金融资产配置特征，根据已有的研究成果将家庭金融资产划分为三大类：货币类金融资产、证券类金融资产和保障类金融资产，并且分城乡对家庭金融资产持有的规模和结构进行差异分析。

第三部分主题为农村家庭金融资产选择行为的实证研究，共包括四章（第5~8章）。

第5章为农村家庭资产选择行为影响因素的分析。通过研究农村家庭金融资产选择的基本原则和主要特征，并从户主性别、教育水平、健康状况、收入、负债规模、教育支出、通信支出、礼金往来、风险性偏好这些方面对农村家庭金融资产选择的影响提出具体假说。同时，从农村家庭金融资产组合构成进行分析，农村家庭的金融资产组合构成主要从各类资产参与率和持有比例、农村家庭对风险资产的参与率和持有比例两个方面进行研究。采用 Probit 和 Tobit 模型分析影响农村家庭金融资产和风险资产参与深度和广度的相关因素，探究影响农村家庭居民金融资产选择行为的因素，为居民合理配置家庭金融资产提供依据。

第6章为家庭结构对金融资产选择行为的影响分析。本章研究了家庭结构对家庭金融资产选择行为的影响，创新性地提出"家庭结构"的概念，以老、中、青各代际人数的差异定义"家庭结构"，并深入探究其影响金融资产选择的机制。分别从宏观和微观两个层面分析我国农村家庭的结构现状，包括老人抚养比、少儿抚养比、各类结构下家庭持有金融资产的情况等。本章使用倾向值匹配（PSM）的方法深入分析不同家庭中代际成员人数差异对金融资产选择的影响，分别对农村家庭结构里老、中、青三代人差异的影响进行实证分析，发现代际人数差异会引起金融资产种类选择差异，情况是复杂多样的。

第7章是对农村家庭金融资产选择的行为分析。本章采用结构方程模型探讨影响农村家庭金融资产选择行为的潜在变量，对农村家庭金融资产选择行为的特点进行了重点分析，探讨性别、年龄、受教育程度、风险承受能力、经济与金融信息关注度五个方面对农村家庭金融资产选择的影响，并采用结构方程模型（SEM）进行实证分析，通过研究发现，风险承受能力强的居民家庭，其投资趋向于多样化，居民对金融知识了解和掌握程度影响金融资产选择行为。

第8章为户主主观行为特征对农村家庭财产水平的影响研究。分析农村家庭户主主观行为包括投资参与度、风险偏好度、社会满意度和社会信任度等特征，分析户主主观行为特征对农村家庭财产水平的影响路径，并进行实证分析。结果显示：我国农村家庭财产水平呈现区域性差异，户主的主观行为特征能够影响其家庭财产水平。本章从新的视角对贫富差距问题进行研究。

第四部分（第9章）为研究结论和政策建议。在总结研究结论的基础上，从政府、农村家庭、金融机构三个不同的角度提出具体的合理化建议，以此引导农村居民深入学习金融知识，科学选择家庭金融资产，优化家庭金融资产配置。

1.3 研究方法与数据来源

1.3.1 研究方法

（1）文献归纳与理论分析。通过梳理国内外文献，对已有的研究成果和相关理论进行梳理，例如流动性偏好理论、行为金融理论、金融中介理论等。对家庭金融选择的影响因素以及发展状况等进行分析。

（2）差异描述与比较分析。本书对我国城市与农村家庭金融资产选择情况作比较分析，从持有金融资产的规模和结构两方面探究差异情况，分城乡和区域比较研究居民家庭金融资产配置特征。进一步从影响因素的角度分析造成差异的原因，从而提出有针对性的改善建议。

（3）抽样统计与实证分析。采用 Stata 软件对 CHFS 数据进行统计分析，对不同的研究内容选择不同模型进行实证分析，在研究农村家庭风险资产参与情况及其持有比例的影响因素时，分别采用了 Probit 模型和采用截断数据的回归模型即 Tobit 模型；采用 PSM 比较不同家庭结构下的金融资产选择行为；利用结构方程模型（ESM）进一步分析，研究影响农村家庭金融资产选择的潜在变量。

1.3.2 数据来源

本书的宏观数据主要来源于国家统计局的《中国统计年鉴》和中国人民银行的《中国金融年鉴》，还搜集了 2019 年中国住房统计年鉴、经济日报社中国经济趋势研究院 2018 年和 2019 年的《中国家庭财富调查报告》、瑞士信贷银行的 2019 年全球财富报告等资料，作为分析问题的重要数据支撑。

微观数据主要来源于中国家庭金融调查中心。中国家庭金融调查是在全国范围内开展的抽样调查项目，目的是收集家庭金融微观数据。目前中国家庭金融调查中心在2011年、2013年、2015年、2017年和2019年实施了五次调查，但由于2019年的调研数据尚未开放，本研究主要采用了2017年第四轮调查样本。该样本分布在全国29个省（直辖市、自治区），355个县（区、县级市），1 428个村（居）委会，样本规模为40 011户，全面详细地反映了中国家庭金融状况。本书数据主要来自中国家庭金融调查中心，并在数据整理后剔除样本缺失值来获取样本数据。

1.4 可能的创新与不足

1.4.1 可能的创新

（1）学术思想特色和创新。本书从行为的视角研究家庭金融资产选择，分区域和城乡细致深入探究影响家庭金融资产选择的相关因素，为优化家庭金融资产配置、促进家庭科学合理地进行金融资产投资提供了思路。对农户不同风险等级金融产品投资行为的影响因素进行研究，丰富了现有家庭金融的理论研究，并为政策制定提供创新的研究思路。

（2）学术观点特色和创新。本书认为，我国农村家庭金融资产选择种类较为单一，家庭经济状况直接影响家庭资产选择行为。农村家庭金融资产选择呈现"单一化效应""财富效应""联动效应""结构异质化效应"，因此，居民家庭要提高自身对经济、金融信息的关注度，加大子女的教育投入，选择适合自己家庭的金融资产分配策略。

（3）研究方法特色与创新。本书以老、中、青各代际人数的差异定义"家庭结构"，并深入探究其影响金融资产选择的机制，使用PSM方法分析不同家庭中代际成员人数差异对金融资产选择的影响。重点研究农村家庭金融资产选择行为特征，分析户主年龄、性别、风险承受能力、受教育程度、经济与金融信息关注度五个方面对农村家庭金融资产选择行为的影响，探讨影响家庭金融资产选择行为的潜在变量。

1.4.2 学术价值

（1）理论价值。①本书研究了农村家庭金融投资选择行为，是对已有家庭金融理论的有益补充，同时有利于发展和丰富家庭金融理论。②是收入假说等经济理论在家庭资产选择上的应用和验证，家庭投资决策者作为有限理性的经济人进行资产配置。通过研究家庭结构、金融资产选择机制与年龄结构对家庭经济决策行为的影响，间接验证了生命周期假说理论。

（2）应用价值。①微观层面上研究家庭金融资产选择行为的影响因素，这有助于增加家庭财富、优化资产配置。②中观层面上分析了中国城乡差距与东中西部地区差距，这有助于推动普惠金融的实施，带动整体经济的发展。③在宏观层面，分析了中国家庭金融资产的规模、结构以及组合风险分布，有助于推动家庭金融资产规模的增加和结构的优化，进而不断增加居民可支配收入和家庭财产性收入。

1.4.3　不足之处

（1）本书第2章家庭金融和金融资产相关文献的综述未能详尽充分，尽管分内容进行了梳理，但仍需对其理论基础、研究视角和种类划分进行综合比较和归纳总结。

（2）本书第7章采用结构方程模型进行实证分析时，选取的潜在变量较少，未能反映影响家庭金融资产选择行为的全部潜在变量，使实证分析不够全面。

（3）由于人力、物力和时间的限制，实证分析中主要选取2015年及2017年的中国家庭金融调查数据，虽覆盖面较广，但时间存在滞后性，因此结论的适用性需通过进一步的研究去验证。

第 2 章　理论综述及研究回顾

本章论述了家庭金融的相关概念，家庭金融的主要目的是通过利用不同的投资工具实现家庭金融资产的合理配置，帮助居民家庭科学选择金融资产，达到家庭消费效用的最大化，提高家庭福祉。并阐述了家庭金融资产的分类、基本特点以及家庭金融的相关理论。

2.1　家庭金融研究的相关概念

2.1.1　家庭金融

家庭金融是近 20 年来金融学的一个新领域，其最重要的内容是指家庭依靠不一样的投资工具对资产进行更加优化的跨期配置，使得家庭的消费效用能够在长期达到最大值，由于金融产品的数量逐年递增，家庭的金融投资也迅猛发展，越来越多的研究者关注家庭金融资产这个方向。

在 2006 年美国金融年会上，美国金融学会会长坎贝尔第一次指出把家庭金融这个领域作为和资产定价、公司金融等并列的研究方向。对于这一术语的定义，不同的学者有不同的看法。坎贝尔认为家庭使用金融工具以达到其目的的过程是家庭金融的研究对象。柴效武等（2003）把这个名词的内容定义进行了具体化，他认为，这一定义涵盖了内部和外部的金融活动。这些金融活动不仅包括家庭收支、投融资，还包括家庭与外部组织之间的经济往来。王家庭等（2000）对家庭金融进行了界定，认为家庭金融包括但不限于家庭理财，还包括运用各种投资方式和金融手段进行家庭投资组合的行为。综上所述，虽然学者们对"家庭金融"的概念尚未统一定论，但可以大致确定家庭金融的研究范围。

比较原有金融领域的研究，家庭金融无论是在理论层面还是实证层面，目前都还没有获得一致结论，主要因为家庭倾向于把自己的金融状况隐藏起来，不愿意提供相关数据，即使有家庭愿意提供数据，也因为金融的复杂性，大多数家庭都没有办法准确回答。由于数据的难以获得，研究者很难得到理想的实验结果，研究的深度和广度也不尽如人意。另外，在建模方面，涉及生命周期、税收等方面的问题，都让建模非常困难。

2.1.2 家庭资产与家庭金融资产

在经济学中，家庭是一个基本经济单位，它包含生产、分配、投资、消费等多种经济功能，也是经济学研究的主要对象。经合组织（OECD）将家庭金融资产定义为家庭拥有的各种净资产、债权等，并将其分为金融资产和非金融资产。其中，非金融资产是指实物资产，最主要的就是耐用消费品，也包含了其他非金融资产，而金融资产是指债券、股票等。根据这些金融资产的风险大小，可以把家庭金融资产划分为无风险资产和风险资产。其中无风险资产包括现金、储蓄存款等，风险资产包括债券、股票、基金、衍生品等。另一个重要的定义是家庭金融资产结构，反映家庭各类金融资产的占比和分配情况，这是一个存量指标，是根据之前的积累核算而成的，可以是各类金融资产的简单相加，也可以由所有资产减去实物资产计算得出。坎贝尔把这个概念定义为家庭所持有的全部权益性证券和金融债券。在本研究中，我们参考了以上表述，把家庭金融资产定义为家庭的现金、债券等金融产品的总和。

关于家庭金融资产的特征包含三方面的内容，首先是包含金融的特性；其次是代际效应；最后是财富效应。

（1）金融的特性。金融的特点是指收益性、期限性、流动性、可转换性还有风险性等，其中，期限性是指具有很强的时间特性，如果超出了时间限制，约定时间里的权益和义务都会随之发生相应的改变，其收益也会因为期限的不同而带来变化。收益性是指这些金融资产可以通过买卖差价等方法来取得相应的增值，以此获得财富的增加，收益性也是家庭进行金融活动最重要的目的所在。流动性是指在金融市场上合理变现的主要指标，与金融资产的期限性呈现反向关系，期限越短，流动性就越强，反之，如果期限越长，流动性越弱。可转换性是指家庭金融资产可以在各种类型的金融资产之间自由转换。例如，活期储蓄存款可以在定期储蓄存款和股票、债券等其他金融资产之间转换，家庭可以根据自己的投资需求进行调整。最后，风险性是指这些投资的金融资产都有着各自的风险程度，风险程度和他的收益程度在总体上是成正比的，收益越高的金融资产其风险性往往越大，比如说股票的收益较高，其风险也是较大的。在这个方面，家庭可以根据自身需求进行金融资产配置。

（2）代际效应。是指通过家庭金融资产投资获得的收益，可以代际传递，比如说老一辈会把金融投资后取得的收益留给下一代，这种情况在财富水平较高的家庭中更为常见。老一辈通常把自己持有的金融资产包括债券、股票等交托给下一代，或者他们可以直接将金融资产收益的一部分转移给子女，使金融资产在不同家庭之间流动，这是当今社会家庭金融资产的主要特征。由于我国金融市场的迅猛发展，居民的财富也突飞猛进地增长，投资的意愿也越来越强烈，因此，金融资产的代际效应也越来越明显，继承也成了主要形式之一。由于金融资产的转移和传递可以增强流动性，也可以增加家庭金融资产，类似于收入的再分配环节。

（3）财富效应。包括财富的增加、减少和转移。由于金融资产的价格是可变的，居民的财富也会发生变化，居民的预算条件、流动性和消费信心等方面的约束也会发生变化。因此，会对消费产生不同的影响，从而带来不同的财富效应。卡尼曼和特维斯基（Kahneman & Tversky）解释了财富效应，在大多数情况下，家庭愿意长期持有许多金融资产，如养老基金、金融证券等。以财富增长效应为例，当家庭持有的金融资产升值时，他们不会立即出售并将其转化为现金，而是愿意继续持有观望，因为相信它的潜力。这些金融资产价格的上升，会让居民的金融财富增加，因此，居民的预算约束增加，其消费信心也会随之增强，便会出现一种乐观的消费者预期，他们持有的金融资产价值将进一步上升，从而导致财富持续增长，在这种心理暗示和驱动下，消费者通常会增加自己的支出。反之，财富减少效应会削弱居民消费的信心，也会对未来的金融资产收入产生悲观预期，由此将会减少自己的支出。不仅如此，因为每种家庭金融资产收益率是不同的，居民在进行金融资产选择时，也会存在差异，因此，家庭的财产净收入差距也会发生很大变化，这会对家庭的可支配收入和财产性收入产生影响，从而加大贫富差距（王聪，2011）。

2.2　家庭金融研究的理论基础

2.2.1　流动性偏好理论

在早期家庭金融研究中，学者大多以货币作为家庭金融资产的主要媒介，并以此进行探究。流动偏好理论是美国著名经济学者凯恩斯在1936

年提出来的，该理论对货币资产的流动性进行了充分解释，凯恩斯认为流动性使得货币成为相对优质的资产，这一特性也使得人们愿意持有货币，也就是在财富积累以及持有中偏好于货币这一资产形式。在流动性偏好理论中，凯恩斯将偏好动机划分为三种类型，具体包括：其一，交易动机，这种动机说明的是货币具有较强的流通性，通过货币可以满足人们平时基本生活需求，以货币作为交易媒介来实现买卖。货币量决定了需求量，而货币来源则与人们收入相关，当人们收入水平大幅提升时，就有更多的货币来满足消费，以消费为主的货币量就会不断增多，所以收入决定货币需求量，两者之间呈正比例关系。其二，预防动机，人们在生产和生活中，难免会遇到一些风险，而在应对这些突发风险时，货币往往是人们的首选资产，因为货币在应对风险方面时效性较强，流动性较高，预防动机与人们的收入也呈正比例关系，通常情况下，人们收入水平越高，在预防风险方面的动机就越强，投入的货币量就越多。其三，投机动机，在实际中，人们会利用货币来获取更多的盈利机会，也就是通过货币来实现再投资，尤其是在金融市场产品多元化的今天，人们会利用股市、基金等金融产品进行投机，从中获利。通常情况下，市场利率与债券价格之间呈反比例关系，这时人们就会利用这种关系，在债券价格出现上涨时购入债券，人们对货币的需求量就会增加，因此，从侧面看出利息率与货币需求之间存在反比例关系，即利率上升货币需求减少，利率下降货币需求增多。总之，在货币需求方面，人们会依据以上三种偏好来确定对应的货币量，对货币而言，人群不同、收入不同、利率不同对应的需求就会有所不同。当然，在以上研究中，凯恩斯将金融资产进行了简化，仅仅将其确定为债券、货币两种类型，流动性偏好理论中，三种动机对应的目的是不同的，其中预防动机主要是为了规避风险，交易动机为了满足交易需求，投机动机是为了实现货币利益最大化，而预防动机推动了资产选择理论的发展，也为资产配置理论的构建奠定了基础。

针对凯恩斯提出的流动性偏好理论，希克斯运用 IS – LM 模型对其主要内容进行了概述。他认为，人们在持有货币时，虽然获得流动性效果，也让货币丧失了其他的收益机会，因为持有货币本身就具有一定的成本，在机会成本以及边际效应理论中，持有量多少会影响资金可能获取的效益，而这些未获取的效益同样属于持有货币所产生的成本，也就是所谓的机会成本。

托宾通过研究提出，在流动性货币量持有方面，一般人是难以做出合理规划的，若货币持有过多，就会失去货币的投资机会，增加机会成本；

若货币持有较少，一旦在特殊情况下继续需要流动性，那么就需要进行交换，交易成本就会增加。对此，只有对两种类型进行充分考虑，作出最优选择，才能实现收益最大化。

2.2.2 西方消费－储蓄理论

所谓储蓄，在广义层面来讲就是可支配收入与即期消费支出之间相减的剩余资产，这些均属于居民储蓄。在居民储蓄方面，研究理论相对较多，经典理论有几种主要假说，其中绝对收入假说研究者提出，居民储蓄与其边际储蓄意向以及当期可支配收入紧密关联，同时，认为两者之间呈正比例关系。相对收入假说学者主要从消费者角度进行分析，认为消费者在消费过程中一般会以周边人群消费水平以及以往消费水平作为参考，以此决定当期消费数额。生命周期假说的学者在研究中提出，对于理性消费群体来讲，一般会以效益最大化对资金进行合理安排，实现收入与消费的等同化。永久收入假说学者提出，消费者现有消费状况由其永久收入决定，与当期收入没有太大关系，永久收入即消费者能够实现的长期收入。消费储蓄理论其实就是家庭在实现资产配置中的一种理论，需要家庭通过两者衡量来对资产进行合理配置，该理论是从消费储蓄决策确定性逐渐拓展到消费储蓄行为不确定。

1. 消费－储蓄决策确定性

凯恩斯（Keynes，1936）在其发表的《就业、利息和货币通论》一文中阐述了储蓄函数理论，在这一理论中他提出了假设，如果不确定因素不存在，预期收入、时间偏好都不考虑到其中，那么影响消费者消费行为的主导因素就是当期收入。因此，他提出，收入与消费之间是呈正比例关系的，收入减少，消费必然会随之降低，反之亦然，而收入函数与消费函数两者相减得出的就是对应的储蓄函数。

货币是家庭资产的主要表现形式，货币需求理论是凯恩斯提出来的，在研究中他认为货币需求主要受人们流动偏好影响，该理论对货币资产的流动性进行了充分解释，凯恩斯认为流动性使得货币成为相对优质的资产，这一特性也使得人们愿意持有货币，也就是在财富积累以及持有中偏好于货币这一资产形式。

杜森贝里（Duesenberry，1949）提出了相对收入假说，他认为，消费行为的影响因素相对较多，其中周围消费水平、自身消费习惯等均会对其产生影响。同时在研究中他发现，消费水平与消费收入之间没有特定关系，一般情况下收入增加会促进消费提升，但是收入降低一般不会使消费降低，这就是所谓的"棘轮效应"。他对消费函数的类型也进行了分析，正截距主要是短期函数的特征，而收入固定比率则与长期函数相关。在研究中，他对周围消费与人们消费的关系进行了分析，他认为一个人所处人群的消费水平对消费者同样具有影响，如果周围人的整体收入以及消费都得以提升，自身收入也提升，那么消费者与周围消费群体不会产生差异，如果周围水平提升，而自身收入不变，那么为了满足虚荣心就会超前消费，这主要是由于"示范效应"所引起的。

莫迪格利亚尼（Modigliani，1954）在消费者储蓄研究中提出了生命周期假说，这种理论主要以消费者生命周期为主，注重在生命周期内实现储蓄与消费整体的一致性，以资源利用最大化为基准。对于一个消费者而言，在其年轻时期，其收入大于消费，会有相对多的储蓄，而到年老时，消费会大于收入，这个时候储蓄主要用于满足消费所需，从消费者整个生命周期来看，最终的储蓄与消费是相对均衡的。所以，对于消费者而言，他认为要从整个生命周期来进行消费。该理论在研究中提到，如果一国的中年人呈上升趋势，那么整体消费就会呈下降趋势，若老年人、年轻人整体比例上升，那么该国消费就会呈上升趋势。

弗里德曼（Friedman，1956）在研究中提出了持久收入假说，他将收入主要划分为暂时、持久两大类，短期收入主要是短期的、意料之外的一部分收入，持久收入则是一种相对稳定的、在去掉不利影响因素之后所获取的收入。对于消费，他认为持久收入才是其主导影响因素。当收入有所变动时，需要先判定变动属于哪种类型，若属于持久类型，那么消费就会相对提升，若属于暂时类型，那么将增加储蓄。

以上四种理论，前两种理论的学者，主要从宏观层面对消费储蓄进行分析，在微观分析层面是相对匮乏的，这两种分析均建立在分析框架基础之上，主要对消费、收入两者之间的关联性作了探讨。而后两种理论的研究者主要从微观方面对消费储蓄理论进行分析，并在原有理论基础上对其进行了拓展，将长期收入作为主要因素纳入研究体系当中。在持久收入理论以及生命周期理论研究中，对未知因素并未进行分析，主要从资源最优配置角度出发，对消费决策、消费行为进行了论述，寻找最优的途径，不过，在现实中是难以实现的，因为收入具有许多不确定性因素，是难以有效预测的。

2. 不确定情况下的家庭消费－储蓄行为选择

（1）预防性储蓄假说。

这种假说将生命周期和持久收入两种假说进行了有效结合，以效用最优、理性消费者作为假设条件，而且还将跨期选择及不确定性因素纳入其中进行分析。该学说对消费者储蓄的目的和意义进行了说明，认为消费者主要是为了实现生命周期内消费最大化而进行储蓄，而储蓄的另一目的是规避未来不可预见的风险。

利兰（Leland，1968）在消费函数中引入了对应的不确定性因素，并通过两期模型对消费储蓄进行分析。在具体分析中，他将绝对风险厌恶系数设定为递减趋势，并提出了一个相对的必要条件，那就是对于消费者而言，其对应的边际效用函数属于凸函数。在凸函数存在时，消费者消费会呈上升趋势，当期消费会小于未来消费，同时，由于受不确定性因素的影响，消费者会对当期消费储蓄进行调整，会加大储蓄力度；相反，若消费者对未来消费预期较大，那么，在不确定性因素影响下，消费者就会降低定期消费，以提升储蓄量，也被称为预防性储蓄理论。这种学说理论最为突出的特点是对消费者储蓄目的进行了全面分析，不仅能够实现消费利益最大化，而且能够规避未来风险，避免不确定因素带来的不利影响。米勒（Miller，1974）在研究中对时期进行了拓展，实现了多时期研究，并认为在预防性储蓄中，凸函数是其存在的必要条件。金博尔（Kimball，1990）主要对风险厌恶因素以及预防性储蓄两者之间的关联性进行了分析，他认为，通过储蓄能够有效地规避未来风险，是一种相对有效的风险防范措施。

（2）合理预期理论。

在人类进行储蓄消费的过程中，会存在诸多的不确定因素，这些因素会影响人们的行为活动，使得人们需要通过一定方式对资产进行合理选择。在当前研究中，学者们认为，正是由于不确定因素相对较多，才使得人们对未来充满不确定性，需要通过预期来作出合理选择，这也是合理预期理论产生的主要依据。该理论认为，在经济活动中，其核心就是预期，在所有决策中，均是根据现有状况对未来作出的一种判定，而所有决策又受到预期因素干扰。所谓预期，就是人们对未来的一种主观判定，一般会根据现有情况作出未来预测。预测在跨期决策中同样存在，也会对其产生相对影响，预测是人们意识的一种体现，并不具备稳定性特点。在不稳定因素影响下，为了规避未来存在的风险，需要制定相对预防措施，这也是预防动机产生的主要原因。对于消费者而言，如果感觉未来没有较大风险，而且未来消费也相对稳定，那么消费者就会降低储蓄，提高消费；相反，如果消费者认为未来存在较大风险，而且未来消费也会不断增加，那么，消费者就会持谨慎态度，提高当期储蓄，缩小消费量，为未来做准备。因此，对于储蓄以及消费而言，若不确定因素较大，消费者就会通过现有储蓄额的增加来规避未来风险。在预期方面，若目前属于适应性预期，在收入呈现下降趋势时，消费者就会认为未来收入也会有所下降，甚至幅度要比现在大，那么，消费者的预防性动机就会增强，相对预防储蓄会不断提高，以有效应对预期风险。

消费储蓄理论主要是以未来支出作为依据进行预测的一种理论，这种理论并非资产选择的主要内容，不过，在此情况下，消费者行为活动受资产流动性影响，资产选择、消费之间的关联性是难以割舍的。对于消费者而言，如果对未来预期不高，感觉收入在未来会呈现下降趋势，那么在资产选择方面就会以流动性好的资产来平滑消费水平。同时，投资、储蓄两大决策在跨期框架研究中是要一起考虑的，例如，希基古尔特（Hichguerte，1998）在研究中对资产选择做出了分析，他提出，在短期出售、流动性等因素的影响下，家庭金融资产选择与消费是紧密相连的，两者不可分割，若感觉家庭整体收入在未来会出现下滑，那么，在进行资产选择时，就需要选择流动性好的资产。投资、储蓄决策在跨期框架中是难以分离的，在家庭金融选择中要一起考虑，这种决策存在于整个生命周期中，不仅是对未来资产作出的规划，更是对当前储蓄消费作出的决策。对于未来而言，不确定因素较多，影响收入、消费的因素不计其数，其中收入是决定消费的最主导因素，而投资、工资均是收入的影响因素。另外，未来收益还受个人预期影响，比如，如果个人对未来预期不好，认为未来风险大、收益差，那么在支出方面就会延后，增加当前储蓄额度；如果个人对未来预期较好，未来收入能够大幅增长，那么就会增加当前支出额度。

在家庭金融决策研究中，一般以整个生命周期为核心进行资本选择，以此来实现家庭整个环节的资产优化配置。在家庭资产中，最初设定的仅为货币和债券，并未将股票纳入其中，随着股权溢价的出现，股市被纳入家庭资产组合中，学者们认为持股对消费影响会小于无风险资产产生的效益（Arrow，1974）。尤其是随着资本市场的日益活跃，股票已经成为多数家庭资产投资的构成部分。同时，在家庭资产选择行为探究中，研究逐渐深化，从单一消费储蓄模式向资产组合、支出规划转变。

2.2.3 现代资产组合理论

金融在经济发展中发挥着日益重要的作用，国外学者普遍开始从家庭的角度研究金融的作用，重点强调家庭的投资组合选择行为。在早期阶段，学者们建立了均值方差模型，并在此基础上发展了分散资产选择理论和单指标模型。家庭资产选择行为理论具有丰富的理论基础，并进一步扩展到基于完全合理性的多期资产选择模型。随着研究的深入，模型中引入了各种内生变量，如家庭收入、主观偏好、住房资产等。通过分析家庭金融资产组合的影响因素，对现代投资组合理论中家庭金融资产选择行为作出解释。

基于投资者完全理性的假设，早期理论主要从回报和资产风险的角度来确定家族的投资组合。研究内容包括：

1. 马科维茨（Markowitz）的均值方差理论

在金融投资过程中，投资者需要承担相应的风险才能获得回报，即回报与风险并存。经济学家长期以来一直关注这个问题，寻找衡量投资风险和确定投资回报的方法。由于投资回报率的不固定性，研究认为可以用概率分布衡量回报。马斯查克（Marschark，1938）和尤克斯（Uichs，1946）的研究表明投资者以未来收益概率分布的偏好来决定投资偏好，并开始将"大数定理"应用到风险投资分析中。在研究以往成果基础上，马科维茨（Markowitz，1952）创建了均值—方差模型，其中风险资产的预期收益和方差可以代表资产的风险性，该模型为单周期投资组合研究提供了解决方案，1959 年马科维茨进一步完善均值—方差模型，模型中提出的"预期效用"概念主张投资者的最终决策目标是最大化预期效用。在有效投资组合里，投资者在做出决策时考虑的只有投资组合的盈利能力和风险性。在两个风险水平不同但预期收益相同的投资组合中，他们会选择规避风险，倾向于低风险投资组合；在两个风险水平相同但预期收益不同的投资组合中，他们会倾向于高回报的资产组合。另外，还将资产之间的协方差表示的相关性系数用于资产选择模型，认为投资组合中资产之间的相关性越强，投资组合的风险就越高，因此投资者应该分散投资来降低风险，该理论为投资者根据有效边界进行资产组合选择奠定了基础。

2. 托宾（Tobin）的分散资产选择论

托宾（1958）在均值—方差理论基础上提出了无风险资产的概念，指出投资组合应包含不同风险程度的多种资产。合理选择无风险资产和风险资产的份额比例可以最大限度地实现投资价值最大化，而基金分离定理意味着有效投资组合边界上的所有分离点都对应一种投资组合。资产之间主要分为正相关、负相关和独立这三种关系。投资者在具有完全正相关的投资组合中无法通过套期保值和多元化投资来分散风险，投资者在具有完全负相关的投资组合中能够通过套期保值和多元化投资来分散风险，而大量独立或相关性不大的投资组合能够通过多元化降低风险。

3. 夏普（Sharpe）资本资产定价模型

在均值方差论和分散资产选择论发展基础上，夏普（1964）推导出了一般均衡理论模型，为资本资产定价模型奠定了理论基础。在一般均衡理论模型中，夏普将资产风险分为系统性风险和非系统性风险。系统性风险是指市场风险，是由市场整体的风险因素引起的；非系统性风险是指由影响个人的特殊因素引起的可分散风险。该模型假设市场投资组合 M 有效是满足其他资产预期回报率的前提：

$$E(r_i) = r_f + \beta_{im}(E(r_m) - r_f) \qquad (2-1)$$

$E(r_m)$ 表示资产的预期收益率，r_f 表示无风险利率，$E(r_m) - r_f$ 表示市场风险溢价，β_{im} 表示风险系数，经过完善的夏普模型符合风险资产回报率更高的现实情况。但是资产风险的补偿部分仅包含系统性风险，而未能对非系统性风险进行补偿。资产的多元化不能完全消除系统性风险，也就是说，对任何风险资产的投资都必须承担系统性风险。而在之后形成的资本资产定价模型（CAPM）是现代金融市场价格研究的支柱，该模型显示市场中所有投资者都基于自身风险偏好来确定其无风险资产和风险资产的比例。

在均值—方差理论到资本资产定价模型基础上，马科维茨、夏普完善了资产选择理论模型。但由于这些理论模型都基于严格的假设，许多投资者行为仍然无法被解释。金融市场的发展也为学者们提供了许多研究视角，主观心理因素对投资者决策过程的影响逐渐受到关注。

2.2.4 行为金融理论

自 20 世纪 80 年代以来，逐渐出现了许多异常现象，这与现代金融的核心理论框架背道而驰。学者们依靠传统理论来解释原因，并开始转向其他领域寻求合理的解释。目前，行为金融学的研究内容主要包括：过度自信理论、后悔理论、前景理论等。在心理学和社会学对投资者资产选择行为研究中日益重要的背景下，行为金融学逐渐形成。行为金融相比较现代金融有四个突出点：第一，现代金融中的理性投资人假设；第二，有效市场假说的内部缺陷性；第三，套利行为作用于市场均衡的有限性；第四，一般经济原理无法解释的异常投资行为。行为金融理论中主张市场投资者都存在认知偏差，不存在绝对理性的投资者。行为金融专注于研究个人投资者的决策行为，分析投资者的心理，以及研究整个投资者群体的投资行为选择。由此形成了多元化的投资行为选择模型。

（1）巴尔贝里斯、什弗尔和韦什尼（Barberis, Shleffer & Vishny,

1988）的 BSV 模型认为投资者的决策包含两种错误：一种是投资者过多关注近期投资数据特征却忽略整体数据表现的选择性偏好，这种错误会导致股价水平不完全反映收益变化率；另一种是投资者面对数据变化无法快速做出调整预测而引起的保守性偏见，这种错误往往导致股价反应过度。

（2）丹尼尔、豪斯菲尔和萨布莱曼依（Daniek，Hirsheifer & Subra-manyan，1988）的 DHS 模型主张投资者在没有信息情况下没有选择偏差，而有信息的投资者会出现过度自信和自我归因现象。过度自信是指投资者对自己所掌握信息出现过度信任，更容易相信信息的真实性。自我归因则指投资者由于忽视了公共信息的重要性而没有作出充分反应，这导致短期股票价格波动是可持续的，但随后公共信息重要性会使得长期股票收益恢复正常水平。

（3）洪和斯坦因（Hong & Stein，1999）的 HS 统一理论模型主张投资者的决策模式可分为"新闻观察者"和"动量交易者"两类。"新闻观察者"忽略以往资产价格变化，主要分析未来资产价格的变化信息来预测未来资产价格。"动量交易者"则认为未来资产价格主要取决于过去价格的变化，可用过去或者现在的价格函数表示出来。

（4）羊群效应模型主张投资者的从众行为是为了实现效用最大化，可以分为两类：序列与非序列。序列模型情况下，投资者在信息不对称情况下为了实现成本最低而参考其他投资者的行为来做出决策。而非序列模型情况下，投资者最终处于高回报或高损失这两侧的概率都比他们服从正态分布的概率高。

（5）通过结合传统金融理论与现代行为金融理论，学者们提出了行为组合（BPT）和行为资产定价（BAPT）两种模型。行为资产定价模型认为资产价格取决于信息交易者和噪声交易者这两类交易者的行为。信息交易者根据资本资产定价模型确定他们规律性的交易行为，而噪声交易者在受到市场噪音信息干扰后做出的交易行为往往是不合理甚至是错误的。行为投资组合模型认为投资者会根据不同的投资目标和风险了解程度去作出相应决策，每种组合背后都对应不同投资者的风险偏好和投资目标。因此，行为金融里最优投资组合的边界不同于传统理论有效投资组合的边界。

2.2.5　金融中介理论

法马（Fama）认为金融中介是可以转化证券和金融合约的机构，比如银行、基金和保险公司等机构。金融中介的实质是在投资者和存款人之间充当媒介的金融机构，他们将贷款人的资金借给借款人同时将储蓄转化为投资。

20世纪60年代以来，信息经济学的发展和交易成本经济学的普及使得传统金融中介理论得到了进一步扩展。国外学者对金融中介提供的服务进行深入分析后发现：金融中介相比于个人投资者的专业优势帮助投资者降低了交易成本。20世纪90年代以来，金融中介理论的研究内容从信息不对称和交易成本变得更加丰富，还包括了资产增值和参与成本等。

目前，金融中介具有以下功能：

（1）消费者在做决策时总会面临许多不确定因素，而金融中介能够避免交易的不确定性。例如，银行可以在一定时间内平衡家庭消费支出。

（2）金融中介机构利用专业知识和基础设施配置优势实现规模经济和经济效益，降低了投资者的交易成本。例如，金融中介机构可以同时为多位投资者提供金融中介服务，但整体交易成本不会大幅增加。此外在市场竞争下，金融中介将致力于用更先进的技术为客户提供更专业的服务。

（3）金融中介机构的专业服务有效降低了交易成本。默顿（Merton）认为金融中介能够重组并分配不同投资者面临的风险。圣多马罗（Santomero）认为投资者需要在众多金融市场的投资机会中做出决策。例如，投资者为了在决策时全面分析信息，需要花费时间和金钱来学习金融产品知识。但随着金融市场越来越复杂、风险越来越高，投资者的投资活动愈加依赖金融中介机构。专业金融中介机构由此帮助投资者进行金融资产交易，降低了投资者的交易成本。

2.3　国外研究现状

2.3.1　家庭金融研究的起源

家庭金融研究的核心问题之一是如何在不确定环境中分配长期资源。以往多数金融研究都集中于公司，虽然家庭金融理论在资产定价领域也存在一定基础，但过去20年的实证研究中仍存在多数投资者行为无法用经典模型解释的现象。

一般认为，家庭投资组合选择是以静态资本资产定价模型和动态默顿模型为理论基础。传统金融理论研究的最优投资组合选择理论：投资者以一定比例份额投资风险资产，所有投资者都参与风险资本投资；其次所有投资者都因此选择同样的风险资产组合。只有在考虑不同程度的风险规避时，他们才会在风险投资组合的财富分配上有所不同。

然而家庭投资组合的实证分析表明家庭投资组合的实际选择与经典文献的结论相矛盾，"投资者参与有限"和"投资差异性"这两个问题仍然存在。

首先，有限投资者参与指许多人不参与股市和其他风险市场投资。郭（Guo，2001）的研究数据表明 1998 年美国拥有前 1% 财富的居民中有 93% 拥有股票，而前 10% 财富拥有者中有 85% 持有股票。根据美国消费者金融调查数据显示，美国居民持有股票份额仅占总资产份额的 47.4%。其他发达国家的数据研究同样显示出投资者具有参与有限性，如阿萨诺斯（Asanos，1992）分析日本调查数据发现仅 45% 的家庭持有风险资产，这显然不遵循传统理论原则。其次，"投资组合异质性"指投资者的投资组合都是不尽相同的。魏星（Vissing，2002）通过分析 PSID 数据发现投资者投资股票市场的概率及其投资份额都会随着非金融投资收益增加而变大，在非金融投资波动性增加时减少。艾斯科伯等（Aizcorbe et al.，2003）分析 SCF 数据发现持有股票的投资者在年龄、收入和教育群体方面存在显著差异，由此可见金融市场存在投资组合异质性。

为了研究家庭金融的实际需求，国内外学者通过结合投资管理影响因素改进了资产选择模型，更准确地解释了家庭金融资产组合问题。家庭资产的合理配置非常重要，首先家庭资产的错配会对家庭收入产生负面影响。卡内曼（Kahneman，2012）分析中国台湾微观数据后指出台湾个人投资者错误的投资行为导致了台湾地区生产总值 2.2% 的损失。马科维茨（1952）的均值方差分析是最先揭示家庭资产配置的理论，该理论认为家庭能通过组合投资消除单个证券对投资组合整体的风险影响。随后默顿（1969，1971）的扩展模型认为：在连续时间模型和股票价格满足几何布朗运动的条件下，投资者的最佳资产投资组合与其财富、年龄等特征不相关。

其次，在不同风险程度下会出现差异性家庭理财行为。第一，家庭无法避免劳动收入个体风险。金博尔（1990）、伊科霍特（Eeckhoudt，1996）等从理论上主张投资者承担的劳动收入个体风险会减少他们的其他风险头寸。而波第蒂尔（Bodieteal，1992）考虑了劳动收入在内的连续时间最优证券组合选择问题后，认为年轻投资者比年长投资者有更高的冒险能力，更可能选择高比例风险资产，因为年轻投资者在收益率不佳时会更灵活地增加工作时间。第二，有些家庭还持有风险无法完全对冲的非上市股权资产等（Heaton & Lucas，2000）。针对这一问题，希顿和卢卡斯（Heaton & Lucas，2000）发现个人投资者的收入正相关于股票收益率，而自我雇用会导致其他家庭风险资产的比例偏低。第三，家庭借贷风险也依旧存在。霍尔和米什金（Hall & Mishkin，1982）、马里格（Mariger，1987）研究表明，约有 20% 的美国家庭借贷需求未得到满足，林（Hayashi，1985）的研究表明，约有 16% 的日本家庭也存在借贷问题，而且信贷约束也会损害企业家精神，伊万斯和乔瓦诺维克（Evans & Jovanovic，1989）针对企业家精神的研究表明，持有资产较多的家庭开办企业的可能性较大，这间接论证信贷约束阻碍了企业发展。霍尔茨亚金、乔尔费安和罗森（HoltzeEakin，Joulfaian & Rosen，1994）对信贷约束的实证分析结果表明，遗产变量对投资者成为企业家的概率有显著影响，而且信贷约束的增加提高了企业家放弃创业的概率。第四，占家庭财富重要部分的住房对家庭金融投资的影响同样不容小觑。希洛亚斯（Siloas，2007）的研究表明：住房财富是家庭财富不平等的主要影响因素，在对社会的财富分配和再分配产生影响的同时，还会显著影响家庭创业（Wang，2012）、教育所得（Lovenheim，2011）和劳动力流动（Halket & Vasudev，2011）等许多方面。马雅·希尔斯－兰德（Marya Hilles-land，2019）的研究发现，不同性别间的风险偏好差异不大，但女性户主风险资产占比低于男性。李（Li，2020）发现金融素养高的家庭风险偏好高，更倾向于参与金融市场投资。

2.3.2 家庭金融资产选择研究

中国家庭金融资产选择的复杂多样性使得此项研究具有丰富的理论和实践意义。从理论意义上讲，现代家庭金融资产选择理论实际上是基于传统储蓄—投资理论的进一步发展，通过分析家庭金融资产选择行为可以更深入地了解传统投资储蓄理论。其次通过研究我国居民投资选择行为，可以总结出中国家庭金融投资行为的具体特征和影响因素，由此得出的相关成果丰富了家庭金融理论，推动了家庭金融的深入研究。从实际意义上讲，家庭是国家经济体系的重要组成部分。家庭金融资产选择研究对一般家庭、金融机构和国家意义深远。首先，家庭金融资产的合理分配可以增加家庭收入。通过对家庭金融资产选择行为的分析，了解家庭具体的投资需求，可以指明正确的投资方向，引导家庭做出更加专业合理的决策。其次，家庭金融资产的研究还能得出家庭金融资产选择的具体影响因素，这对金融机构扩大客户资源、增加收入等方面都具有重要现实意义。此外，这项研究可以协助了解家庭金融资产组合的特征，以此看出家庭对金融的参与程度。这相当于微观分析了市场传导机制以及家庭参与程度对国家宏观经济政策的影响，对于实施宏观政策以及推动中国金融市场改革发展具有重要的现实意义。

目前，家庭金融资产选择的研究主要包括总量与结构研究和影响因素研究两大方面。

1. 家庭金融资产总量与结构研究

家庭金融资产的总量与结构和国家宏观经济发展状况密不可分。美国经济学家雷蒙德（Raymond，1969）利用宏观数据分析，在其《金融结构与金融发展》一书中首次对金融资产的总量和结构进行了研究。书中提出了金融相关率（FIR）这一新概念，指的是同时期国家金融资产价值与GDP之比。他研究不同经济发展阶段下的国家后发现，发达国家的金融相关率显著高于发展中国家，而且经济增长会正向作用于金融资产总量的增长，并认为金融发展等同于金融结构的变化，经济分析中重要的是金融资产与国民财富、资本形式等因素之间的关系。沃尔夫（Wolff，1989）研究了美国家庭的资产负债数据，发现家庭金融资产的结构和总量会随着经济的发展而产生巨大变化，逐渐呈现出由货币化转变为资本化的趋势。

2. 家庭金融资产选择的影响因素研究

家庭金融资产配置是复杂多元的，家庭的内外部环境都会对其资产配置产生重要影响。除了传统固定资产外，家庭居民投资的金融产品使得家庭资产选择多元化，这可以保证在不同时期的家庭资产风险平衡，也可以极大地降低不确定风险。基于长期具体详细并且较容易获得的家庭资产组合微观数据库，以往国外学者的家庭金融资产研究大多是微观数据分析，比如美国的消费者金融调查（SCF）和日本的家庭调查（JNSD）等。许多学者描述了家庭金融资产选择的统计特征，贝尔托和艾斯科伯（Bertaut & Aizcorbe，2003）分析美国 SCF 数据后指出：90% 的美国家庭金融包含不同类型，25% 的家庭持有 5 种以上金融资产，安全资产的比例基本不变，但风险资产的比例却在不断上升。吉索（Guiso，2002）主张美国家庭的股票投资也存在参与有限性，2001 年只有一半的美国家庭投资了股票，而大多数家庭只持有交易账户、储蓄账户和退休账户。吉索和哈利亚索斯（Guiso & Haliassos，2002）在比较国际上不同国家的家庭金融资产概况后发现，美国家庭的风险资产份额明显高于其他欧洲国家，而德国和意大利家庭倾向于持有安全类型资产。杰和蒙元（Jie & Mengyuan，2018）利用中国金融调查数据分析了家庭资产选择的特点，发现资产配置不均衡、房地产持有量和社会保险都对居民参与股市产生影响。晓蒙、交交和甘（Xiaomeng、Jiaojiao & Gan，2020）以中国、美国、澳大利亚和 20 个欧盟国家，共计 23 个国家的数据为基础，发现随着家庭收入的增加，大多数国家的住房资产比重呈倒 U 型。

对家庭资产选择的影响因素研究大致可分为以下几类：

（1）家庭组合选择和背景风险因素。

希顿和卢卡斯（2000）及坎贝尔（2006）为了区分非金融市场风险与投资者在市场所承担的风险，将非金融风险定义为背景风险，背景风险主要包括劳动收入风险、房产投资风险和实业投资风险。

① 劳动收入风险。劳动力是最重要的非交易资产，家庭可以获得但无法交易其劳动力，因此劳动收入风险具有不可对冲性。波第等（Bodie et al.，1992）首次将人力资本引入投资选择组合模型，发现劳动力密切相关于投资选择。家庭可以灵活通过增加劳动力、延长工作时间等方法来应对不好的投资结果，一定程度上提高了家庭金融投资风险的抵御力度。这使得有更高的风险承受能力、时间更加灵活的年轻人比老年人愿意持有更多风险资产。希顿和卢卡斯（1997）认为，在劳动收入和投资组合的双重约束下，应将其大部分储蓄资产分配给高风险的股票资产，以此达到最优资产组合。如果没有这样的限制，投资者可以直接卖空长期债券来投资高风险股票。

大多数研究认为劳动力资本产生的收益风险更接近于股权资产，因此对股市参与产生挤出效应。希顿和卢卡斯（2000）主张家庭投资会考虑到背景风险增加了风险厌恶水平而更加谨慎。本佐尼（Benzoni，2009）则主张劳动力收入和股息之间存在协同效应，年轻人的最优投资组合更少将资金投入股票。而短期内老年人退休使得协同效应无法充分发挥作用，老年人的人力资本更像是一种"债券"，他们应该去投入更多的资金到股票市场。安格尔和拉姆（Angerer & Lam，2009）将工作收入风险分为长期和短期，研究表明长期风险降低了金融资产的比例，但短期风险没有受到太大影响。卡达克和维金斯（Cardak & Wilkins，2009）以澳大利亚家庭为样本数据研究后也得出了同样结论。但是，阿伦戴尔和帕尔多（Arrondel & Pardo，2002）在分析法国家庭数据后发现两者关系需要视情况而言，若劳动收入风险增加会导致超额收益风险降低，那么它们之间就属于正相关，反之两者属于负相关。可可（Cocco，2005）认为劳动收入相当于无风险资产，投资者会随着劳动收入增加而更倾向于风险投资。阿莱茜等（Alessie et al.，2000）在对荷兰居民投资数据分析后却发现，他们的未来收益是否稳定，不会对风险资产投资额产生影响。薛（Xue，2017）以中国家庭金融调查数据为基础分析了职业对家庭资产配置和风险偏好的影响，证明金融业的专业人士比其他行业更喜欢冒险。而职业对持有权益性资产的比例没有显著影响。摩西、大卫和霍斯尼（Moshe，David & Hosny，2019）认为，妇女权利导致了家庭投资组合的变化、对信贷供应的积极冲击以及劳动力向非农业和资本密集型产业的重新分配。

②房产投资的收益风险。住房是家庭资产中非常重要的组成部分，正如长期证券提供长期现金流，住房也为其所有者提供了长期住房服务流，还可以避免市场房屋价格的波动风险。在投资组合模型中，房产以多种形式包含在研究模型中。为了检验对效用的影响，有的模型里房产被视为一种消费品，而在其他模型中房产被视为大型投资。布鲁克纳（Brueckner，1997）认为，在均值方差分析的理论模型下，资产投资选择的效率较为低下。阿伦戴尔和列菲弗尔（Arrondel & Lefebvre，2001）以不同住宅为资产的新模型分析了法国居民投资数据，发现居民随着年龄增长投资房产的概率分布呈倒 U 型，即低收入家庭倾向于投资房产，而富裕家庭更倾向于有价证券。此外，居民对风险资产的需求也会较大程度受到房产态度的影响。

法拉维和山下（Flavin & Yamashita，2002）模拟数据研究了房产对家庭投资组合选择的影响。假设所有家庭投资者对风险具有相同偏好，每个家庭在房产约束下实现最优化投资。不同的家庭有不同的房产，因此每个家庭也拥有不同的资产组合。房产与家庭净资产的比率具有生命周期效应，这使得年轻家庭拥有的房产占总资产比例较大，导致他们受房产限制只能通过购买债券等来应对较高的家庭投资组合风险。相比之下，老年人家庭积累的财富导致老年家庭更倾向于持有股票，虽然抵押贷款被认为是所有年龄段里购买房产的最佳方式。但是库库鲁和希顿（Curcuru & Heaton，2004）的研究发现，只有 26.4% 的老年人家庭使用抵押贷款方式购买房屋。博高摩洛和查卡什瓦纳（Bogomolova & Cherkashina，2016）发现财富差异与居住地聚落特征的关系比与地区聚落特征的关系更为密切。

佩里佐和韦伯（Pelizzon & Weber，2006）分析 1989～1998 年意大利家庭投资数据后认为，金融资产无法对房产风险产生对冲效果，购买和出售房产时往往需要较高的交易成本，这导致房产投资回报率的降低，并影响投资组合选择。卡罗克（Laroque，1990）针对单种非流动性耐用消费品模型分析后发现，买卖这类消费品只有在财富巨大变化时才是最优的，而交易成本会减少最优投资数量。卡雷、帕弗利维和施瓦茨（Cauley，

Pavliv & Schwartz，2007）认为如果房产投资无法随意调整，金融资产选择将完全改变，因此对房产投资的限制将大幅度减少家庭持有股票份额。

在生命周期因素被引入投资组合模型后，房产在生命周期模型中的作用也逐渐受到关注。可可（2004）建立了住房投资家庭的资产分配模型，研究表明家庭投资者为了购买房屋而投资现金、股票或借贷的前提是支付高于无风险利率的抵押贷款利率。房产会随着时间而贬值，因此交易房屋必须支付较高的交易成本。此外，若是股票市场中存在固定参与成本，没有住房租赁市场，投资者将不得不购买房产，住房挤出了那些住房资产接近其总资产的年轻投资者的投资，住房投资的存在同时意味着较低的交易成本就可以实现股票市场参与。随着投资者数量的增加和财富的积累，住房资产占总财富的比重将逐渐下降。然而，研究表明，房地产对股票的挤出效应并不明显。相反，房主将利用股权回报率和房地产回报率之间较低的相关性，持有更大比例的流动资产。

③实业投资风险。家庭私营企业在资产需求和定价方面发挥着重要作用，世界上有私营企业的家庭虽然不到总人口的10%，但其拥有的净资产却占全社会的40%。同时，由于信息不对称和内外部融资成本的差异导致了私营企业家庭的资产选择行为本质上不同于普通家庭。根特里和胡巴德（Gentry & Hubbard，2004）发现私人所有者的资产选择行为研究对解释财富分配等特征有重要意义，研究表明私营企业资产的挤出效应可以解释富裕家庭不参与股市的大部分现象，而14%的中国家庭拥有私营企业，这个比例远高于美国的7%，因此中国私人企业可能对股市参与影响更为显著。卡罗尔（Carrol，2002）的研究表明富裕家庭更倾向于投资于自己的企业，这种行为可能是出于三点考虑：一是因为其风险规避会随着财富的增加而减少；二是风险态度存在外生变量，有风险偏好的家庭从事风险投资而获得了收益；三是资本市场的不完整性导致其需要为自己融资获得超额收益。戴维斯和威伦（Davis & Willen，2006）研究发现，小微企业的收入可能正相关于风险资产回报率，这被称为"产权风险"。希顿和卢卡斯（2000）认为，私营企业对富裕家庭的股票投资来说具有可替代效应。私人所有者出于通过持有安全投资组合来对冲商业投资风险的需求，拥有着更安全的金融投资组合。舒姆和法伊格（Shum & Faig，2006）认为这有利于为其业务提供稳定的现金流，确保资金链不断裂。在研究私营企业对金融投资组合选择的影响后发现，私营企业收益越高，其资金链中断的损失就越大，这导致私人投资者的金融资产投资更加保守，持有股票投资额也更少。冯于（Fengyu，2019）发现个体经营者对金融市场参与表现出显

著的逆反心理，行政事业单位和企业员工更倾向于参与金融市场投资。

总之，私人所有者更愿意投资安全金融资产，降低股票投资比例，来对冲其私人企业投资风险。

（2）人口统计特征。

家庭金融投资者在选择投资组合时，也会充分考虑到家庭自身的特点。因此家庭的人口统计特征也是家庭金融研究的重点。

① 性别。不同性别有不同的特性。男人是冲动和积极的，所以他们敢于承担亏本参与股票投资的高风险，在这方面，女性就相对比较保守，波特巴和萨姆维克（Poterba & Samwick，2003）的研究证实了这一观点。巴比莱托（Barberetal，2001）深入研究了美国投资者行为的特征后发现女性参与股票市场的收益高于男性，这得益于女性天生细腻和谨慎的性格。阿萨杜拉、萨伊兹和埃米莉（Asadullah，Saizi & Emile，2018）发现，与男性相比，绝对收入对女性的影响更大。

② 年龄。在生活的不同阶段，家庭组合将呈现出不同的特征。坎内尔等（Canner et al.，1997）认为，家庭应在不同年龄阶段调整风险投资的比例，两者之间存在很强的负相关关系。舒姆和法伊格（2006）研究发现，当年龄小于 61 岁时，年龄的增加会减少股票持有量，而当年龄超过 61 岁时，它会逐渐增加股票持有量，即两者之间为 U 型曲线关系。祝迫（Iwaisako，2003）专注于日本家庭的股权研究，认为年龄的增长促进家庭参与股市投资，并发现在 50 岁时家庭对参与股市的热情最高，但他们的股票份额却与年龄无关。查达克和维金斯（2009）也认为生命周期对家庭金融投资有积极正向影响。瓦吉哈、诺尔和努鲁胡达（Wajiha，Noor & NurulHuda，2018）通过探讨不同年龄段人群的债务需求，发现成年工人的家庭债务高于青年人。

③ 教育水平。金博尔（2006）认为教育水平不仅会影响居民的投资决策，还会影响居民的投资比例。曼奇维和泽尔德斯（Mankiw & Zeldes，1991）关注家庭收入和教育水平这两个因素分析后发现，提高户主的教育水平可以促进家庭在一定收入水平下参与股市，这种影响主要是基于教育水平的提高，这可以帮助投资者获得有关股市的信息，并帮助他们参与股市。吉索（2002）也发现两者之间存在正相关关系。一方面，提高教育水平可以增加居民的永久性收入，促进家庭财富的积累；另一方面，居民教育水平的提高可以帮助他们获取、分析和处理投资信息，从而存在增加利润的可能性。因此，居民不仅会参与股市，还会增加持股比例。范路易等（VanRooij et al.，2011）研究发现，当投资者具有较高的教育水平时，他

们将学习和掌握更多的金融知识，并且他们在投资中使用知识的能力相对较强，从而促进他们对风险资产的投资。格林布拉特（Grinblatt，2011）研究芬兰居民数据后发现教育水平越高，其风险偏好程度越高。毛宾（Maobin，2019）的结果表明，城市居民受教育程度越高，其储蓄和金融市场参与概率越高。此外，教育水平的提高也改变了城市居民家庭风险资产与无风险资产的比例，

④ 健康状况。居民的健康状况也显著影响家庭资产选择。罗森和吴（Rosen & Wu，2001）认为居民的健康状况是影响他们社会保障和商业保险购买份额的重要因素。若健康状况较差时，家庭会较小概率去投资风险资产。贝尔科维奇和邱（Berkowitz & Qiu，2006）认为健康状况的恶化直接将减少家庭对风险资产的投资。卡达克和维金斯（2009）分析澳大利亚家庭数据后得出了相同的结论。范和赵（Fan & Zhao，2009）探讨了健康状况影响金融资产选择的潜在机制，当健康状况恶化时，家庭需要额外的医疗支出，其累积的财富将减少。因此，当家庭金融资产总额固定时，居民不愿以风险资产的形式持有资产，并将风险资产转移到其他资产。石有、夏飞、齐和凯瑟琳（Shiyou，Xiafei，Qi & Kathleen，2018）认为资产和负债都与青年人的健康状况有关，资产和净资产越多的青年人报告总体健康水平越好的概率越高。

除上述因素外，吉索和佩伊拉（2004）、坎贝尔（2006）也发现：婚姻状况、职业类型和家庭规模也是家庭资产选择的重要影响因素。

（3）交易费用。

投资者的选择行为在不完全市场中会受到多种限制。为了提高研究的针对性，学者们往往只在模型中纳入交易成本，并认为家庭是否参与股票市场的决策和股票持有额取决于股票溢价与股票市场固定成本之间的关系，只有当前者高于后者时，家庭选择参与股票市场并增加持股比例。吉索等（Guiso et al.，2002）通过静态均值—方差模型描述投资者参与股市的固定成本。投资者获得的股票收益越高，他们就越能够弥补参与股票市场的固定成本，并且投资者倾向于购买股票；相反，当投资者在股票市场遭受损失时，他们越有可能远离股票投资。魏星－乔根生（Vissing-Jorgensen，2002）将股票市场的参与成本分为三种类型：每笔交易的参与成本、整体固定交易成本和相应比例交易成本。该研究发现，参与股票市场的成本可以很好地解释家庭是否参与股票市场，其中固定交易成本对家庭的决策有直接影响。高姆斯和麦克利兹（Gomes & Michaelides，2005）从资本、信息、效果和福利的角度进一步细化了股票市场参与的成本，他们

还认为，这些费用的增加会妨碍家庭参与。

艾伦（2006）首次关注投资者参与股市的成本。高入门成本降低了居民参与股票市场的可能性，并以节约的形式持有资金。魏星和乔根生（2004）从投资者心理学的角度分析了股票市场参与的时间和经济成本，认为这些因素将对投资者情绪产生负面影响。洪（2004）发现家庭更倾向于保持投资惯性，并选择相对熟悉的金融产品，以避免额外的参与成本。坎贝尔（2006）认为，由于市场摩擦，参与股票投资需要大量资金、时间和精力，这属于投资成本。家庭缺乏参与股票市场的专业知识，因此他们需要支付更多，会选择远离股票市场并选择熟悉的投资组合。在测试家庭所有权对内部控制弱点与债务成本之间关系的调节作用时，古达拉、阿切克和达马克（Guidara，Achek & Dammak，2016）发现，在突尼斯的高家庭所有权背景下，内部控制弱点对债务成本的积极影响更为显著。

（4）流动性限制。

流动性限制通常存在于家庭借贷约束中。在理论分析的基础上，学者们的研究表明，不可避免的收入风险会降低家庭资产的流动性，从而减少家庭对风险资产的投资，使其更倾向于以安全的形式持有资金。德里泽和莫迪利亚尼（Dreze & Modigliani，1972）首先关注收入风险对资产配置的影响，他们将这一因素纳入两阶段模型，发现在不完全金融市场中，当家庭收入风险较高时，家庭的财富水平将受到显著影响，进而影响居民的配置行为。此外，收入风险的变化也会影响家庭消费，这也是影响家庭资产配置的途径。帕克森（Paxson，1990）关注"借贷约束"问题，认为当家庭借贷受外生因素制约时，家庭投资更倾向于选择具有高度安全性和流动性的资产。如果借款约束的大小取决于抵押的固定资产数量，投资者还可以增加持有更多固定资产，以减少借贷的可能性。

库（Koo，1991）建立了一个多期模型，并将借贷约束和收入风险等因素纳入模型。分析发现，预期流动性约束与流动性风险之间存在负相关关系，这证明流动性约束会通过增加收入风险影响家庭资产配置。埃尔门多夫及金博尔（Elmendorf & Kimball，2000）及金博尔（1993）认为投资者绝对厌恶风险并且在投资时绝对谨慎，他们将关注收入风险的影响。通过建立模型来分析收入风险与其他风险之间的关系，他们发现两者在统计上是独立的。为避免累积更多风险，投资者倾向于选择储蓄等安全资产。库（1998）建立了一个多期动态模型，发现当居民受到借款限制时，他们的投资行为将类似于绝对风险规避。贝尔托和哈利亚索斯（Bertaut & Haliassos，1997）研究发现收益风险的增加会导致投资者将股票投资转向安全资产投资，这个结论不受家庭财富水平的影响。吉索、杰派利和泰利泽塞（Guiso，Jappelli & Terlizzese，1996）将意大利家庭作为研究对象，他们还认为，收入风险、借贷约束和居民的风险资本投资之间存在显著的负相关关系。

考利尔和普拉特（Gollier & Pratt，1996）、伊科乔德特（Eeckjoudt）、考利尔和施莱辛格（Gollier & Schlesinger，1996）基于效用函数，分析了局限性，发现劳动收入风险与个人投资安全资产之间存在正相关关系，但本研究忽略了家庭财富的内生性。在现实生活中，为了防范风险，投资者在预期收益风险增大时，会选择增加储蓄或相应减少风险资产。哈利亚索斯和哈萨匹斯（Haliassos & Hassapis，1998）将贷款约束分为两类：一类基于收入，另一类基于担保。他们认为前者会减少家庭持有的风险资产，但后者会产生不同的影响。根据马赫什和内森（Mahesh & Nathan，2020）的研究，小额信贷被证明对人们的生活没有或几乎没有积极影响。

（5）其他因素和家庭资产选择。

传统资产选择理论主要基于外生因素，往往忽略了对投资者决策行为和内部心理因素的分析，使得研究成果远非现实。随着研究的深入，学者们开始从投资者的角度解释资产选择行为，并出现了大量的研究成果，这是现有研究的进一步深化。吉索等（2004）根据社会资本的程度划分地区，分析各地区的家庭投资行为，研究发现，如果当地社会资本较高，家庭参与股市的可能性就会更大。洪等人（2004）专注于社交互动，研究发现，在投资过程中，家庭容易受到周围朋友的影响，从而导致相同的资产配置。此外，社交互动是家庭学习金融知识和获取投资信息的有效途径，可以直接降低家庭参与股票市场的成本，因此社会互动程度与家庭参与的概率显著正相关。

德马尔佐等（Demarzo et al.，2004）验证了社会互动对中国居民参与股市的影响，发现其影响主要包括三个方面：首先，居民在互动过程中获得更多的股票市场信息，这有助于他们获得股票收益；第二是居民互相交流，增加投资乐趣，消除参与股市的心理障碍；第三是居民在社会互动中相互模仿，这种投资容易产生相同的资产配置，并提高了股票市场的参与度。吉索等（2008）以社会信任为出发点，家庭在做出投资决策之前会考虑过去的投资经验，如果他们遭受过欺骗，他们的社会信任将急剧下降，他们在下一次投资中会更加谨慎和保守，这从理论和实证角度都验证了社会信任对家庭参与投资程度和家庭投资份额产生的影响。

布伦纳迈尔和耐格（Brunnermeier & Nagel，2006）的研究表明，虽然家庭的财富水平会发生变化，但家庭投资惯性不会改变或调整现有的资产组合。比利亚斯等（2010）将家庭投资惯性分为参与惯性和交易惯性，并指出这种惯性与外部市场波动无关，主要取决于家庭的内部特征。

舒姆和法伊格（Shum & Faig，2006）通过对家庭参与股票市场的动机研究发现，家庭为教育和退休所节省的资产很容易转化为投资于股票的资产，但为商业投资节省的资产并不总是转换为股票资产，因此为不同目的而持有的储蓄会产生不同的影响。此外，在参与股票市场的过程中，如果能够从外部获得专业的投资建议，家庭将更愿意持有股票。

不同的投资者有不同的风险偏好，这导致了股票市场的参与有限性。学者们对投资者的风险态度进行了大量的研究，但一个问题引起了学者们的关注，参与股票市场的投资者是否必须是风险偏好，以及远离股票市场的投资者是否必然厌恶风险。基于美联储的 SCF 数据库，学者们深入研究了投资者的风险偏好。格拉伯和利顿（Grable & Lytton，2001）建立了一个衡量风险态度的指标，该指数也被用于许多研究中。法伊格和舒恩（Faig & Shun，2002）发现，风险态度会影响家庭选择的金融资产类型，规避风险的投资者更喜欢安全的金融资产。沃什特等（Wachter et al.，2010）分析了投资者风险态度对股市参与的影响，发现风险偏好的投资者参与股市越多，他们持有的股票就越多。然而，哈利亚索斯和迈克利迪斯（Haliassos & Michaelidees，2003）、考姆斯和迈克利迪斯（Gomes & Michaelides，2005）得出了不同的结论，由于厌恶风险的家庭拥有大量储蓄资产并积累更多家庭财富，他们将有更高的风险承受能力参与股市。克里斯蒂安、拉尔菲、莱恩和沃克尔（Christian，Ralph，Lien & Volker，2019）认为不确定性冲击的福利结果及其政策反应在很大程度上取决于家庭的资产状况。秦和海利（Qin & Haili，2019）发现农民对教育风险、健康风险和就业风险的关注程度较高，农民更相信内部应对策略（例如，"求助于熟人""出售牲畜"），而不是减少或缓解风险的策略（例如，"购买保险""采用新技术""多样化收入来源"）。

3. 家庭金融资产选择的国际比较研究

国外学者采用比较法分析家庭金融资产的选择研究较少，主要用于几个国家的比较。肖洛克（Shorrocks，1982）选择美国和英国家庭作为研究样本，发现美国家庭财富的积累和年龄的增长将增加他们对风险资产的投资，而英国家庭对各类金融资产的分配都会受到严重影响。吉索和哈利亚索斯（Gusio & Haliassos，2002）选择美国、英国、荷兰、德国和意大利作为研究对象。结果发现，美国家庭倾向于持有高风险资产，英国和荷兰家庭更愿意参与股票市场投资，德国和意大利家庭倾向于安全资产的形式。这显示了不同国家家庭选择的金融资产类型也存在很大差异。马尔森（Marsen，1998）关注人口年龄结构对储蓄的影响，以发达国家和发展中国家的家庭为样本数据的研究表明，发达国家随着年龄增长的储蓄率呈下降趋势，而在发展中国家没有明显的规律性。此外，它归因于发展中国家的老龄化和青年减少现象。威尔逊（Wilson，2000）使用澳大利亚和加拿大的数据分析发现人口的年龄结构同样没有显著影响储蓄率。布朗（Brown，2010）以德国、英国和美国为研究对象，发现一个家庭年轻人越多，外部因素就越多地影响决策过程。鲁普雷希特（Rupprecht，2018）比较并分析了欧元区国家金融资产的选择，并发现当利率下降时，家庭并没有增加他们持有的风险资产。

2.4 国内研究现状

2.4.1 家庭金融研究进展

家庭金融研究在国内起步较晚，落后于国外学者的研究。随着金融市场的发展，家庭作为金融交易的重要参与者，其投资行为不仅反映了家庭内部的金融需求，还影响着整个金融市场的发展。因此，有必要分析家庭参与金融市场的规则，不仅能帮助家庭实现财富积累与资产增值，还能促进金融市场的不断完善。家庭金融研究主要集中在家庭金融行为分析，研究家庭基本特征如年龄、教育程度和风险态度等因素的影响，这有利于为金融机构创新产品提供理论基础。目前，金融发展中诸多问题迫切需要解决，例如，中国家庭存在高储蓄率现象，从家庭角度看资产配置结构不合理，但从国家角度来看，高储蓄率现象与人民币汇率、贸易等问题密切相关，政府采取了很多针对性措施，但实施效果并不明显。因此，从家庭的角度来看，它探讨了高储蓄率背后的原因，可以为解决问题提供坚实的基础。

王家庭等（2000）从理论上首先界定了家庭金融的相关概念，其次分析了家庭金融的本质与主要研究内容，表明金融资产选择是整体家庭金融的重要研究内容之一。随着学者们越来越多地关注这一问题，相关研究已经大量出现（于蓉、王聪，2006；唐珺、朱启贵，2008）。自20世纪90年代以来，资产选择问题逐渐成为学者研究的热点，但从家庭角度分析仍然较少。由于缺乏可靠和详细的家庭财务数据，很难衡量家庭金融资产的规模和结构。美国、德国等国家建立了相关数据库，为学者研究提供了有利条件（邹红、喻开志，2009）。学者们最早利用统计局数据分析了家庭持有的金融资产总量和结构（谢平，1998；臧旭恒、刘大可，2003）。然而，使用估计的宏观数据进行研究存在一个不可逾越的问题，这与实际情况有所偏差，因此，研究结果很容易受到质疑。学者们只能利用少量数据建立模拟模型来描述家庭金融资产选择的影响因素（陈学彬，2006；赵晓英、曾令华，2007）。随着家庭实践调查的逐步增加和微观数据的丰富，学者们的研究条件也有所改善，研究成果不断涌现。学者们开始使用实际调查数据进行相关研究（史代敏、宋艳，2005；于蓉，2006；汪伟，2008；邹红、喻开志，2009；王宇、周丽，2009）。孙元新（2006）对中美两国家庭资产统计方法进行了对比分析，并提出了改进中国统计制度的建议。受数据限制，国内金融资产选择研究可分为三个阶段：宏观数据研究、数据模拟研究和微观调查研究。

1. 宏观数据研究

学者们深入研究了家庭金融资产结构理论，到20世纪90年代末，家庭金融资产结构发生了重大变化，居民收入呈现出资本化的趋势。宏观角度的研究分析主要解决两个问题：一是经济发展与金融资产选择之间的关系；二是居民如何选择和分配各类资产。从现有学者的研究来看，我们从三个方面进行梳理：一是从金融市场的角度分析金融资产选择的影响；二是从金融政策的角度分析金融资产选择的影响；三是从家庭理财的角度分析金融资产选择的影响。通过回顾现有文献并总结研究成果，我们可以为未来的研究找到新的视角。

（1）金融资产选择和经济增长。

金融市场的角度分析研究重点是金融资产选择与金融市场、经济增长之间的相互作用。彭志龙（1998）通过数据分析发现居民持有的金融资产规模的增加可以显著促进经济增长，但同时也容易积累巨大的金融风险，这证实了中国居民金融资产与经济的相关性。连建辉（1998）首先描述了农村居民金融资产配置的现状，并从增量和存量的角度分析了其对经济增长的影响。宋光辉和彭新宇（2003）以收入为切入点，发现家庭持有的金融资产规模会随着居民可支配收入的增加而增加。另外，经济发展直接影响收入的增长，因此国民经济与家庭金融资产的选择之间存在着重要关系。陈霞、刘斌（2019）发现投资结构在不同分位数点上显著对经济增长呈现出倒 U 型影响。

谢平（1992）、易纲（1996）、王广谦（2002）等为了说明金融深化改革与过渡时期经济增长的关系，对中国金融资产结构的变化进行了实证分析。罗轩（2004）研究了家庭金融资产选择与市场发展之间的关系。因为金融市场的发展程度不同，居民对不同金融产品所投资份额也会不同，而由此他们对不同金融产品的偏好程度又反向造成了金融市场发展程度的差异。王清（2006）则系统分析了金融资产多元化的条件以及家庭金融资产与经济增长两者的相关性，他认为居民部门资产选择导致了金融资产的多元化，这种现象随着国家金融的不断深化与经济的不断发展属于积极主动的变化。范学俊（2006）以中国季度数据为基础作出的实证研究结果表明居民投资股市对经济增长产生的影响大于其投资银行业产生的影响。朱岚（2007）通过计量模型描述了金融资产选择与经济增长两者的因果关系和一般均衡关系。纪园园、朱平芳、宁磊（2020）发现家庭债务变动对经济增长的影响具有明显的区域差异性，家庭债务不仅降低了居民总需求，并且还会传导到企业部门，收紧企业信贷约束，从而拖累了经济增长。

（2）金融资产选择和货币政策。

家庭金融资产选择行为研究已逐渐成为货币需求研究的微观基础。许多学者从我国经济实际发展出发，构建了微观经济主体对应的货币需求函数，为我国决策层制定更加有效合理的货币政策提供依据。许荣（2005）描述了家庭金融资产结构与资本市场发展之间的关系。家庭投资者的决策变化导致了资本市场的供给变化，而相应地资本市场的供给变化导致了家庭金融资产选择的多样化。张琦（2008）研究了家庭金融资产选择对货币需求的作用机制。在建立货币需求预测模型对作用机制的路径、影响进行分析后，提出了应保持较高利率市场化程度的政策建议。徐润萍（2006）描述了资产价格波动对货币政策传导的作用机制。她认为资源配置的有效性依赖于货币传导机制的有效性，我国货币政策传导渠道单一，资产价格应被视为货币政策目标，以此来提高货币政策的传导效率，更加有效地实现资源配置。林博、吴卫星（2019）发现家庭金融资产选择与货币政策和财政政策有关，尤其对家庭储蓄存款配置意愿和股票基金投资意愿具有较大影响。

（3）金融资产选择、储蓄转移和家庭理财。

在中国经济转型期间，储蓄转移和家庭金融这两个问题的研究越来越重要。王家庭（2000）描述了家庭金融理论并探讨了理论背后的内在本质。曾康霖（2002，2006）首先界定了金融资产选择、财务管理、家庭金融等概念，其次讨论了家庭金融资产选择行为所面临的资产和负债选择问题。黄载曦、连建辉（2002）详细介绍了家庭金融投资组合的原理和不同资产组合的方法。张巧云（2007）重点研究银行产品，对中美家庭银行产品的选择进行了实证比较，总结出了家庭选择银行产品的影响因素。袁志刚（2004）和孙克仁（2006）建立了一个优化模型来解释中国家庭储蓄率高的原因，他们认为消费并不是家庭更喜欢储蓄的唯一原因。为了减少储蓄，金融机构应加强创新，寻求替代产品，并为家庭提供各种投资渠道，这也可以达到储蓄转移的效果。徐巧玲（2019）发现中国家庭存在预防性储蓄动机，当收入不确定增加时，储蓄较风险投资增加更多。

谢平（1998）从总量和结构的角度分析了中国居民持有的金融资产，并根据城乡情况进行了比较。研究发现，中国居民持有的金融资产结构不合理，过度储蓄进一步归因于金融市场不完善和居民收入水平低等因素。吴晓求等（1999）通过分析改革开放以来中国居民收入的数据发现，居民收入呈现资本化趋势的现象是由其收入分配格局的变化和国家金融市场的政策变革引起的，这对中国金融市场的利率化与政策改进有重要影响。李建军、田广宁（2001）通过研究国家宏观经济数据总结出资产总量和结构的特征，预测投资者储蓄存款资产的比例将继续下降，而保险资产和证券资产的比例会增加。袁志刚、张冰莹（2020）结合全球主要国家，讨论养老体系如何通过家庭的储蓄投资结构进一步影响国家的金融结构。

我国经济结构的特殊性导致经济制度成为研究家庭金融资产选择的重要因素之一。程兰芳（2004）描述了我国家庭经济结构的变化及其影响因素。田岗（2005）发现在不确定条件下，居民融资受到限制导致更为保守的消费行为，因此储蓄意愿更加强烈，在我国的经济结构下，要想加快社会保障体系建设就得改善市场投资环境。冯涛和刘湘勤（2007）研究表明经济制度改革带来的不确定性会影响家庭资产选择的结构。刘欣欣（2009）的研究表明居民投资面临无法预测的意外风险，这种意外风险是家庭金融资产增长的重要阻碍因素。居民对金融产品投资带来的风险和收益的不确定性是其对股票和其他资产不进行投资的重要原因。廖婧琳、王聪（2017）认为货币制度、商业及投资环境的改善会提高金融市场参与率，但金融制度则存在"拐点"效应。

2. 数据模拟研究

动态仿真是一种基于计算机仿真技术的数学方法。在现实生活中，不同的家庭具有不同的特征，即异质性，因此单一的模型无法描述和解决家庭之间的普遍性问题。与此同时，家庭的金融资产选择行为不仅受当前形势的影响，还受未来形势的影响，这种行为是一种多周期行为，因此解决优化问题的传统方法无法解决。通过单一模型和实证分析很难解释家庭金融资产的选择，但动态决策方程提供了解决这一问题的有效方法，使用计算机技术更为方便（汉杰，2008）。陈学斌等（2006）用这种方法发现居民的时间偏好、风险偏好、收入风险和利率变化都是影响居民生命周期消费和投资决策行为的重要因素。赵小英和曾令华（2007）动态模拟了居民的投资组合选择行为。他们认为劳动收入、股票收益和风险态度具有显著影响，最有影响的是劳动收入风险，这解释了为什么居民更喜欢储蓄投资。

杨玲和陈学斌（2006）用动态模拟技术分析了家庭生命周期消费行为，而陈学斌和张燕（2007）分析了医疗保障制度对家庭生命周期消费决策行为的具体影响。刘楹（2007）分析了财富效应、生命周期效应等内生变量对家庭金融资产选择行为的影响，通过模拟技术得出收入差异显著影响家庭金融投资决策。汪红驹、张慧莲（2006）认为投资者根据资产的实际收益做出决策，分析了通货膨胀、股票收益波动和风险态度对投资者决策的影响，其中通货膨胀率方差和股票收益率具有显著影响。吴蓓蓓、陈永福、易福金（2019）动态模拟城镇家庭收入分布变化对其食物消费的影响，发现在不同收入组的城镇家庭中，不同种类食物的消费水平和消费结构存在显著差异。

动态模拟技术对基于多种假设的跨期异质性研究非常有帮助，但在现实生活中，这些假设往往难以实现，模拟中提取的因素非常有限，许多其他因素被忽略，容易导致更大的分析结果错误是此方法的缺陷。

3. 微观调查数据研究

随着微观调查数据的丰富，为学者提供了必要的研究条件。基于微观数据的调查主要分为两个方面，一是系统分析家庭金融资产投资选择行为的影响因素；二是研究不同家庭金融资产选择行为的差距。

（1）家庭金融资产选择的影响因素研究。

家庭金融资产配置行为受诸多因素的影响。作为一种微观单位的金融决策行为，要系统分析家庭金融资产投资选择的影响因素就需要借助调研获得的一手微观家庭金融数据。国内大部分学者在进行微观家庭金融相关的研究时，均采取调查问卷的方式获取一手数据，少部分学者也利用了基于全国抽取的家庭样本得来的调查数据建立起来的家庭金融数据库来开展相关研究。李实（2005）描述了1995～2002年我国居民家庭财产的分布情况，发现由于我国经济发展的城乡差距的拉大，导致我国居民的财产分布不均等特征愈加明显。史代敏、宋艳（2005）选取了家庭财富、年龄等影响因素，将四川省城镇居民家庭作为研究样本，分析了家庭金融资产配置的影响因素，研究发现，金融市场上可供居民家庭选择的产品种类较少，这极大地限制了居民家庭的金融投资，此外还发现家庭持有金融资产结构的不合理将会进一步拉大家庭间的贫富差距。但是随着我国金融市场不断完善、金融产品不断创新，为居民家庭金融资产投资提供了更多的选择，所以该研究结论可能会受到最新市场情况的影响。汪伟（2008）研究了家庭风险性资产持有的城乡差异，认为风险资产的持有需要一定的成本，居民家庭拥有财富的规模和风险资产的交易成本会对家庭是否选择持有风险资产或持多少比例的风险资产具有直接的影响。他以山东肥城的农户家庭为研究对象进一步验证了这一结论，即农村家庭收入水平、财富水平都低于城市家庭，且由于存在不对称的风险资产的交易成本，在一定程度上制约了农村居民家庭选择投资风险资产的行为。张辉、付广军（2008）基于投资渠道的选择模型，研究城镇居民家庭的投资行为，研究证实，投资股票市场会在较大程度上改变居民家庭的金融资产配置。但在他们进一步将家庭投资的资产分为无风险资产的债券和有风险资产的股票，并且假设家庭仅仅只投资有风险资产和无风险资产，发现实际的投资决策行为与家庭金融资产投资渠道的选择模型发现的结论有较大差异，从而使所得的结论缺乏说服力。李嘉欣（2017）使用 Tobit 和 Probit 模型研究发现拥有社会养老保险与商业保险是影响家庭风险金融资产参与以及持有比例决策的重要因素。王稳等（2020）运用理论和实证的方法发现社会医疗保险保障水平的提升对家庭风险金融资产配置概率、规模和比例均有显著的正向影响。社会医疗保险对家庭金融资产配置的主要影响机制是替代效应。王稳、孙晓珂（2020）也有相似的研究发现：医疗保险及健康资本水平对我国居民家庭风险性金融资产的持有概率及所占比重都有一定影响，但影响程度不同，医疗保险的促进作用最大，健康资本水平次之，医疗保健支出的促进作用最小。

部分学者考虑了影响家庭金融资产配置的综合因素。于蓉（2006）研究了收入、年龄、教育程度、房产持有状况、风险态度以及社会互动等因素都与居民家庭是否参与股市投资具有明显的正相关关系，而居民家庭未来的收入预期则和居民家庭持有的股票占家庭资产的比例呈显著负相关。窦婷婷（2013）自行设计了调查问卷，通过家庭金融调研得到第一手微观数据，再进一步采用实证模型检验，发现家庭金融资产的配置结构显著受到家庭决策者的影响。王聪、田存志（2012）利用北京奥尔多中心关于家庭金融的调研数据，发现居民家庭涉及股票市场投资的程度会明显地受到社会互动、家庭成员的风险偏好以及家庭住房等因素的影响。此外，在影响家庭投资的所有原因中，信贷约束和社会互动也被包括在内。国内也有研究探讨了某些个别因素给居民家庭金融资产配置带来的影响。雷晓燕、周月刚（2010）研究发现，城市居民家庭持有金融资产结构会明显受到家庭成员健康状况的影响，在家庭成员健康程度下降的情况下，城市居民家庭会更倾向于增加生产性资产或房产，减持风险性金融资产。张晓娇（2013）和黄倩（2015）均运用中国家庭金融调查（CHFS）的微观数据，分别分析了家庭成员的风险偏好、家庭的社会关系网络对家庭持有的金融资产结构的影响。张晓娇（2013）证实，家庭成员风险偏好越高，其拥有的风险性金融资产占家庭总资产的比例也会越高，两者之间存在显著的正相关关系。黄倩（2015）发现，家庭的社会关系网络越复杂，家庭参与股市投资的资产占家庭总资产的比例也会越高，而信贷约束越高，家庭参与风险资产投资的资产比例会越低，信贷约束会影响家庭对风险资产的投资，而社会网络可以有效提升家庭的信贷需求，一定程度上能有效缓解信贷约束。张剑、梁玲（2020）使用多元线性回归以及 Probit 模型对我国家庭金融资产配置的实际数据进行实证研究，分析了家庭异质性对金融资产配置的影响。臧日宏、王宇（2017）选择 Logit 模型或 Probit 模型实证分析了社会信任水平上升会显著提高城镇家庭进行风险金融资产投资的可能性和家庭金融风险资产的占比。

相关研究对影响家庭金融资产选择的因素进行了深入研究。基于已有研究，影响因素主要可以分为三类：个体特征、家庭经济特征、社会因素。

由于家庭的不同，个体特征具有异质性。有学者从家庭投资决策者个体特征差异的角度进行了深入的研究。陈学彬等（2006）发现，在家庭投资决策者的生命周期中，家庭持有的金融资产比例呈现先上升后下降的趋势，即家庭持有的金融资产比例在中年时期达到最高。陈丹妮（2018）重点关注了家庭人口的年龄结构可能给家庭金融资产配置结构带来的影响，研究证实，家庭人口的平均年龄越大，老龄化趋势越严重，家庭倾向于持有无风险或低风险的金融资产越多，他们对风险金融资产的投资就越少。窦婷婷（2013）分析了男性和女性对投资的不同态度，发现女性在投资时更谨慎，更愿意选择风险较低的金融资产，而男性则相反。

尹志超等（2014）通过数据分析得出结论，当金融知识更加丰富时，家庭参与金融市场的意愿较强，特别是对金融市场涉及风险的深度和广度都有所提高，同时，家庭在参与过程中的投资经验，将进一步帮助家庭投资风险资产。胡振等（2016）主要研究了家庭理财教育投入对家庭理财资产结构的可能影响，发现家庭理财教育投入与家庭持有风险资产的比例呈倒 U 型，这也为我国加强金融教育提供了理论参考。有学者从居民健康的角度探究健康状况对金融资产配置行为的影响。吴卫星等（2011）发现居民健康状况对家庭参与金融市场的决策没有影响，但对金融资产比重的影响是显著的，两者呈负相关关系。雷晓燕等（2010）研究了不同健康状况家庭之间的资产配置问题。研究表明，城市居民的健康状况较差会使家庭更倾向于持有住房等固定资产，这对家庭金融资产的投资具有挤出效应。邹红等（2009）根据家庭的职业收入水平研究了家庭金融资产的选择特点，并发现职业收入较高的居民有更强的投资意识，并将合理地分配各种金融资产的投资组合，如风险资产和保险；而职业收入较低的居民持有单一类型的金融资产，偏好低风险。王聪等（2012）和李涛等（2009）都关注了风险态度与家庭参与股市的关系。前者发现两者之间存在显著的负相关关系，而后者则认为两者之间没有显著的关系。

家庭经济特征主要包括家庭收入、家庭住房等。陈彦斌（2008）根据财富水平对中国家庭进行了分类，发现高水平的家族财富为家庭金融投资提供了必要的前提条件。家庭可以选择多种资产类型进行多元化投资，以平衡风险和收益。但是，由于无法承担风险损失，中低收入家庭在投资时会选择更安全的资产，而且家庭资产结构相对单一。衡量家庭收入有两个视角，一个是收入水平，另一个是收入差异维度。周广肃等（2018）以后者为切入点，发现收入差距的缩小会减少家庭对股票等风险金融资产的持有。

住房资产是家庭资产的重要组成部分。例如，陈永伟（2015）从家庭住房资产的角度发现，家庭住房资产的增加可以显著提高家庭参与金融市场的广度和深度，即家庭参与金融市场的程度和金融资产的持有比例都得到提高。魏先华等（2014）和马征程等（2019）通过研究得出了相反的结论，即住房金融资产是家庭资产的一部分，当家庭增加对住房的投资时，投资于金融产品的资金必然会被分流，从而减少了家庭金融资产投资，存在一定的挤出效应。

社会因素主要包括社会互动、社会信任、生活满意度、信贷约束、互联网金融等。郭士祺等（2014）深入探讨了社会互动对股票市场参与的影响，发现其在股票市场信息传递中发挥重要作用。在这个沟通过程中，网络信息与社会互动相互作用，共同推动家庭参与股票市场，不同的家庭所拥有的社会网络关系不同。肖忠意等（2018）发现，提高农民主观幸福感会使家庭调整各种资产的比例，减少无风险资产，增加保险持有量，但对股票投资的影响不显著。臧日宏等（2017）以社会信任因素为切入点，具体分析了家庭信贷对家庭金融资产配置行为的可能影响，研究发现，农户对金融机构、社会等外部环境的信心越强，参与风险金融资产投资的积极性就越高，这一积极性体现在参与率和金融资产持有比例上。

李涛（2006）将社会信任与社会互动结合起来得出了相似的结论，进一步发现社会互动能促进低学历家庭参与股票市场投资。刘进军（2015）以信贷约束作为研究对象，得出信贷约束能显著制约家庭投资风险资产，但会自动增加家庭持有无风险资产，互联网金融的发展给家庭带来了更多的投资机会。周广肃等（2018）通过数据分析发现，互联网金融具有显著的正面激励作用，使得家庭风险资产的投资比例明显提升。

（2）家庭金融资产选择的比较研究。

居民家庭金融资产的配置受城乡经济发展存在巨大差异的二元经济结构的影响。由于经济发展水平不一致，城市居民与农村家庭的金融资产可选择的种类相差较大，城市居民可投资的家庭金融资产相对于农村家庭而言，可能会更丰富些；城市居民家庭可用于投资的资金规模也会更大等等。从总体看，金融产品在我国金融市场不断改革和完善的情况下持续创新，种类越来越多，居民家庭在进行金融资产配置时，可投资的具体金融资产种类的选择也越来越多样化，但对绝大部分家庭而言，在进行金融资产配置时，可选择的主要金融资产种类仍然是股票、基金、债券和其他金融衍生品等。有学者以城市家庭或农村家庭为样本，分析了家庭金融资产的投资选择，或对比分析城乡家庭拥有的家庭金融资产，归纳总结出家庭金融资产的特征，从而为未来居民家庭如何合理选择金融资产提供借鉴，在很大程度上丰富和完善了家庭金融的研究内容。

城市地区经济发展水平较高，决定了金融市场的发展水平，所以城市家庭在金融资产持有上具有很大的优势，部分学者以城市家庭为研究对象，研究其金融资产选择的特征。陈斌开、李涛（2011）以城市家庭为研究样本，在调研了家庭的负债情况后，分析了家庭成员的健康状况给家庭金融资产投资行为可能带来的影响。研究认为，如果家庭成员的健康状况不佳，家庭投资金融资产的行为更容易受金融市场的较大波动影响；此外，家庭人口数越多、户主年龄越小、户主学历越低的家庭通常会更易受到金融市场波动的影响。家庭成员健康状况不佳的家庭，会更多地考虑风险因素，为了规避金融市场的风险，会控制家庭的负债规模和投资于风险金融资产的比例。李波（2015）通过对我国城市家庭微观数据的分析发现：金融风险资产与消费支出之间存在替代关系，随着家庭持有的金融资产在家庭总资产中所占比例的提高，资产财富的边际消费倾向增加，为预防持有金融风险资产可能带来的投资风险，家庭也会相应提高预防性储蓄的比例。王彦伟（2020）发现由地区层面因素造成的居民消费差异在整体消费差异中的占比不足1/5，地区经济发展水平对家庭消费拉动产生了正向调节效应。

相比于城市地区发达的金融市场，农村地区的金融市场发展相对落后，部分学者尝试通过研究农村家庭金融资产选择行为，从家庭的微观角度寻求提升农村金融发展水平的路径。万广华、史清华、汤树梅（2003）在调查众多农村家庭持有的金融资产后发现，农村家庭储蓄率的变化在较大程度上受预防性储蓄动机、成员文化水平、家庭净财富等的影响。徐展峰和贾健（2010）的实证研究表明，农村居民家庭持有的金融资产占家庭资产总量的比例较大，而且金融资产的占比正在逐年提高；多种因素如偏好储蓄、出于传统习惯持有现金等理由均会影响农村居民家庭金融资产的选择行为，并且资产选择行为呈现出多元化的趋势。卢建新（2015）比较分析了影响农村居民家庭消费行为的因素后认为，居民收入是农村家庭消费行为最显著的影响因素。此外，农村居民家庭配置的各种不同风险程度的金融资产的比例不同，家庭的消费行为也会有所差别。

对比城乡居民家庭金融资产状况，能够更为直观地看到城乡金融发展差异，对家庭金融资产选择差异进行研究并分析造成差异的影响因素，有极大的现实意义。缪钦（2005）在比较分析了我国城乡居民家庭金融资产选择行为后，认为我国城乡发展的不平衡是造成我国城市和农村之间居民家庭金融资产配置存在较大差异的主要原因。曾康霖、钟春平（2008）指出，金融与经济一样也存在二元性，并且会加剧经济发展的二元性，形成合理的金融结构可以有效促进经济结构的进一步健全。陈雨丽、罗荷花（2020）发现金融教育尤其是职业教育可以显著提升居民金融素养，从而作用于家庭金融资产配置。胡尧（2019）通过研究发现，随着家庭成员掌握的金融知识的增长，家庭会更愿意倾向于风险资产的配置。杨锋涛（2008）从城乡、区域和国际三个方面比较了居民的资产选择行为，发现城市和农村居民在家庭金融资产的选择上存在较为显著的差异，同时，我国居民的家庭金融资产配置相对于欧美等发达国家，在资产结构上存在着很大的差异。在未来的发展中，居民家庭要提高风险资产在家庭总资产中的比重，进一步优化家庭金融资产的配置结构，这对拉动我国经济发展意义重大。

2.4.2 国内研究文献的述评

现阶段，家庭金融领域的研究已较为丰富。研究内容上，从最初的简单统计家庭金融资产选择行为特征发展到实证检验家庭金融资产配置的影响因素及后续可能的选择行为。关于家庭金融资产选择的理论模型，最早用于预测家庭金融资产可能选择的理论模型与现实中实际的家庭拥有资产的组合之间有着较大差异，从事相关领域研究的学者们不断调整或拓展资产选择模型，纳入了风险偏好、不完全市场、房产、家庭人口特征、居民收入、投资者心理甚至社会因素等变量，使得模型的预测效果与实际情况更为接近，特别是在预测模型中纳入了房产、投资者心理特征、社会因素等变量后，模型的解释能力大大增强；研究采用的数据来源上，最初的研究均局限于宏观数据，后来逐渐演变为基于调研的家庭微观金融数据或调研的家庭微观金融数据与宏观数据相结合的数据。

我们系统梳理了家庭金融的相关文献后发现，首先，虽然家庭金融方面的研究已经取得了丰硕的成果，但是，现阶段大部分学者在家庭金融领域的研究大多局限于实证分析家庭金融资产配置、行为差异以及影响因素的研究，缺乏系统性和整体性，没有形成统一的理论分析框架。传统的资产定价模型是基于消费理论的基础上提出来的，对家庭金融中存在的"异常"现象并不能很好地进行解释，后来，学者们经过长期的探索，选择了行为资产定价理论模型运用到分析中，与其他模型相比，这种模型能够更加科学合理，代替了传统的基于消费理论的资产定价模型，并开始将居民心理因素纳入到研究框架中，基于心理因素来分析家庭金融的投资行为。但行为资产定价理论仍存在缺陷，无法考察家庭储蓄偏好、社会关系、财富代际转移等因素对家庭资产选择方面的影响。随着我国经济的发展及居民收入的增加，家庭金融越来越引发研究人员的重视，逐渐成为金融学的重点研究领域，引起了越来越多的学者们的关注。

其次，家庭金融的微观调查数据受制于时间、精力及调查的局限性，部分数据的可得性具有一定的限制。家庭金融领域的微观调研数据目前在国内刚刚起步，尚处于不断探索和完善阶段，与国外持续的和开放性的家庭金融调查相比，如美国联邦储备委员会自1983年起就开始连续公布全国性消费者金融调查数据，国内关于家庭金融资产的相关研究主要是在宏观统计数据或部分微观样本数据的基础上进行的。近年来，随着学者们对居民家庭金融研究的深入，一些研究机构试图在大范围内开展调研，以获取家庭金融的大样本数据。但总体上看，目前，国内还缺乏类似于英国家庭金融调查研究（FRS）、日本国民调查数据（JNSE）以及美国消费金融调查（SCF）等时间跨度长、权威性强的大样本数据。

最后，现有研究忽略了家庭资产选择与宏观经济的相关性，大部分局限于家庭这一微观单位本身，描述居民家庭配置的金融资产的结构并分析特征，尝试分析居民家庭资产选择的行为偏差的表现、原因及其影响后果。然而，事实上，家庭金融资产的结构不仅直接关系到居民的生活水平，还对诸多宏观方面如刺激国内居民的消费需求、完善我国资本市场的制度建设以及优化升级宏观经济的产业结构等都具有积极的意义。例如，从家庭金融理论分析的视角，研究中国家庭的高储蓄率、消费行为等，不仅可以直接发现国内经济、金融方面存在的问题，还直接关系着贸易顺差、外汇储备、人民币汇率等，甚至还会影响到国际政治与经济的格局。深入探讨家庭金融资产选择带来的经济效应，并进一步研究家庭金融资产选择的传导机制，可以十分有效地分析和回答上述问题。此外，分析外部宏观环境的影响、政策变化及制度的演化等宏观经济因素的变化趋势可能为家庭投资和家庭消费行为带来的影响，则有助于加固中国金融发展的微观基础，从而从微观金融的实际情况出发，制定相关科学合理的政策和制度，对家庭资产的合理配置进行引导，有效刺激我国居民的消费需求。

近年来，行为金融作为新兴研究方法，广泛应用于以家庭为分析对象的微观研究中。以行为金融理论为基础，学者们围绕居民的投资行为，进行了一系列的研究。李心丹等（2002）在对个人投资进行问卷调查的基础上，分析了个人投资股市行为的影响因素。李涛（2006）利用广东省进行的"广东社会变迁基本调查"数据，研究了社会互动、信任关系与居民投资行为之间的关系。据研究得出，良好的社会互动和优质的信任环境可有效提高居民参与股市的积极性，并且发现，高收入、高学历、高年龄的家庭居民参与股票市场的积极性较高。于蓉（2006）在李涛（2006）的研究基础上，加入了个体的情绪因素，研究了居民的个人预期、信任度、社会互动、投资者情绪等行为特征是否会影响居民个人参与股票市场投资的行为。徐锐钊、周俊淑（2009）则研究个人的风险认知和风险偏好等主观因素对居民投资风险相对较低的银行理财业务的影响。学者们运用行为金融理论分析个人或居民的投资行为时，主要研究了行为特征对居民个人参与股市的投资决策的影响，这为将行为金融理论应用于家庭金融资产选择的研究提供了一个比较好的参考和借鉴。总体而言，已有成果的研究主体大多是个人投资者，鲜有在进行金融投资行为研究时将家庭作为整体的研究对象。家庭是社会构建的基本单位，相对于个体投资者而言，在研究的内涵和外延上都存在着更广泛的意义，在进行投资时，也就会有更复杂多样的选择。首先，从内涵来看，家庭个人的投资也属于家庭财富的一部分，个人投资的目的大多是实现家庭财富的增加，个人的投资行为无法与家庭完全脱离关系，从此层面来看，个人投资构成家庭投资的一部分。其次，从外延上看，家庭是经济社会中最重要的生产部门，也是国民经济统计中的重要主体。国内少数学者尝试性地将家庭视为整体研究对象，对其投资行为开展了一些探索性研究，如邹红、喻开志（2009）采用描述性统计分析了家庭金融资产选择的特征，但描述性统计分析的最大不足是不能控制其他变量的影响。蹇滨徽、徐婷婷（2019）通过研究家庭人口年龄结构、家庭成员参加养老保险情况和家庭资产配置三者之间的关系发现家庭人口年龄结构老化程度越高，持有金融资产的概率和占比就越低，并且养老保险会造成对家庭金融资产的收入效应和替代效应。王宇、周丽（2009）通过设计调查问卷，获得家庭投资的数据，分析了影响农村家庭参与金融市场的因素。但就中国目前情况而言，农村相对城市经济比较滞后，农村金融市场的建设也不完善，可供选择的金融资产投资渠道不多，且金融抑制现象在我国普遍存在，缺少能满足农村家庭需求的个性化的金融产品，再加上农村居民的金融知识水平有限，因此，我国农村居民大部分仍选择了传统的储蓄存款，对投资其他金融产品的参与程度较低，所得结论的适用范围十分有限。

本书充分借鉴了新兴的行为金融的研究成果，基于行为金融的视角，研究了中国农村家庭的金融资产选择行为，将风险偏好、信任度等行为变量纳入到家庭的投资决策分析中，研究我国农村家庭的金融资产选择行为，从而丰富了已有的研究成果。

第3章　中国居民持有金融资产的
总量与结构分析

本章对国内居民家庭金融资产持有进行分析，首先是居民家庭不同年份持有各类金融资产的规模；其次是在家庭金融资产结构分析中，分别从宏观和微观两个方面，通过剖析我国居民家庭金融资产结构的变化过程以及各类家庭金融资产在家庭总金融资产中所占比例，比较研究居民家庭金融资产配置特征。

3.1　研究数据的获取与分析

3.1.1　家庭金融资产总量和结构分析的意义

改革开放以来，我国经济一直稳定增长，居民家庭也分享到了经济增长的福利，家庭可支配收入不断提高，据国家统计局数据显示，2019 年，我国居民的人均可支配收入为 30 733 元，比上年增长 8.9%，高于我国经济的增长速度。然而，即便居民家庭的风险意识和财富保值意识不断加强，投资渠道日益多样化，可投资的金融产品日益丰富，居民家庭持有的金融资产中，银行存款仍占据相当大的比重，仍是居民家庭资产构成的主要内容，居民投资股票、基金、金融衍生品等具有一定风险的金融资产的参与程度仍然较低。《2016 中国家庭金融资产配置风险报告》明确指出，我国家庭持有的银行存款及现金占比为 51.1%，股票占比为 11.4%，基金及银行理财产品占比为 9.8%，因此，国内家庭居民在股市参与上积极度不高。

家庭金融领域，部分学者进一步研究家庭居民金融资产总量和结构快速变化的原因。史代敏和宋艳（2005）认为，居民家庭金融资产的总量和构成会明显受到家庭责任、年龄、户主性别、户主受教育程度、财富规模、家庭资产规模、获得金融服务的便利性、住房所有权、利率等因素的影响。吴晓求等（1999）实证分析发现居民收入分配格局、居民储蓄动机的变化，以及金融体制的不断改变导致我国居民收入更加资本化。秦丽（2007）发现，实行自由化利率改革的大背景下，虽然我国应用了连续降息、增加利息税等各种宏观调控手段或政策，试图使居民的储蓄转化为投资，但效果甚微。虽然在一系列的宏观调控手段或政策下，我国居民家庭资产结构相对于改革前已经有所改变，如保险在家庭金融资产中的比重大幅度提高，表明居民风险意识显著增强，但总体来说，家庭金融资产的配置比例相对于利率自由化改革前的变化并不明显，储蓄存款仍在家庭资产配置中拥有主导地位，并且随时间推移呈现上升趋势。宋光辉和徐青松（2006）认为，虽然相对以往，我国居民家庭的金融资产逐步实现了多元化，但仍存在股票等证券资产持有比例较低等问题，从表面上看，我国股票市场尚不成熟，在多个年份中波动较大，收益不稳定，甚至出现连续多年持续低迷的现象，致使我国居民不愿长期持有股票；从更深层次来看，我国股票市场机制不完善，大多数股票市场的参与者均是持投机心理，真正进行长期投资的投资者稀少，也是我国股市经常异常波动的重要原因。因此，要加快我国居民家庭金融资产多元化配置进程的重点步骤是完善我国股市的投资能力。

我国居民的家庭收入水平随经济发展不断提升，金融工具或产品的创新更是层出不穷，金融产品丰富多彩，这就使得家庭在进行金融资产投资时，有了更加丰富的选择，家庭持有的金融资产也变得日趋多样化，家庭持有金融资产的总体规模是经济金融化水平的主要衡量标志。快速增长的家庭金融资产规模可以较好地推动经济结构调整和升级，家庭资产结构的变动也会推动金融产品的发展创新，从总量和结构的角度分析家庭金融资产选择行为有一定的现实意义。

3.1.2 问卷设计、实施与回收

本书使用的微观数据来源于 2013 年、2015 年及 2017 年中国家庭金融调查，该调查是在全国范围内以家庭为基本单位对每个家庭的金融情况进行调查，将相关数据进行整理，成为国内首个关于家庭金融的微观数据库，每两年进行一次全国性入户追踪调查。调查方法、样本选取和数据质量直接影响着实证结果的真实性、客观性和有效性。因此，我们有必要简单介绍该数据的调查方法、样本选取、数据质量及特征。

CHFS 运用了整体抽样方案，在调查方法和样本选取方面，采用了

分层、三阶段、与人口规模成比例（PPS）的抽样设计方法。该方法的第一阶段从全国范围内抽取市/县；第二阶段则从上阶段抽取的市/县样本中再抽取居委会/村委会；第三阶段从第二阶段所得的样本中再抽取住户。

采用CHFS的数据质量有一定的保障。一方面，CHFS进户调查过程中，相比国内相似调查，拒访率较低；另一方面，国家统计局发布的相关家庭人口的数据与CHFS调查数据所显示的居民家庭人口结构特征有很高的一致性。以2015年数据为例，如表3-1所示，说明调查样本具有较好的全国代表性，数据质量较高。

表3-1   人口结构

	国家统计局	CHFS2015
各年龄段人口比例		
0～14周岁	16.4	15.0
15～64周岁	73.9	72.9
65周岁及以上	9.7	12.1
城乡人口比例		
城镇	53.7	52.5
农村	46.3	47.5
性别比例		
男性	51.2	51.0
女性	48.8	49.0

3.1.3　调查的信度和效度分析

信度（reliability）即可靠性，指同一调查对象在多次接受相同的方法进行调查时，多次调查所获得的数据的一致性。通常由调查问卷获得的数据，在测定信度时，主要用克朗巴哈α系数。本节采用克朗巴哈的α系数来测量家庭金融同一对象前后调查数据的一致性来界定获得的数据的可信度，计算方法如下：

$$\alpha = \frac{n}{n-1}\left(1 - \frac{\sum\limits_{i=1}^{n} s_i^2}{s_T^2}\right) \tag{3-1}$$

其中 n 指调研数量，s_i^2 指第 i 题得分数值的方差，s_T^2 为总得分数值的方差。α 系数一般在 0 和 1 之间，数值越大表示测量越可靠，α 大于 0.6 即代表通过数据信度测度。本书运用的数据均来源于 CHFS 数据库，数据的 α 系数为 0.616，大于 0.6，已经通过信度测算，表明我们使用的数据具有一定可靠性。

效度（validity）是指所获调研数据的准确性和有效性。用于学术研究的数据对效度要求很高，调研的数据需要根据调研的目的和范围，根据需要考察的问题分析调查对象的特征，检测调研内容与实际调研目的的符合程度，来鉴别效度。具体来说，调研数据的效度可以从以下几个方面来衡量：首先，从研究目的出发，判断调研的数据是否能反映所要研究的问题，能否从这些数据中获得有意义的研究结论；其次，要鉴别调研问题是否合理并且是否符合研究对象的特征。现实中，调查问卷所涉及的问题大部分为定性调查，需要通过多位相关研究领域的专家来对调查问卷的有效性进行鉴别与评估，耗费的时间较长，精力也较多。因此，为保证研究数据的效度，大部分研究人员多采用已经过专家鉴别与评估的调研数据来保证研究数据的有效性。本书的数据通过搜集整理 CHFS 数据库中的相关数据获得，相关数据早已经过众多专家的鉴别与评估，于国内而言，本书采用的调研内容是比较成熟的，是中国家庭金融领域权威的数据库，因此可以确保调查问卷的效度。

3.2　中国居民持有金融资产的总量分析

3.2.1　基于宏观数据的分析

国内关于家庭金融的研究相对起步较晚，目前并没有权威的针对家庭金融资产研究的调查统计数据，相关研究大多摘自历年《中国统计年鉴》。张学毅（1999）编制了《中国居民金融资产表的设计与总量测算》，为我们估算家庭金融资产提供了较好的参考方法。本书参照张学毅（1999）和刘楹（2007）的核算方法，估算了家庭的各类金融资产数量：按照 M0 的80% 估算家庭持有现金；储蓄存款也就是居民银行储蓄存款余额；家庭持有的股票按照当年 A 股市场流通市值的 60% 计算；居民持有的债券按当年债券发行总额的 80% 估算；家庭保险资产主要是财产保险和人寿保险。家庭各类金融资产的估算数值见表 3 - 2。

表 3 - 2

1978～2018 年中国家庭金融资产状况　　　　　　单位：亿元

年份	现金	人民币储蓄存款	债券	股票	基金	保险	外币储蓄存款	总金融资产
1978	169.60	210.60	0.00	0.00	0.00	0.00	0.00	380.20
1980	276.96	395.80	0.00	0.00	0.00	0.00	0.00	672.76
1985	790.24	1622.60	189.77	0.00	0.00	4.90	97.20	2 704.71
1990	2 115.52	7 119.60	859.45	45.90	0.00	58.38	308.90	10 507.75
1995	6 308.24	29 662.30	2 931.72	562.93	0.00	453.32	1 472.87	41 391.38
2000	11 722.16	64 332.38	11 105.30	9 652.51	337.20	1 598	5 712.64	104 460.20
2005	19 225.36	141 050.99	26 217.7	6 378.31	2 828.51	4 927.34	6 093.07	206 721.28
2010	35 702.56	303 302.50	81 885.32	115 866.25	14 537.01	14 527.97	3 949.53	569 771.14
2014	48 207.62	485 261.34	178 791.2	189 374.40	25 207.20	20 234.81	4 554.76	951 631.34
2015	50 573.28	600 444.2	423 030.4	164 888.7	37 626.1	164 328.0	11 703.9	1 241 532.0
2016	54 643.12	656 492.4	471 360.8	147 776.0	38 008.4	194 989.0	17 592.9	1 580 862.62
2017	56 516.48	704 522.8	529 077.0	171 041.3	59 354.5	215 953.6	16 589.5	1 753 055.18
2018	58 566.72	778 997.4	478 706.0	125 985.9	67 083.9	236 407.9	16 840.6	1 762 588.42

资料来源：由各年《中国统计年鉴》《中国金融年鉴》整理而得。

　　手持现金是指居民期末持有的流通中货币，以该年度 M0 的 80% 计算，与其他金融资产进行比较，现金的流动性较强，表 3 - 2 中的数据表明，我国居民家庭现金资产的总量在规模上不断增加，呈现不断上升的趋势，1978 年，我国居民家庭现金资产为 169.6 亿元，随后为了应对全球性金融危机，货币供应量大幅增加，居民家庭的现金资产增长得更为明显。总体来看，1978～2018 年间，该项资产的增长率相对平稳，与股票、债券和人民币存款储蓄相比较，现金资产的增长幅度相对较小。

　　根据《中国金融年鉴》数据，1978 年以来，我国家庭的储蓄存款快速增长，尤其是 1995 年之后，储蓄存款的增长速度显著加快。1995～2018 年的二十多年中，居民人民币储蓄存款规模增幅巨大，远超过国家经济的发展速度，增长幅度逾 26 倍，由 29 662.3 亿元快速增加到 778 997.4 亿元。1978～1997 年人民币储蓄存款年均增长率达到 32.93%，1998～2018 年间年平均增长率降低，但仍然达到 14.9%，是规模最大、增长最显著的家庭金融资产。

　　近 30 年来债券持有量处在上升阶段，在家庭金融资产投资中，投资量排在第二并且在不断增长，投资量很稳定的金融资产是债券。从价值角度看，债券规模增长巨大，家庭持有的债券价值在 1985 年仅为 189.77 亿元，处于逐年稳定增长状态。

居民家庭持有的股票显示出了与储蓄存款或债券不同的趋势，呈波浪式上升。1990 年家庭持有的股票价值仅 46 亿元左右，2000 年增长到 9 652.51 亿元。紧接着，家庭持有的股票资产量逐年下降，最低降至 2005 年的 6 378.31 亿元，2006~2018 年间，家庭持有的股票市值又在不断提高。

20 多年中我国基金发展迅速，规模不断扩大，客观上也推动着家庭基金规模不断扩大。在家庭金融资产中，保险产品存在收益不确定、投资期长且短时间内无法获得回报的特点。因此，在大多数居民家庭看来，保险作为金融资产，反而存在较大的不确定性。1985 年，保险产品的购买额度仅为 4.9 亿元，到了 2018 年，已达到 236 407.9 亿元。居民家庭拥有保险产品的规模呈现出逐年小幅增长的趋势，但是相对于收益固定且无风险的储蓄存款，保险资产的规模在居民家庭资产结构中占比较小。

外币储蓄存款规模先增后减。刚开始，居民家庭拥有外币储蓄规模为 97.20 亿元人民币，而在 2018 年底，外币储蓄存款增长了约 173 倍，达到 16 840.6 亿元人民币。2003 年出现了最大的外币储蓄存款规模，而由于受到人民币汇率影响，外币储蓄存款仍不断下降，现阶段，外币储蓄较为稳定。

我国家庭持有的金融资产在改革开放 30 多年以来形势喜人，持有规模逐年上升，1993 年以后持有规模的增长尤显快速。刚实行改革开放的 1978 年，家庭金融资产总量只有 380.2 亿元，家庭持有的金融资产规模在 1990 年首次突破了万亿元大关。我国居民家庭 1978~2018 年以来金融资产的持有规模见图 3-1。

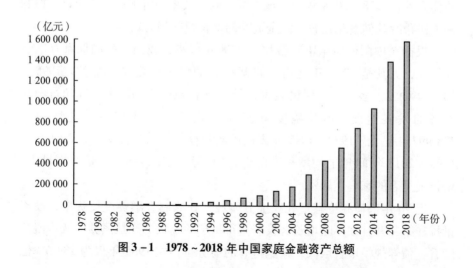

图 3-1 1978~2018 年中国家庭金融资产总额

3.2.2 基于微观数据的分析

中国家庭金融调查问卷中的家庭非金融资产主要包括住房、汽车和生产经营性资产；家庭金融资产包括现金、存款、债券、股票和衍生品等其他金融资产[①]。更能真实表现家庭财富的指标为家庭净资产，而家庭负债包括住房负债、汽车负债、信用卡负债等。家庭资产的规模复合增长率达到了9.1%，绝对值从2011年的61.8万元增长到了2016年的97.4万元。

不仅仅是净资产的规模在扩大，家庭户均资产也在快速增加，2016年中国家庭户均资产为103.4万元，户均净资产为97.4万元[②]（见图3－2）。

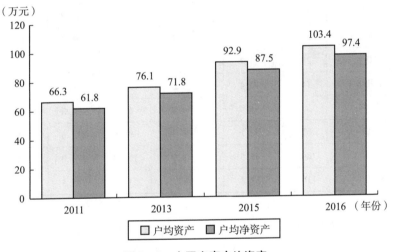

图3－2 中国家庭户均资产

图3－2给出了中国家庭资产的总体情况，下面我们分析不同人口统计特征上家庭资产的规模与增长水平，见表3－3。

家庭成员的年龄和学历结构也会影响家庭金融资产的配置。表3－3展示了家庭成员的年龄和学历等主要人口统计特征的分布情况与家庭资产规模的增长率。人口统计特征中的人口主要是指户主，因为户主在大多数

---

① 这种分类方法符合国际规范，参见甘犁、尹志超等（2013）《中国家庭资产状况及住房需求分析》，载于《金融研究》2013年第4期。
② 数据来源于《2016中国家庭金融资产配置风险报告》。

家庭中是主要决策者，对家庭资产的积累有较大的影响。在进行统计时，本节将户主的出生年份划分五个类别：1988 年以后、1978～1987 年、1968～1977 年、1958～1967 年以及 1957 年以前，分别对应着 2017 年进行调查时户主年龄小于 30 岁、30～39 岁、40～49 岁、50～59 岁以及 60 岁以上。户主的受教育水平也划分为小学及以下、初中、高中和中专、大专、本科及以上五个级别。

表 3-3 人口统计特征与家庭资产规模

户主年龄及学历	中位数（万元）			均值（万元）		
	2015 年	2017 年	增长率（%）	2015 年	2017 年	增长率（%）
≤30 岁	46.7	31.5	-32.6	103.8	111.2	7.1
30～40 岁	53.1	61.9	16.6	112.9	139.2	23.3
40～50 岁	35.2	44.4	26.1	86.6	110.9	28.1
50～60 岁	32.7	33.6	2.8	79.7	91.3	14.6
≥60 岁	25.2	25.7	2.1	72.2	83.4	15.5
小学及以下	11.9	12.4	4.2	35.7	38.7	8.4
初中	30.1	31.9	6.0	65.7	78.8	19.9
高中和中专	52.6	52.1	-1	98.6	118.6	20.3
大专	86.9	88.5	1.8	152.8	170.0	11.3
本科及以上	116.8	137.8	18	217.6	247.5	13.7

生命周期理论认为，处于不同阶段的家庭所持有的资产规模和结构存在较大的差异。一个家庭处于生命周期早期，家庭的收入整体较低，平滑家庭的消费需要依赖借贷，随着家庭人口年龄的增长，家庭积累的财富会增加，而在生命周期的后阶段，家庭持有的资产总量会逐步减少。不同年龄阶段的家庭持有的资产规模及其增长情况详见表 3-3。

从表 3-3 的数据可以看出，家庭资产规模与年龄之间呈现出显著的先上升再下降的倒 U 型特征，与生命周期理论相符合。2017 年的调查数据表明，60 岁以上的户主的家庭资产规模较其他年龄段明显低，中位数和均值分别为 25.7 万元和 83.4 万元；家庭金融资产持有最高的年龄段为 30～39 岁之间的家庭，中位数和均值分别为 61.9 万元和 139.2 万元。家庭资产规模的增长速度在不同年龄段的户主的家庭表现出了较大差异。从中位数来看，家庭资产增长率最高为 26.1%，为户主年龄

40~50 岁之间的家庭。

根据明瑟（Mincer，1974）提出的人力资本理论，家庭收入和资产水平通常会随着家庭人力资本水平的提高而增加。为了研究不同人力资本水平对家庭资产规模及增长的影响，我们还分析了户主受教育水平与家庭资产规模及增长的关系。表 3-3 列出的户主受教育程度与家庭资产规模及增长的数据表明，受教育程度与家庭资产规模呈现明显的同向变动关系，符合预期。具体分析来看，根据 2017 年的数据可以得出，小学及以下的户主的家庭资产中位数和均值分别为 12.4 万元和 38.7 万元；本科及以上学历的家庭资产的中位数和均值较小学及以下的家庭资产中位数和均值高，分别为 137.8 万元和 247.5 万元，受教育背景不一样的家庭持有的金融资产区别非常明显。

3.3 中国居民持有金融资产的结构分析

3.3.1 家庭金融资产的构成

1. 基于宏观数据的分析

我国经济改革 40 多年来的成果反映在居民家庭中，家庭资产在规模上不断增长，其中的突出表现就是持续稳定增长的居民储蓄存款。从理论上来说，随着家庭收入水平的提高和不断创新出现的金融产品品种发展，家庭金融投资的选择也会更加多元化。家庭资产应该呈现出资产金融化和金融资产风险化的趋势，家庭金融资产多元化程度也不断提高。家庭需要在有效规避投资风险的同时，实现家庭资产的保值增值（刘楹，2007）。但是，我国的家庭单一的资产结构制约了家庭财富的增加。金融资产中，在居民看来无风险的银行存款比例最高，占比达到 57.75%（甘犁等，2012）。由此可见，中国家庭资产的配置结构中，家庭持有的风险资产比例相对于欧美等地的发达国家，仍然较低。因此，为优化家庭资产的配置，我们需要深入研究中国家庭资产结构特征，并分析存在的问题，从而为未来家庭资产的配置提出合理化建议。

居民家庭为适应不同的经济环境，会根据宏观经济状况可能的变化来改变家庭拥有的各类金融资产的持有比例。为了分析经济周期变化对家庭金融投资组合的影响，我们需要深入剖析其对居民资产结构变化的影响，从而为政府相关部门制定经济政策或金融措施，以引导居民家庭进行理性消费和合理投资提供理论上的依据和数量上的证据。

我国居民家庭金融资产结构正从单一化转向多元化。虽然目前而言，家庭储蓄存款比例仍然较大，然而，国内家庭金融资产结构已逐步显示出了多元化的发展趋势。其中，居民家庭持有的各类金融资产的结构变化表现出以下特征（见图3-3）。

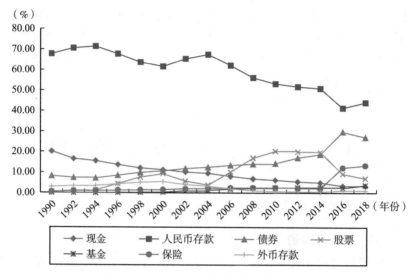

图3-3　1990~2018年中国金融资产结构

（1）储蓄仍然占据主导地位。

数据显示，储蓄一直是国内家庭资产的主要部分，并且，储蓄存款的持有比例一直以来都很稳定。1994年，居民家庭储蓄存款的比重高达71.43%，为1990~2014年间占比最高；之后有明显的下降，主要原因是银行推出了部分创新型金融产品，部分储蓄投资被新推出的金融工具或产品所分流。即使现阶段我国资本市场快速发展，可投资的金融资产种类繁多，然而，低风险低收益的储蓄存款仍然是国内家庭金融的主要组成部分。

（2）家庭手持现金比例下降。

改革开放初期，居民家庭的手持现金占比为44.61%，到2018年，手持现金的比例持续下降至3.32%。分析其主要原因，一是我国金融机构不断提升服务水平，大力推广不需要去网点的手机银行、电子银行等场景服务模式，再加上支付宝、财富通等第三方支付机构快速占领市场，家庭日常支出大部分可以通过网上支付或手机支付完成，减少了居民对现金的需求。二是居民理财意识逐步觉醒，众多家庭认识到，降低现金的贬值风险需要减少手持现金的比例，从而提升资金的投资回报率。

（3）债券持有比例逐渐增加。

债券投资的比例在我国居民的家庭资产投资中一直维持在20%以下，处于相对较低的水平。可能的原因是债券的投资风险相对储蓄存款较高。2011~2018年，居民家庭资产债券投资的比例均高于15%，相对以前的年份增长较为明显。有国家信任担保的国债发行提高了居民投资债券的积极性，且债券投资的实际收益率要高于储蓄存款利率。

（4）居民家庭持股票的比例波动较大。

始建于20世纪90年代初期的我国股票市场，经过30多年的发展完善，仍存在较多缺陷。在家庭金融资产占比方面，股票资产占比总体上仍低于20%，但近十年来呈上升趋势。投资股票市场要求投资者掌握较好的相关金融知识，并且要求具备较高的风险承受能力，家庭在选择投资股票时也相对谨慎。2000年后，全球经济不景气，股市投资回报不如预期。但随着我国资本市场的不断完善和居民理财意识的不断增强，股票投资在家庭金融资产中的比重再次上升，并在2010年达到最高水平，股票资产在家庭金融资产的配置比例达到了20.34%，但是2015年股灾后，股票投资比例又快速下降。

（5）基金与外币储蓄近年来持续下降。

基金在家庭金融资产中的比例呈现出与外币储蓄存款类似的变化趋势，在整个家庭金融资产的配置中，占比相对较少，基本维持在2%~3%，并且均是先升后降。相对于拥有成熟的金融市场的西方发达国家，我国居民的家庭金融资产配置中，投资于基金的比例并不高。

（6）保险资产比例稳定上升。

1992年，保险资产在家庭金融资产中的占比只有0.85%，随后经历了二十余年的发展变化，国家提高了保险准备金的比例，保险产品也在不断创新，使得我国保险市场进一步得以规范，各类适应居民家庭需要的创新型保险产品也得到适时推出，为居民投资保险产品从供给侧层面增加了投资选择。同时，社会的发展改变了居民对保险的看法，越来越多的人意识到保险的重要性，因此，在家庭金融总资产中保险资产的比重逐渐上升，到2018年底，保险占家庭金融资产的比重达到13.41%。

我们分析了家庭不同金融资产的持有状况，可以得知，即使我国居民家庭金融资产选择已逐步从单一化走向多元化，但仍有一些因素限制了我国居民家庭金融资产选择的多元化发展。

一是资本市场不完善。我国资本市场缺乏完善的运行和监管机制，难以满足家庭投资回避风险并获得稳定收益的需求。首先，资本市场运行机制相对不完善，缺少退出机制。公司的股票价格难以真实有效地反映公司的经营业绩，很多利润率低的公司甚至亏损的公司也在资本市场上筹集了大量资金，使得股市资源优化配置的功能难以实现。其次，金融创新产品发展滞后缓慢，虽然为了满足市场需求，各大商业银行针对各类市场开发了多种创新型的金融产品，但整体上看，商业银行在制定金融产品时，应该考虑全面，真正了解家庭的金融需求，在生活中，适合家庭投资的针对性金融产品仍然稀缺，大部分家庭仍然只能在原有的几款金融产品间进行投资。居民家庭在进行金融投资时容易盲目跟风，不能真正选择适合自己家庭的金融产品，也无法根据自身的风险偏好、期望收益进行合理的金融投资。另外，证券市场缺乏有效的监管。中国的证券市场起步较晚，监管方面存在渠道不畅、信息获取不及时等问题，尤其是对于那些为规避监管而出现的新型手段，监管相对滞后。违法成本低，导致我国的资本市场中还存在内幕交易、违规操纵、信息披露不实等违法活动。因此，中国家庭的金融资产配置空间有限，居民家庭很难根据自身的投资偏好选择合适的个性化的金融产品，来合理配置家庭金融资产。

二是我国商业保险行为存在不规范，社会保障制度不完善。首先，国家层面的社保覆盖范围存在局限性，众多农村家庭没有参加社保，较多居民的养老只能依赖于自己一生的储蓄存款或后代来供养，这就使得农村居民家庭不敢投资有风险的金融资产，商业型的理财或保险，是民众相对乐于接受的产品，而对于为健康提供保障的疾病保险产品或为老年后提供保障的养老保险产品，部分人严重不信任，商业保险公司在面临赔偿时存在寻找合同漏洞不予报销、拖延报销、不兑现承诺等问题，故很多家庭寄希望于从国家的社会保障系统中寻求依靠，缺少购买商业保险产品的动机。社会保障制度的不完善使得居民对未来生活中预期支出的不确定性增加，从而会选择持有现金或银行储蓄，预防性动机增强。无风险资产在居民的家庭资产总量较少的情况下更易受家庭的青睐。其次，随着我国社会人口老龄化的加剧，我国养老保障的不完善状况使得低风险的金融资产成为居民家庭投资的首要选择。最后，居民生活中的一些支出如高昂的教育费用、持续攀升的房价和医疗费用等也使居民的预防性储蓄存款动机增强。

三是我国城乡居民缺乏金融意识。出于保守和谨慎的原因，在家庭金融投资过程中表现得较为单一，从整体而言，国内大部分家庭偏向于风险厌恶，能承受的投资损失十分有限，大多数家庭属于强烈的风险厌恶者。一方面，我国家庭长期以来受传统文化观念如崇尚节俭、重视积累等的影响，居民家庭投资时会倾向于保守；另一方面，家庭首选储蓄的重要原因是对宏观经济缺乏信心而引发预防性动机。此外，由于社会保障、医疗、教育体系等制度的不完善，儿童教育、就诊就医、养老、车房购买占居民支出的很大一部分，未来居民家庭面临的不确定性风险增加，为了这些不确定性支出的风险，投资观念趋于保守，大多会选择储蓄存款。

2. 基于微观数据的分析

（1）银行存款是家庭资产配置的主要构成部分。

从 2017 年家庭金融资产的结构可以看出，家庭金融资产占比最高的为存款，高达 45.8%，其次是社保、股票、借出款和金融理财产品（见图 3-4）。

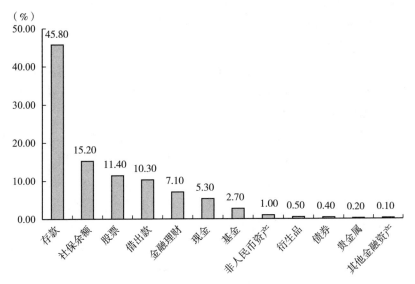

图 3-4　2017 年中国家庭金融资产配置

从中国和欧盟、美国、日本的比较来看，2015 年现金及储蓄类资产远高于欧盟的 34.4% 和美国的 13.6%，占比超过 50%，接近日本的这一比例（见图 3-5）。

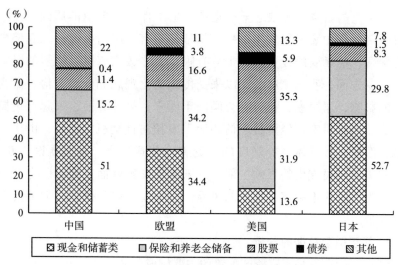

图 3-5　各国家庭金融资产配置情况对比

（2）金融理财产品在家庭金融资产配置中越来越受青睐。

互联网技术的快速发展使得我国的金融理财产品层出不穷，为国内家庭提供的金融服务也多种多样。经济发展迅速，人均收入逐渐提高，人们理财意识也逐步加强。据统计，银行理财产品在家庭金融资产中的占比不断提高，从 2013 年的 1.7% 到 2017 年的 9.5%，增长速度较快，其中，在所有理财产品中，互联网理财的占比增长较快，截至 2017 年 12 月，购买互联网理财产品的网民规模达到 1.29 亿，同比增长 30.2%，网民使用率为 16.7%，较上年同期增长 3.2 个百分点[1]。

在家庭金融资产配置上，理财产品存续余额稳健增长。2019 年末，非保本理财产品 4.73 万只，存续余额 23.40 万亿元，同比增长 6.15%。从募集形式来看，2019 年末，公募理财产品存续余额 22.33 万亿元，占全部理财产品存续余额的 95.43%[2]，体现了理财业务服务广大个人投资者、促进居民财富的保值增值特征。

理财产品的快速发展充分满足了居民的金融需求，使家庭投资者能够作出更科学的金融资产组合决策，实现家庭财富的保值增值与最优资产配置（见图 3-6、图 3-7）。

---

[1]　数据来源于中国互联网发展状况统计调查（CNNIC）。
[2]　银行理财规模数据来自《中国银行业理财市场报告（2019 年）》。

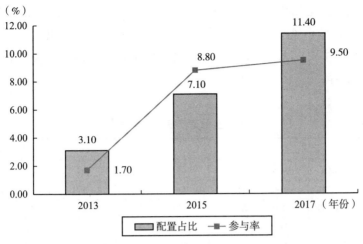

图 3 - 6　家庭金融理财产品的配置

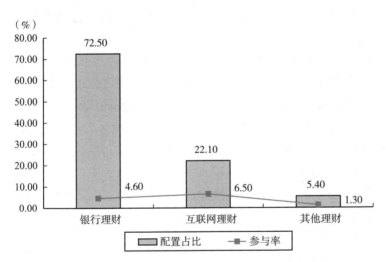

图 3 - 7　2017 年家庭金融理财产品结构和参与率

（3）金融资产中风险资产占比较低。

根据投资的资产可能获得收益的确定性程度，我们将家庭金融资产划分为风险资产和无风险资产。

表 3 - 4 中数据显示，全国的家庭金融资产额为 73 931 元，而风险金融资产不到无风险资产的一半；城镇家庭的金融资产均值远高于农村的金融资产，东部家庭的金融资产约为中西部的 2 倍多，平均为 115 027 元，其中无风险资产的均值为 78 428 元，风险资产的均值为 36 599 元。表中数据还表明，城镇家庭无风险资产占比低于农村，城市家庭和农村家庭的

无风险资产占比分别为 69.3% 和 84.1%；而风险资产占比分别为 30.7% 和 15.9%，城市风险资产占比明显高于农村。因此可以看出，我国家庭金融资产组合主要以无风险资产为主，并且经济越不发达的地区，家庭金融资产中无风险资产的比重越高。

表 3 - 4　　　　　　　　　　　　　家庭金融资产规模与配置

地区	无风险资产（元）			风险资产（元）			金融资产总额（元）	
	均值	中位数	占比（%）	均值	中位数	占比（%）	均值	中位数
全国	52 701	9 500	71.3	21 230	0	28.7	73 931	10 500
城镇	96 909	21 000	69.3	34 042	0	30.7	110 951	25 000
农村	19 547	3 000	84.1	3 683	0	15.9	23 230	3 121
东部	78 428	17 650	68.2	36 599	0	31.8	115 027	21 100
中部	34 700	5 600	73.2	12 703	0	26.8	47 403	6 380
西部	36 519	5 480	79.7	9 293	0	20.3	45 812	6 000

由表 3 - 5 可以看出，就全国而言，家庭风险市场总体参与比例为 10.4%，城镇为 17.0%，而农村仅为 1.6%，家庭风险市场参与比例的城乡差异巨大。从不同地区角度来看，东部地区家庭的风险市场总体参与比例为 14.9%，依次高于中部地区的 8.0% 和西部地区的 6.9%。在风险性金融资产参与中，以股票市场为例，全国的家庭参与率为 6.5%，而其中，城镇地区的比例高达 11.1%，东部地区高达 9.8%；其次，家庭参与基金市场投资的比例为 3.1%；金融理财产品占比为 1.8%；其他风险市场上的投资，家庭参与比例都未超过 1%。家庭分类风险市场参与比例的城乡及地区差异见表 3 - 5。

表 3 - 5　　　　　　　　　　　家庭对风险市场的参与比例　　　　　　　　　单位：%

金融产品	全国	城镇	农村	东部	中部	西部
股票	6.5	11.1	0.4	9.8	4.6	4.2
基金	3.1	5.2	0.4	4.5	2.1	2.4
理财	1.8	3.0	0.1	3.1	0.9	0.9
非人民币	0.9	1.4	0.2	1.4	0.7	0.5
黄金	0.9	1.3	0.4	1.4	0.7	0.4
债券	0.7	1.0	0.2	0.9	0.7	0.4
衍生品	0.1	0.2	0.0	0.2	0.1	0.1
风险市场总体参与比例	10.4	17.0	1.6	14.9	8.0	6.9

资料来源：中国家庭金融调查 2017。

如图 3 - 8 所示，从户主年龄看，参与风险市场比例最高的户主年龄为 31 ~ 45 周岁的家庭，参与比例高达 14.30%；而年龄在 61 周岁以上户主的家庭参与比例最低，仅为 7.10%。年龄为 16 ~ 30 周岁户主的家庭参与比例为 12.40%；年龄为 40 ~ 60 周岁户主的家庭参与比例为 9.50%。

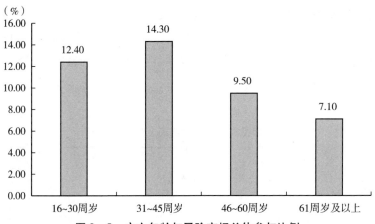

图 3 - 8　户主年龄与风险市场总体参与比例

如图 3 - 9 所示，从户主学历看，户主没有上过学的家庭，风险市场总体参与比例仅为 0.60%；户主学历为高中（中专/职高）的家庭，参与比例则升至 16.30%；户主学历为本科、研究生的家庭，这一比例分别达到了 37.30%、48.10%。户主学历程度与家庭风险投资参与度呈正相关关系。

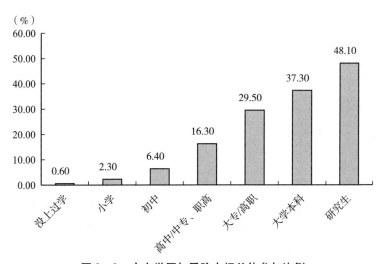

图 3 - 9　户主学历与风险市场总体参与比例

由表 3-6 可知，从户主政治面貌看，户主为党员的家庭，风险市场总体参与比例为 19.7%，远高于户主非党员家庭的 8.8%。从相关课程学习经历看，上过经济金融类课程的家庭，参与比例为 35.5%，远高于其他家庭的 8.5%。从风险态度看，风险偏好者和风险中性的家庭，参与比例分别为 21.0% 和 15.8%，而风险厌恶的家庭参与比例仅为 7.3%。从经济信息关注度来看，非常关注经济信息的家庭，参与比例最高，为 26.0%；一般关注经济信息的家庭参与比例为 17.1%；从不关注经济信息的家庭，参与比例仅为 3.2%。不难看出，越是关注经济信息的家庭，其风险市场总体参与比例越高。

表 3-6　　　　　　其他因素与家庭风险市场总体参与比例　　　　　单位：%

其他因素	参与比例
是否党员	
党员	19.7
非党员	8.8
是否上过金融经济类课程	
上过	35.5
没有上过	8.5
风险态度	
风险偏好	21.0
风险中性	15.8
风险厌恶	7.3
经济信息关注程度	
非常关注	26.0
很关注	24.4
一般	17.1
很少关注	8.5
从不关注	3.2

在我国，无风险资产的配置比例在居民家庭金融资产结构中显示过高，由此可见我国居民家庭金融资产结构失衡的情况并没有得到显著改善。主要由于家庭收入水平偏低、不确定性以及我国资本市场发展不完善。

（1）家庭收入水平偏低。可支配收入是家庭总收入的重要部分，其中，收入较高的家庭，在满足日常消费过后，相较于低收入家庭，会积累下更大一部分收入作为储蓄，形成家庭金融资产。以我国与美国为例，我国人均可支配收入在长期是远远低于美国的，这种长期收入低下造成我国家庭财富总量严重偏低，因此家庭总体收入水平是物质基础，在此基础上进行家庭金融投资决策。

家庭财富总量对家庭相对收益产生重要的影响，相关数据显示，财富总量越高的家庭，理财需求通常越强烈，家庭金融资产在总资产中所占的比重越高。由于财富总量较高，会全面考虑金融资产的配置，实现部分资产的增值和部分资产的保值，有一定的风险承受能力，因此风险性资产在家庭理财中的比例相对较高。另外，在低收入家庭中，金融资产占比较少，持有的资产保值的需求更大，一般以储蓄存款、国债等流动性较强且投资风险较低的理财形式存在。与高收入家庭相比，可支配的资产较少，并不能考虑到资产的科学配置，因而持有较少的风险性理财产品，承担较少的风险。从资产相对收益方面看，家庭资产总量的增加在一定程度上降低股市投资成本。究其原因，家庭财富的增加意味着资产配置较为科学，这会形成更大的投资组合，更容易增加投资回报，形成良性循环，随着家庭财富总量的不断增加，购买股票等风险相对较高的理财投资产品的家庭会增加。综上所述，风险性资产在家庭理财中的占比会随着家庭收入的增加而提高。

（2）家庭面临的不确定性导致家庭倾向于投资预防性储蓄。传统投资计划中居民家庭收入浮动很小，居民投资者的选择很少。同时，除去消费后，若收入水平较低，那可供储蓄的资金所剩无几。国家层面已经开始重视相关问题，将消费与储蓄之间的关系认定为国家决策，较之以往大不相同，不再是以前的个人决策，由国家决定"消费—积累"比例并提供了一种"无风险预期"的社会保障体系。

国内经济状况的提升，使得居民收入水平有了显著提高，居民家庭财富积累越来越多。但随之关于收入的问题也逐渐显露出来，传统意义上稳定收入的格局已经在逐渐转变。然而，随着国企的改革，人们总体收入的不确定性增大，改革后的居民收入主要为工资、奖金并且与效益挂钩，与以前固定工资制度不同，这种情况使得居民收入不确定性加大。在国有企业亏损的情况下，职工工作的稳定性受到威胁，直接导致居民收入增加程度减弱，这种情况在国有企业持续亏损下愈发严重。在此基础上，政府不断制定新的制度，例如，与居民未来收入和支出相关的住房制度、社会保障制度等，老年人需要注意在改革之后相关疾病医治费用的增加，而中年人则需要考虑购买房产以及承担子女的教育费用和日常开支。国家的相关政策，从颁布到实施是一个过程，这些改革并不能够在短时间内看到成效，这些都是增加居民未来收入和支出不确定性的因素。只要就业不稳定，就会导致收入的不稳定性，而教育、住房、医疗等是确定的支出，而对于这方面只能表现为储蓄，应对未来的不确定性，然而，公共财政不足以支撑居民的所有保障，居民的社会保障体系和医疗保障体系，在实行的过程中会受到很大的阻碍，这些居民的生活保障无法具体落实，更会加剧居民收入的不确定性，因此，这种不确定性能够影响家庭居民的金融资产投资行为。主要的理性回应是需要规划未来，投资教育、购买保险等，积累资产以满足未来需求。

（3）资本市场的发展不完善。发达国家的资本市场一般都有比较完善的监督体系，而在中国，资本市场是在公共财产权的经济体制改革下发展的，这个过程可分为：一是扩大资金范围来改善公司资本结构。二是改变企业的产权结构来推进国有企业管理体制改革，根据现阶段国内资本市场的发展状况，重点在于国有经济的改革。从这个意义上讲，中国股市建立和发展的主要目的不是为投资者提供稳定的主导投资平台，而是引入新的融资方式，完善监管制度，建立新的市场体系，更有现实意义的目标是国有企业改革。因此，中国资本市场的制度设计和功能发展有明显转型特征，并显现出转型期固有的制度缺陷。基本制度的缺陷是中国资本市场发展的主要障碍之一，使股票价格难以准确反映公司的业绩，这违背了公司的真实价值并导致猜测。因此，中国的资本市场较难为居民提供符合安全性、流动性和盈利能力的产品，也不适合作为长期家庭投资的平台。

3.3.2 家庭金融资产配置的特征

1. 家庭金融资产的配置现状

（1）家庭资产分布不均衡。

使用 CHFS2015、2017 年的数据分析家庭资产的分布情况，见表 3 – 7。

表 3 – 7 中国家庭资产分布

样本区间	中位数（万元）			均值（万元）			占总资产比例（%）	
	2015 年	2017 年	增长率（%）	2015 年	2017 年	增长率（%）	2015 年	2017 年
0 ~ 10%	0.7	0.6	– 14.3	0.7	0.7	0	0.1	0.1
10% ~ 20%	3.2	3.0	– 6.3	3.4	3.1	– 8.8	0.4	0.3

样本区间	中位数（万元）			均值（万元）			占总资产比例（%）	
	2015 年	2017 年	增长率（%）	2015 年	2017 年	增长率（%）	2015 年	2017 年
20%～30%	8.7	8.6	-1.1	8.8	8.8	0	0.9	0.9
30%～40%	16.9	17.6	4.1	17.0	17.7	4.1	1.9	1.8
40%～50%	27.1	28.2	4.0	27.2	28.4	4.4	3.1	2.9
50%～60%	41.2	42.3	2.7	41.1	42.8	4.1	4.5	4.4
60%～70%	60.4	63.2	4.6	60.5	63.8	5.5	6.8	6.6
70%～80%	88.3	100.7	14.1	89.6	100.1	11.7	9.3	10.4
80%～90%	147.8	173.6	17.5	152.5	179.7	12.9	17.0	18.6
90%～100%	337.3	428.8	27.1	475.2	521.9	9.8	55.8	54
0～100%	33.1	34.7	4.8	87.6	96.8	10.5	100.0	100
90%～99.9%	336.2	428.6	27.5	438.7	518.9	18.3	52.8	53.7
0～99.9%	33.0	34.6	4.8	83.6	96.4	15.3	100.0	100
城镇	60.1	74.1	23.3	117.2	143.5	22.4	89.2	83.7
农村	11.7	17.9	53	26.5	39.5	49.1	10.8	16.3
东部	53.2	64.4	21.1	135.3	152.3	12.6	65.3	76.8
中部	27.5	33	20	55.1	63.4	15.1	17.3	11.5
西部	28.8	35.2	22.2	59.5	67.3	13.1	17.4	11.7

表 3-7 是 2015 年、2017 年中国家庭资产分布的情况。首先，为了衡量极端值对资产分布的影响，基于资产的分位数，将所有的家庭分成十组，上表给出的是剔除资产最高的千分之一家庭的统计特征；此外，该表还显示了城乡地区、东中西部地区的家庭资产分布情况。

在整体样本基础上研究家庭金融资产可知，2015 年中位数为 33.1 万元，而 2017 年为 34.7 万元，家庭金融资产总数在不断增加，两年增长率为 4.8%；2015 年和 2017 年家庭资产均值分别为 87.6 万元和 96.8 万元，均值提高了 9.2 万元。与此同时，不同地区城乡之间家庭金融资产仍然存在差距，就地区划分来看，农村地区家庭资产中位数和均值分别上升了 53% 和 49.1%。东部地区家庭资产的中位数和均值增长率分别为 21.1% 和 12.6%；中部地区家庭资产的中位数和均值增长率分别为 20% 和 15.1%；西部地区家庭资产分别为 22.2% 和 13.1%。

表 3 – 7 中数据显示，在资产规模总量增长的同时，家庭金融资产并不是平均分布，以 2017 年的调查数据为例，首先，整个样本的中位数为 34.7 万元、均值为 96.8 万元，由数值看出，样本的中位数和均值相差 62.1 万元，反映出国内家庭金融资产分布严重不均衡。其次，资产最高的 10% 家庭的中位数为 428.8 万元，大约是资产最低的 10% 家庭的 715 倍，两者差距悬殊。

从城乡的角度来看，城乡之间的资产分布也很不均衡，2017 年城镇居民家庭资产中位数为 74.1 万元，而农村地区家庭资产中位数为 17.9 万元，前者是后者的四倍多；城乡居民家庭资产均值分别为 143.5 万元和 39.5 万元，城镇家庭资产占全样本总资产的 83.7%，两者差距较大。

（2）家庭总资产中房产占比超过 60%。

住房资产是家庭资产的重要组成部分。在 2013 年和 2015 年，住房资产占家庭资产的比例分别为 62.3% 和 65.3%。2016 年，中国家庭资产中，房产占比进一步增加至近 70%[①]（见图 3 – 10），相比之下，在美国家庭中，房产占家庭资产的比重要低得多，2013 年为 36.0%，仅为中国家庭房产占比的一半[②]（见图 3 – 11）。

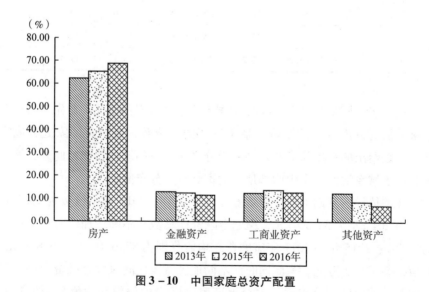

图 3 – 10　中国家庭总资产配置

---

①② 数据来源于《2016 中国家庭金融资产配置风险报告》。

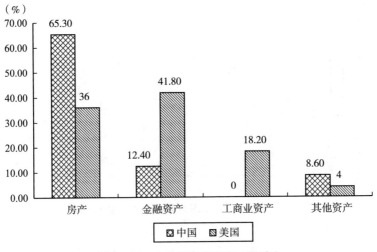

图 3 - 11　中美家庭总资产配置对比

（3）家庭金融资产配置比例在国际上处于较低水平。

近几年来，随着人们理财观念的逐步增强，人们在金融资产上的投资行为已逐渐改变，更多家庭居民开始有意识地进行合理的资产配置，许多家庭想要通过资产组合去实现家庭财富的保值并获得收益。根据数据调查可知，2015 年家庭金融资产占家庭资产的比重为 12.4%。虽然，国内家庭金融资产配置在逐渐完善，但与其他国家相比仍然存在差距，国内的家庭金融资产配置率仍然处于低水平状态。2015 年美国家庭金融资产占总资产的配置比例为 68.8%，是中国家庭的五倍之多。此外，日本家庭的金融资产配置比例也同样较高，瑞士、加拿大、新加坡和英国家庭的金融资产配置占比相对较低，但也在 50% 以上，法国偏低，为 37.3%，也远高于我国的 12.4%①（见图 3 - 12）。

2. 家庭金融资产的配置特征

（1）年龄与家庭金融资产配置。

对于家庭而言，投资者的经济能力、风险承受能力、金融知识了解度不同使得家庭金融资产配置出现差异。根据表 3 - 8 得出，不同年龄段的家庭居民在金融资产配置方面不尽相同。但是，有一点却很相似，即各年龄段居民的存款储蓄比例都很高，尤其是年龄在 56 岁以上的居民持有比例最高，分析其原因主要在于，大部分老年家庭退休之后的收入一般能够满足生活消费，同时，考虑到老人需要养老并且国内老人往往会将财产留

---

① 数据来源于 2015 年瑞信《全球财富报告》。

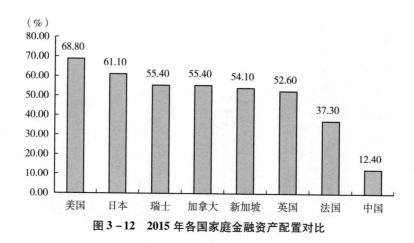

图 3 - 12　2015 年各国家庭金融资产配置对比

给子女，因此对资产的投资意愿降低，更加偏好于低风险低收益的金融资产如银行存款，以获得稳定的现金收入。另外，35 岁以下的家庭，在家庭刚组建时需要购买婚房以及一些家庭常用品，因此大部分的资金都会用来储蓄，持有储蓄资产的比例为 56.43%，36 ~ 45 岁家庭的持股比例最高，为 21.78%；紧随其后的是 25 ~ 35 岁家庭为 12.49%。在债券方面，不同年龄段的家庭表现出来的资产投资差异也不尽相同，25 ~ 35 岁家庭的持有比例为 11.11%，随着年龄的增长，资产投资所占比重也在不断增加，36 ~ 45 岁的家庭居民持有比例达到最高值 12.61%，然而，随着年龄的逐渐增高，持有比例开始下降。

表 3 - 8　　　　　　　　　　年龄与家庭金融资产配置　　　　　　　　　　单位: %

年龄（岁）	人民币储蓄	股票	债券	基金	保险	外币储蓄
25 ~ 35	56.43	12.49	11.11	9.40	2.33	1.19
36 ~ 45	44.27	21.78	12.61	13.12	3.10	1.01
46 ~ 55	55.44	10.31	11.47	8.68	4.27	0.74
56 ~ 65	72.46	6.25	7.73	3.28	2.09	0.05
≥66	79.83	4.91	5.85	1.31	1.43	0.02

（2）学历与家庭金融资产配置。

表 3 - 9 给出的是教育程度的不同对家庭金融资产持有的影响。从储蓄资产来看，教育水平越高，储蓄资产所占比重越低，储蓄意愿越低。由此可见，由于教育水平的提高，对金融知识的了解度逐渐增强，家庭投资更加多样化。风险型资产更加受到家庭投资者的青睐，尤其是高风险高收益的股票

更容易吸引投资者的注意力。在储蓄投资方面，学历影响较为明显，数据显示，无学历家庭的储蓄资产持有比例高达92.43%，而硕士及以上学历的家庭持有比例为43.84%。硕士及以上学历的家庭持有股票比例最高，达19.87%，而小学学历的家庭为3.08%，无学历家庭仅为0.04%。在债券方面，高中学历的家庭持有比例最高，而无学历家庭持有比例最低。随着教育程度的提高，居民家庭在基金的购买上也逐渐增加持有，无学历的家庭基金持有率仅为0.14%，而硕士及以上的家庭基金持有率为6.21%，高了6个百分点。持有保险比例最高的是学历为高中及本科的家庭，与硕士及以上学历家庭的持有比例相似，两类家庭的持有比例都在15%左右。外汇持有比例最高的是硕士及以上家庭。一般来说，受教育程度高的家庭风险承受能力越高，对于高风险的金融资产持有概率更大，而受教育程度越低的家庭大部分是风险规避者，更加青睐低风险的金融产品。

表3-9 　　　　　　　　　　学历与家庭金融资产配置　　　　　　　　单位：%

学历	人民币储蓄	外币储蓄	保险	股票	债券	基金
无	92.43	0.003	0.17	0.04	2.21	0.14
小学	84.14	0.013	2.41	3.08	4.38	3.12
初中	65.47	0.082	3.09	5.35	13.14	5.73
高中	56.72	0.257	3.24	12.67	13.43	10.18
本科	46.76	0.963	5.25	14.41	11.79	14.37
硕士及以上	43.84	1.225	4.31	19.87	10.45	16.21

（3）收入与家庭金融资产配置。

从表3-10可以看出，不同收入水平的家庭持有人民币储蓄的份额也不同，其中年收入3万元及以下的家庭持有比例最高，而年收入高于9万元的家庭持有比例最低。随着年收入的增加，股票、债券、基金、保险、外币储蓄的投资份额都有所增加。

表3-10 　　　　　　　　　　收入与家庭金融资产配置　　　　　　　　单位：%

收入（万元）	人民币储蓄	外币储蓄	保险	股票	债券	基金
≤3	86.42	0.01	1.00	1.38	2.51	1.31
3～6	73.97	0.23	3.09	4.24	7.28	6.77
6～9	54.44	0.49	5.35	8.61	12.02	10.33
>9	45.52	1.02	6.11	18.05	12.33	13.29

（4）风险态度与家庭金融资产配置。

从表 3 - 11 可以得出，风险偏好能够影响家庭金融资产选择。偏好风险的家庭更加偏好于风险性资产，风险性资产中股票资产的投资比例超过 1/4，同样，风险喜好的家庭居民对债券和基金的投资比例较高，远远高于风险厌恶型家庭，风险偏好的家庭在债券和基金的投资比例分别为 10.6% 和 12.51%，而厌恶风险的家庭在这两类资产的投资比例仅为 8.11% 和 6.14%。厌恶风险的家庭更倾向于谨慎投资，因此他们愿意以低风险储蓄货币，这比风险厌恶型家庭多出近 30%。

表 3 - 11 　　　　　　　　　　风险态度与家庭金融资产配置　　　　　　　　单位：%

风险态度	人民币储蓄	外币储蓄	保险	股票	债券	基金
风险厌恶	69.43	0.28	2.98	5.22	8.11	6.14
风险偏好	40.36	2.31	3.02	26.94	10.60	12.51

（5）地区与家庭金融资产配置。

由表 3 - 12 数据可知，地区之间的金融资产配置差异也较为明显，由于西部地区的经济不发达，因此，其家庭金融资产配置中人民币储蓄占比超过 80%，其他资产投资比重总和不达 20%。相对西部地区，考虑到经济因素，东部地区经济较为发达，因此在金融资产配置中各金融资产投资占比较为均衡，东部地区资产投资更加多样化，家庭资产分配更加均匀，显得更为合理。

表 3 - 12 　　　　　　　　　　地区与家庭金融资产配置　　　　　　　　　单位：%

地区	人民币储蓄	外币储蓄	保险	股票	债券	基金
西部	82.73	0.01	1.44	2.55	5.47	2.61
东中部	48.66	0.94	4.21	15.82	11.71	13.43

（6）房产状况与家庭金融资产配置。

由表 3 - 13 可以看出，房产也会影响家庭金融资产选择的行为，有房产的家庭在风险性金融资产的投资方面高于无房产的家庭，考虑到房产是国内大多数家庭的主要财富，大部分家庭会倾尽资金购置住房，无房产的家庭会将大部分资金用来储蓄，因此，在对风险性金融资产进行投资时更加谨慎保守。

表 3 – 13

房产状况	人民币储蓄	外币储蓄	保险	股票	债券	基金
无房产	72.34	1.25	2.94	7.35	8.15	4.38
有房产	53.43	2.11	3.76	14.99	10.33	10.05

表 3 – 13　　　　　　　　　　房产状况与家庭金融资产配置　　　　　　　　单位：%

（7）心理预期与家庭金融资产配置。

由表 3 – 14 可见，家庭对未来收入和就业的预期也会影响金融资产选择，主要表现为对收入和就业的预期越高，家庭在股票、债券投资、基金等风险性金融资产的投资比例就越高。

表 3 – 14　　　　　　　　　　心理预期与家庭金融资产配置　　　　　　　　单位：%

心理预期	人民币储蓄	外币储蓄	保险	股票	债券	基金
低预期	62.31	1.25	2.32	7.63	14.52	8.76
高预期	47.18	2.17	2.12	20.56	10.32	13.18

（8）其他因素与家庭金融资产配置。

从家庭成员在经济金融课程中的学习经验来看，参加相关课程的家庭风险资产比例为 38.9%，无风险资产比例为 61.1%，即显著高于没有相似经验的家庭，而后者则较低。从家庭对经济信息的关注来看，非常关注经济信息的家庭风险资产比例最高，无风险资产的比例最低，分别为 44.6% 和 55.4%。从不关注经济信息的家庭风险资产比例最低，无风险资产比例最高，分别为 19.6% 和 80.4%（见表 3 – 15）。

表 3 – 15　　　　　　　　　　其他因素与家庭金融资产配置　　　　　　　　单位：%

其他因素		风险资产占比	无风险资产占比
是否上过经济金融类课程	上过	38.9	61.1
	没有上过	25.8	74.2
对经济信息的关注度	非常关注	44.6	55.4
	很关注	41.5	58.5
	一般	28.8	71.2
	很少关注	18.0	82.0
	从不关注	19.6	80.4

3.3.3 家庭金融资产组合的风险

1. 家庭金融资产组合风险的度量

根据资产的收益和风险水平，可将家庭金融资产分为三类：存款类、债券类和股票类①。股票类资产的收益率最高，而存款类资产的收益率是最低的。收益率的标准差相对于平均收益率的偏差幅度的值波动越小，则代表风险越小。这三类金融资产的风险度和收益率如表 3 - 16 所示：

表 3 - 16　　　　　　　　　　大类资产历史收益率

类型	收益率	风险（标准差）（%）
存款类	2.0	0.0
债券类	3.8	2.3
股票类	12.6	29.2

资料来源：Wind。

以中国家庭金融调查中的北京某家庭为例，该家庭的金融资产总量中，存款占 58.0%，债券占 6.5%，股票占 35.5%，2015 年该家庭平均收益和风险分别为 5.9% 和 10.4%。

2. 中国家庭金融资产组合风险分布的两极分化

我国家庭金融资产组合的风险分布呈现显著的两极分化。高风险户所占比例非常高，中等风险户所占比例非常低。具体来说，46.2% 的投资组合是无风险的，27.7% 的投资组合是低风险的，14.7% 的投资组合是高风险的，只有 11.5% 的家庭处于中等风险（图 3 - 13）。中国家庭金融资产组合的收入也呈现出两极分化的特征（图 3 - 14）。

根据以上分析，中国家庭资产组合收益、风险都表现出两极分化的特征，主要有以下原因导致：

（1）股票在金融资产中的占比较大。

股票是高风险和高收益的资产，投资者的持股比例很大程度上决

---

① 存款类金融资产主要是指定期存款；债券类金融资产包括债券、偏债型基金、货币型基金、1/2 混合型基金、银行理财产品、互联网理财产品；股票类金融资产包括股票、偏股型基金、1/2 混合型基金、其他金融理财产品、衍生品、非人民币资产、黄金和其他金融资产。

定了资产配置的风险。由图中数据可以得出，国内家庭在金融资产选择时除了股票市场就是以现金的方式投资，这种现象导致了家庭金融资产组合风险分布的两极分化。相比之下，美国家庭的股票投资没有那么极端，有36.8%的家庭没有股票投资，是中国家庭的一半，有9.1%的美国家庭拥有几乎所有的股票金融资产，而中国则为13.5%（见图3-15）。

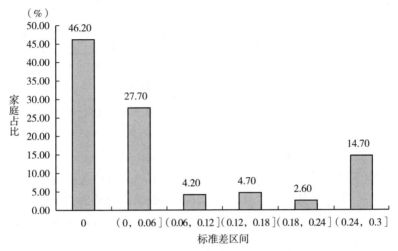

图3-13 2015年中国家庭金融资产组合风险的分布

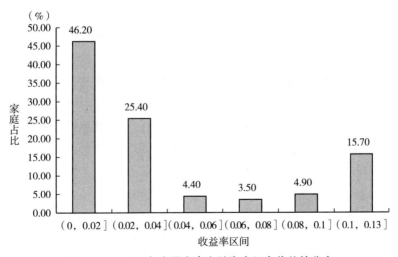

图3-14 2015年中国家庭金融资产组合收益的分布

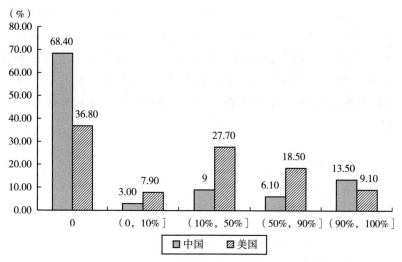

图 3-15 股票在家庭金融资产中占比的分布

（2）中国炒股家庭更少涉足其他金融投资。

比较中国炒股家庭，可以发现中国家庭对风险资产的参与主要集中在股票市场，很少涉及其他金融产品，中美炒股家庭持有债券的比例差异巨大，美国持有比例是中国的 20 倍以上，此外虽然两国家庭对基金市场的参与程度差距不大，但持有比例却相差甚远，中国为 2.7%，美国为 14.5%。中国家庭投资股票而不投资其他金融产品的主要原因是追求高收益和自身金融知识的缺乏，大多数股票投机者不会进行多样化投资。

（3）金融市场存在投资门槛，低收入家庭存在金融排斥。

为了规范对金融市场的管理，降低投资风险，保护投资者的权益，监督管理部门建立了相关的准入标准，但这些标准无形中成为普通投资者尤其是中小投资者（散户）的投资门槛，阻碍了他们的投资渠道，使他们不能自由地选择资产配置，如个人投资者参与债券市场就受到了诸多限制①（见表 3-17），高风险的股市不存在投资门槛，但其高风险高收益的特性使家庭承担了较大压力。2013 年、2015 年和 2017 年从股市中盈利的家庭占比分别为 15.8%、26.5% 和 31.7%，每年都有超过一半的炒股家庭面临亏损。

① 关于个人投资者参与债券市场，2015 年沪深交易所正式发布的《深圳证券交易所关于公开发行公司债券投资者适当性管理事项的通知》对合格投资者进行了严格规定。2016 年 2 月中国人民银行发布的《全国银行间债券市场柜台业务管理办法》规定，年收入不低于 50 万元、名下金融资产不少于 300 万元、具有两年以上证券投资经验的个人投资者可投资柜台业务的全部债券品种和交易品种。银行理财、基金、信托等金融产品也同样设置了一定的门槛。

表 3 - 17　　　　　　　　　　　各类金融产品投资门槛

类别	投资者准入条件
债券	合格投资者：金融资产≥300 万元 非合格投资者：AAA 债券 参与债券柜台业务：年收入≥50 万元，金融资产≥300 万元，两年以上证券投资经验
银行理财	5 万元（风险 1、2 级），10 万元（风险 3、4 级），50 万元（风险 5 级）
信托	100 万元
基金	私募基金：净资产≥1 000 万元，金融资产≥300 万元，个人年均收入≥50 万元 公募基金：一半 1 000 元（含）以上
期货	50 万元保证金
外汇	交易金额一半为 100 美元或等值外币

近年来，金融理财产品发展迅速，中国家庭对金融理财产品的参与率有所提高，但规模仍然较小。对于银行业理财产品，管理部门也按照风险等级进行了分类①，这有利于对不同客户进行营销。根据 2017 年的 CHFS 数据，可以得到金融资产总额不同的家庭投资银行理财产品的比例（见表 3 - 18）。

表 3 - 18　　　　　　　　　　家庭投资理财产品的比例

金融资产总额	10 万元以下	10 万元以上
投资理财产品的比例	0.7%	17%

3.4　本　章　小　结

首先，我们根据宏观、微观数据分析了家庭金融资产的总量、结构情况并进行了历史跨度的纵向比较。改革开放以来，我国经济飞速增长，居民收入不断提升，家庭财富逐渐积累，家庭金融资产总量不断增长，随着人们理财意识的增强，金融知识了解度的提高，家庭资产结构由单一化逐渐走向多元化，但仍存在着银行存款比重过高、风险资产占总金融资产比

---

① 2012 年 1 月 1 日实施的《商业银行理财产品销售管理办法》规定，风险评级为一级和二级的理财产品，单一客户销售起点金额不得低于 5 万元人民币；风险评级为三级和四级的理财产品，单一客户销售起点金额不得低于 10 万元人民币；风险评级为五级的理财产品，单一客户销售起点不得低于 20 万元人民币。

重较低等问题。

其次，我们使用了中国家庭金融调查（CHFS）的微观数据对家庭金融资产的总量、结构和金融资产的选择行为进行了更为详细的分析，得出以下结论：

（1）中国家庭户均资产持续增长，其规模和增长速度与家庭户主年龄、受教育程度密切相关，但资产分布并不均衡，高资产家庭所拥有的资产占总资产比重较大，且资产在城乡、区域间的分布也不均衡。

（2）国内家庭金融资产选择行为也从侧面反映了国内房地产投资和金融资产投资现状和基本特征。房地产资产占家庭总资产的60%以上，但中国的家庭金融资产配置比例在国际上处于较低水平。

（3）中国的家庭资产配置情况具有独特性，即大量持有银行存款等无风险资产，尤其是经济发展相对落后的地区。主要是因为家庭收入水平偏低、家庭面临的不确定性增加导致家庭预防性储蓄增强，同时，资本市场发展不完善也导致了家庭过高的无风险资产配置比例。

（4）家庭金融资产在中国的分布是不同的，即低风险家庭和高风险家庭的比例。家庭金融资产选择受到投资风险的影响，会出现家庭资产组合两极分化，部分原因是家庭缺乏专业金融知识和相对的风险认知。多元化家庭金融资产组合的两极分化不适合家庭资产配置。一方面，对低风险资产投入过多，无法让家庭分享经济金融发展带来的收益；另一方面，过多的风险资产投资也使家庭承担了更大的风险。为了改善中国家庭的资产配置结构，必须增加居民的教育，更重要的是促进金融市场的产品创新，深入了解家庭居民的金融需求，设计合理的金融产品，以满足家庭投资的需求。

第4章 中国城乡居民家庭金融资产配置的差异分析

本章为城乡居民家庭金融资产配置差异分析。基于中国家庭金融调查（CHFS）2015年及2017年的数据，根据已有的研究成果、现实情况以及CHFS数据中的金融资产的划分，将家庭金融资产划分为三大类，即货币类金融资产、证券类金融资产和保障类金融资产，分析不同年份家庭各类金融资产的结构，并且从全国范围内对城乡家庭金融资产持有的规模和结构进行差异分析。

4.1 我国居民家庭金融资产的配置情况

4.1.1 家庭金融资产差异分析的意义

家庭如何利用各种金融工具在不确定的环境中实现财富增长，得到了更多的关注。随着中国金融市场的不断发展和家庭可支配收入的快速增长，家庭资产中金融资产的比例增加，金融资产选择变得越来越复杂。投资股票、债券和贵金属等金融风险资产，以及目前的家庭金融资产配置状况，可以反映中国经济金融的发展水平，更有效地影响资产的保值增值。

我国二元经济结构决定了金融结构，就区域性分布看也呈现出明显的二元性特征，落后的农村金融与发达的城市金融相并存，导致我国城乡金融结构出现很大差异。在这一背景下，我国城乡家庭①在金融资产的持有

---

① 本书对"城乡"的划分按照中国家庭金融调查（CHFS）中的调查问题确定。问题是"受访户目前居住的房子在哪种地方？"回答选项分别是"1. 城市城区，2. 城市郊区，3. 大城镇，4. 小城镇，5. 乡镇，6. 农村"。我们将选择为1或2的当作"城市家庭"，选择为其他的当作"农村家庭"。

上也存在较大差异。虽然，国内经济的快速增长，农村居民收入也逐渐提高，然而城乡差距仍然存在，城乡之间家庭金融资产配置差异也是城乡差距的表现之一，金融资产配置研究也是家庭金融研究的重要组成部分。从理论的角度出发，以中国为例，调查城乡家庭金融资产配置状况及其影响因素，分析家庭成员之间的资金情况，对城乡关系进一步了解至关重要。从实践来看，在公开市场上，影响居民金融资产投资的因素很多，投资金融资产也是投资者保护自己的一种方式。家庭投资决策者是一个合理有限的经济人，在投资金融资产时会考虑各种环境因素。

因此，本章利用 2017 年中国家庭金融调查（CHFS）数据，从城乡家庭持有金融资产的规模和结构两个角度进行分析，深入研究城乡居民家庭金融资产的配置行为特征及其差异，并分析其成因，从而提出有针对性的政策建议。

4.1.2　数据来源与金融资产分类

本章数据主要来源于中国家庭金融调查①（CHFS），CHFS 主要从整体抽样方案和绘图与末端抽样方案两方面进行数据收集，分别采用了分层、三阶段、规模度量成比例（PPS）等方法。

本章从 CHFS 数据库中选用了家庭基本情况、家庭金融资产及家庭保障等部分的相关数据，在筛选剔除样本缺失值后，共提取 31 518 个样本数据（其中有 17 384 个农村家庭和 14 134 个城市家庭样本）进行分析。本章中所涉及的金融资产及分类均以 CHFS 问卷为依据②。由于居民在金融资产中极少选择持有黄金与外汇，因此本文并没有将黄金、外汇纳入考虑中。同时，根据王广谦（2004）的观点，家庭金融资产的投资会通过权衡风险与收益，集中在证券类投资（股票、基金及衍生品等）、货币类投资（银行存款、借出款、债券投资和银行理财产品等）、保障类投资（各种保险金）三个方面，因此，本文主要从这三类金融资产的划分标准出发，对 CHFS 中的样本数据进行了合理划分。

证券类金融资产。证券类金融资产主要包括股票、基金、衍生品等具有高风险高收益特征的金融资产。股票是股份公司资本的构成部分，股票资产是家庭风险性金融资产的主要形式，股票允许转让、买卖，是资本市

---

① 中国家庭金融调查（CHFS）数据由西南财经大学中国家庭金融调查与研究中心免费提供，有关数据的更多介绍参见甘犁等（2017）。

② CHFS 中的金融资产包括：活期存款、定期存款、股票、债券、基金、衍生品、金融理财产品、非人民币资产、黄金、保险、现金和借出款。

场的主要长期信用工具。在家庭主要风险性金融资产中，除了股票，其次就是基金。基金主要包括公积金、信托投资基金、保险基金等，这里所指的基金主要是证券投资基金。衍生品是一种组合类型的金融工具，一般表现为两个交易主体之间所设定的某种协议，其价格由其他基础金融产品所决定，同时有相应的现货资产作为标的物，成交时不需立即交割，而可在未来某个约定的时点进行交割，这里所说的衍生品主要包括远期、期货、期权和互换等。由上可以发现，在根据金融资产的风险与收益情况进行划分时，证券类金融资产是三类金融资产中风险最高、收益也可能是最高的金融资产。

货币类金融资产。货币类金融资产主要包括存款、债券、借出款以及银行理财产品等较低风险较低收益的资产。其中的存款指的是居民在各大银行所储存的资金。债券是政府或金融机构直接向社会募集资金，并承诺按一定利率支付利息、按照约定条件偿还本金、向投资者发行的债权债务凭证。同时出于债券的利息通常是事先确定的这一因素，大多居民在做金融资产投资时出于安全性考虑会优先选择了解债券，而在我国，较为受欢迎的债券即为国库券。借出款是家庭日常生活中必定会出现的亲友间的资金借贷，之所以纳入货币类金融资产，是因为这类资产既存在收不回来的风险，也存在未来彼此借贷时可以免利息的潜在收益。银行理财产品是商业银行针对特定目标客户群设计并销售的资金管理计划，而日常生活中，我们所接触到的新股申购类产品、银信合作产品、QDII、结构型产品等均为银行理财产品，既存在一定风险，又存在一定收益。货币类金融资产在三类金融资产中，是指那些具有较低风险及较低收益的家庭金融资产。

保障类金融资产。保障类金融资产主要包括各种保险金在内的具有保障性质的金融资产，例如包括养老保险等在内的社会保险以及商业保险。其中，社会保险制度由政府组织，强制将部分收入用作社会保险税（收入），形成社会保险基金，或社会经济补偿制度。社会保险的主要项目包括养老保险、失业保险、医疗保险、生育保险和工伤保险。商业保险主要包括财产保险、人寿保险和健康保险。在分析家庭金融资产持有深度时，由于是从家庭全部金融资产出发，考量家庭金融资产持有量占比的分配情况，需要较全面的金融资产数据，且考虑到社会保险在家庭金融资产占比中普遍较低，因此，在这一部分分析中，将社会保险加入保障类金融资产的数据分析中。

4.1.3 居民家庭各类金融资产的持有量

从表4-1可以看出，我国居民家庭持有金融资产的规模有了大幅增加，2017年家庭持有金融资产均值较2015年增加了1.97万元，达到了12.07万元。家庭持有证券类、货币类和保障类金融资产的规模都呈上升趋势。证券类金融资产的持有规模一般较大，而保障类金融资产的持有规模较小，这两类金融资产的持有差距由2015年的6.24万元减少到2017年的5.76万元，2017年证券类金融资产的持有均值为保障类的两倍多，这可能与我国居民持有的保障类金融资产大多为保险金额较低的社会医疗保险有关，说明我国居民家庭对自身的保障力度不足。

表4-1　　　　　　2015年及2017年居民家庭金融资产的持有量　　　　单位：万元

标准	2015年全样本	2017年全样本
金融资产均值	10.1	12.07
证券类金融资产均值	8.35	10.09
货币类金融资产均值	6.47	7.45
保障类金融资产均值	2.11	4.33

为了探究金融资产持有量差异的原因，我们具体选择各类主要金融资产进行分析，CHFS调查数据中还涉及非人民币资产、贵金属资产以及其他风险金融资产，但因为只有少数家庭参与投资这些金融工具，所以本节不考虑这些资产。具体如表4-2所示。

表4-2　　　　2015年及2017年居民家庭各类金融资产的持有量　　　　单位：万元

标准	变量	2015年全样本	2017年全样本
证券类金融资产均值	股票	7.37	9.83
	基金	10.54	11.07
	金融衍生品	32.45	24.86
货币类金融资产均值	存款	5.67	5.43
	债券	9.66	11.57
	借出款	6.55	7.90
	银行理财产品	17.11	11.65
保障类金融资产均值	养老保险	1.27	1.91
	医疗保险	0.13	0.56
	商业保险	7.21	9.53

（1）证券类金融资产。证券类金融资产主要包括股票、基金、衍生品等具有高风险高收益特征的金融资产。从表4-2可以看出，我国居民家庭持有股票和基金等证券类的金融资产均值逐渐增加，金融衍生品略有下降。2017年我国居民家庭的股票持有均值为9.83万元，较2015年增加2.46万元；基金持有均值为11.07万元，较2015年增加0.53万元。这说明随着我国证券类市场的发展完善，产品不断创新丰富，这使得我国居民开始大量增加持有额。

（2）货币类金融资产。货币类金融资产主要包括存款、债券、借出款以及银行理财产品等较低风险较低收益的金融资产。从各种金融资产的持有情况来看，除了存款和银行理财产品持有均值稍有下降外，其他金融资产都呈上升趋势，其中借出款的持有均值增加1.35万元，增加幅度较大；2017年债券的持有均值为11.57万元，较2015年增加1.91万元。

（3）保障类金融资产。保障类金融资产主要包括各种保险金在内的具有保障性质的金融资产。从表4-2可以看出，国家社会保险优惠政策的实施使广大居民家庭受益明显，所以持有养老保险和医疗保险的均值始终不高。由于养老保险和医疗保险作为社会保险，保险金额较低且目前已经基本实现全覆盖，所以这两类保险的持有均值变化不大，基本保持稳定，而商业保险的类型及保险金额选择具有自愿性，所以波动较大。

4.1.4　居民家庭各类金融资产的占比

科学合理的金融资产投资能够使得家庭资产在保值的基础上获取收益，是家庭财富积累的主要手段。金融市场也是居民进行投资、积累投资经验、了解金融知识的一个平台。近几年，金融市场发展迅速，多种多样的金融理财产品层出不穷，为家庭居民提供了更多的投资选择，满足居民的金融需求。合理优化的金融资产结构对于整个经济社会的健康运行具有重要的现实意义。对于家庭来说，合理的家庭金融资产结构有助于家庭通过投资金融资产提高家庭收入水平，从而提高生活质量，从长远来看可以提高家庭福利水平，对满足孩子的教育和重大疾病的预防也是有益的。从金融机构的角度来看，家庭金融资产结构的优化加速了金融创新的进程，开发了更多适合市场需求的金融产品，提高了金融机构本身的竞争力和盈利能力，为金融机构做出贡献。从宏观经济的角度来看，扩大和优化家庭金融资产结构，通过相关变量的影响刺激经济增长，促进经济发展，并在一定程度上促进社会稳定，因此，详细分析中国居民持有的金融资产结构非常重要。家庭金融资产结构是家庭持有的各类金融资产的现值与金融资产总额的现值之比。本节对"金融资产结构"的分析将从两个角度进行：一是家庭是否拥有该类金融资产，即金融资产持有比例；二是家庭持有金融资产量的结构。对 2015 年及 2017 年中国家庭金融调查（CHFS）的数据分析结果如表 4-3 所示：

表 4-3　　　　　　　　2015 年及 2017 年居民家庭金融资产的占比

标准	2015 年全样本	2017 年全样本
拥有金融资产占比	0.9895	0.9907
拥有证券类金融资产占比	0.1426	0.1572
拥有货币类金融资产占比	0.9233	0.9542
拥有保障类金融资产占比	0.9833	0.9774

通过表 4-3 中的数据，我们发现全国拥有金融资产的家庭比例由 2015 年的 98.95% 上升到 2017 年的 99.07%，这说明我国金融发展基本实现了全覆盖。证券类和货币类金融资产的持有占比均呈上升趋势，其中货币类金融资产的持有占比增加幅度最大，提高了 3.09%，这说明出于预防性动机和谨慎投资的态度，我国居民家庭金融资产的总体发展特征仍然以货币类金融资产为主。随着社会医疗保险的普及，拥有保障类金融资产的家庭占比也很高，在 2017 年达到了 97.74%。与货币类和保障类金融资产持有占比趋向饱和的状态相比，我国证券类市场还有很大的发展空间，2017 年拥有证券类金融资产的家庭占比稍有上升，达到了 15.72%。

表 4-4 列举了我国居民家庭持有主要的金融资产比例情况，从中我们可以发现以下几点：

（1）我国居民家庭持有股票资产比例呈上升趋势，但持股的家庭比例仍相对较低，2015 年为 10.39%，2017 年上升到 10.96%，上升了 0.57%。究其原因，一方面，随着股票市场机制的不断完善，居民开始愿意投资股票，这增加了持股家庭的比例；另一方面，股票是一种风险较高的金融资产，而且我国股票市场发展与发达国家相比还有很大差距，居民担心权益可能无法得到完全保障，我国居民追求稳健投资的心态也使得他们对高风险高收益的股票偏好度较低。

（2）基金和金融衍生品的持有占比很低，2017 年较 2015 年均有所下降，均下降了0.03%，这一微小的下降幅度可能是市场波动造成的，但这也说明了我国基金和衍生品市场近年来虽然不断发展，但发展速度缓慢，发展水平远远低于金融市场发展较为成熟的发达国家；此外，这两类高风险的金融资产投资在居民家庭中并不普及，这导致我国居民对这两类金融资产的认知水平有限，在资产选择时不愿意冒风险尝试投资，从而出现持有占比较低的问题。

（3）储蓄存款在家庭金融资产中的比重有所增加，而且始终是家庭最重要最主要的金融资产，占比一直在60%以上，2017年较2015年持有占比减少4.32%。在中国，医疗、教育、养老等费用中部分由政府承担，但其仍占家庭支出的绝大部分，所以家庭更愿意储蓄，以确保他们能够满足不确定未来所需的费用。这种预防性动机决定了家庭将为今后的消费储蓄今天的钱。此外，由于金融市场还不够成熟，以股票市场为主的资本市场波动较大，大部分居民还会选择低风险、低收益的存款。所以储蓄存款一直是我国家庭最主要的金融资产选择形式。

（4）借出款是居民家庭之间资金往来的重要形式，借出对象大多为亲人朋友，所以一般是"有借必有还"，大大提高了收回的可能性，风险较低。2017年我国拥有借出款的居民家庭占比15.21%，较2015年下降了0.63%。这说明随着家庭财富的增加，居民仍然愿意以借出款的形式持有部分财富，同时可以获得低息收入。

（5）债券作为一种较低风险较低收益的金融资产，出于其利息通常是事先确定的这一因素，大多数居民在做金融资产投资时出于安全性考虑会优先选择了解债券。从表4-4可以看出我国持有债券的居民家庭并不多，2015年的持有占比为0.64%，2017年的持有占比为0.85%，持有占比较低。这是因为我国的债券投资者以金融机构为主，个人参与度较低，债券的持有比例极不均等。此外我国债券市场的发展水平与发达国家相比差距较大，近年来虽不断发展，债券发行规模激增，但收益率下降也使得居民较少持有债券。

表4-4　　　　2015年及2017年居民家庭各类金融资产的占比

标准	变量	2015年全样本	2017年全样本
拥有证券类金融资产占比	股票	0.1039	0.1096
	基金	0.0379	0.0376
	金融衍生品	0.0008	0.0005

标准	变量	2015 年全样本	2017 年全样本
拥有货币类金融资产占比	存款	0.7082	0.6650
	借出款	0.1584	0.1521
	债券	0.0064	0.0085
	银行理财产品	0.0503	0.0950
拥有保障类金融资产占比	养老保险	0.6231	0.6847
	医疗保险	0.9575	0.9673
	商业保险	0.1604	0.1836

（6）商业银行是居民接触最多最直接的金融机构，在分析和研究潜在目标客户群的基础上，商业银行为特定目标客户群开发、设计、销售理财产品，这些理财产品极大地满足了居民家庭的投资需求。银行理财产品的样式种类、发行款数与资金规模急剧膨胀也为居民家庭提供了更多选择，所以我国居民家庭对银行理财市场的参与率也逐渐提高，在 2017 年达到 9.5%，较 2015 年提高 4.47%。

（7）随着经济条件的逐渐改善，人们越来越重视生活质量，人身安全和财产安全受到越来越多家庭居民的重点关注，因此，家庭所持有的保险金额不断增加，这为我国金融市场的稳定做出了贡献。从表 4-4 可以看出，2017 年我国拥有医疗保险的家庭占比达到了 96.73%，这说明我国保险市场参与率始终保持在 95% 以上并不断上升，与我国社会医疗保险的普及不无关系。2017 年我国拥有养老保险的家庭占比为 68.47%，较 2015 年上升了 6.16%，这一变化符合老龄化趋势，养老保险作为重要的人身保障方式需要大力普及。2017 年我国拥有商业保险的家庭占比为 18.36%，较 2015 年提高了 2.32%，随着居民保险意识的加强，商业保险市场的不断规范化管理，居民会逐渐参与其中，提高商业保险市场的参与程度。

对比前几年，我国家庭金融资产结构正由单一化向多元化转变，家庭资产结构正以多种方式发展，家庭资产总量增加，但也存在各类金融资产在家庭金融资产中所占比重不均的问题。从图 4-1 中可以看出，2017 年我国居民家庭持有量较高的金融资产是存款、商业保险、借出款等，总体结构仍以储蓄存款为主导，规模占比为 37.66%，这表明储蓄存款在居民金融资产中占有最为重要的地位。在保障类金融资产上，我国居民家庭的持有量也较大，商业保险的持有量占比 9.34%，这说明居民家庭比较注重对人身和财产等的保障。对于风险资产，我国居民家庭的债券持有量占比

为 1.79%，衍生品的持有量占比为 0.28%，但股票的持有量占比达
10.48%，这说明居民家庭逐步增加风险金融资产的持有量。

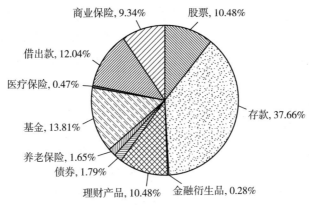

图 4-1　2017 年居民家庭各类金融资产的占比

4.1.5　我国居民家庭金融资产组合的问题及原因

1. 我国居民家庭金融资产组合的问题

根据前两个小节的具体分析，可以了解到我国家庭金融资产配置的现
状是：家庭财富不断积累，家庭金融资产总量不断增长，尤其是在货币类
和证券类金融资产的持有上。家庭金融资产不再像原来的以银行储蓄为主
要部分的单一化金融资产组成形式，而呈现多元化的趋势，形成以存款储
蓄为主导、多种家庭金融资产共有的多元化资产结构。我国居民金融资产
配置方式不再是单一的存款储蓄，而是发生了很大的变化，如今已经逐渐
形成以股票、保险等品种的投资组合，并且可以长期持有，金融资产结构
呈现多元化趋势。但是由于发展时间的局限，人们对金融知识的掌握度有
限，国内家庭金融资产选择仍然存在许多不足：家庭收入中储蓄存款的占
比仍然很高，其他的金融资产组合远远没有储蓄的占比高，储蓄意愿较为
强烈，这导致了家庭金融资产配置的发展不平衡。现阶段，我国国内的家
庭居民仍然以银行储蓄为主，大部分家庭会把钱存入银行，这样会加剧银
行的风险，同时，提高了储蓄转化为投资的成本，不利于国内金融业的发
展，更进一步加剧了我国金融运行中存在的现实风险和潜在风险。通过研
究分析可知国内居民家庭金融资产存在的问题有：

（1）货币类金融资产的占比过高。2017 年我国拥有货币类金融资产
的居民家庭占比 95.42%，持有均值 7.45 万元。在我国居民金融资产结构

中，我国居民家庭的储蓄占比居高不下，无风险的货币类金融资产占比太大，超出了合理的范畴。究其原因，一方面在于居民对未来的预期不够乐观，对自身和家庭的保障缺乏信心；另一方面则在于投资选择较为有限，可能是人们在金融产品的选择中过于强调资产的安全性和便利性，为了防范风险，保留了更多的货币类金融资产，这尤其表现在居民优先选择持有储蓄上，尽管储蓄的收益甚至难以赶上通胀，对居民家庭理财目标的贡献较低。

（2）证券类金融资产持有比例较低，但持有均值较高。2017年我国拥有证券类金融资产的居民家庭占比15.72%，持有均值10.09万元。我国证券类金融市场近年来虽然取得了较快发展，然而由于起步较晚，产品的种类仍有待丰富。居民在金融资产选择时仍受到产品同质化、信息渠道窄等问题的困扰，很多居民难以根据自身偏好及预期收益科学选择适合的金融产品。此外，由于我国股票市场发展得还不够成熟，如果股票市场出现大幅度波动，很多居民会产生抵触心理，选择远离基金、股票等风险相对较高的金融资产，所以持有占比较低，但持有该类金融资产的家庭大多进行大额投资，容易造成"将鸡蛋放在一个篮子里"的问题，这也需要引起注意，为了形成更加合理的居民金融资产配置，居民应进行分散投资，以达到避险增值的目的。

（3）保险类金融资产持有比例高，但持有均值偏低。2017年我国拥有保险类金融资产的居民家庭占比97.74%，持有均值4.33万元，其中拥有医疗保险的居民家庭占比96.75%，而拥有商业保险的居民家庭占比18.36%，持有比例差距较大。随着社会老龄化的加速推进，保险类金融资产在保障居民生活上发挥重要作用，除了社会医疗保险，居民需要提高保险意识，增加商业保险投资，使保险在居民金融资产结构中占据更大的份额，为自身生活提供更多保障。

2. 我国居民家庭金融资产组合不合理的原因

无论是在持有数量上还是持有结构上，我国居民家庭金融资产配置都存在不合理的地方，只有探究造成其不合理的原因并加以改善，才能有效优化家庭金融资产配置。下面我们将从内在和外在两方面探究其原因：

（1）外在原因。

我国资本市场发展不充分，投资风险较大。股票在流通市场中的比重较低，金融产品较少，无法满足不同主体的投融资需求。上市公司在快速发展的经济条件下，发展质量良莠不齐，缺乏创造能力，而生产效率高的上市企业所占比重较小，公司的治理水平、盈利能力不能给投资者充足信心，投资者不愿意冒着高风险去投资。

我国社会保障制度建设欠缺，商业保险行为不规范。近年来我国社会保险的不断普及，医疗保险的覆盖范围较为广泛，但大多数家庭没有养老保险，只能依赖储蓄和后代来养活他们。除此之外，对于商业保险，居民了解较少，因为种种原因，人寿保险成为居民最能接受的商业保险。由于商业保险公司的处理业务不及时，常常出现故意拖延、寻找漏洞、不兑现承诺等情况，出现商业保险市场不规范的现象，造成居民对商业保险的偏见，所以家庭更希望能够依靠社会保障制度，不愿意购买商业保险产品。

（2）内在原因。

我国居民投资理念比较保守，大多数的居民属于投资风险厌恶者，且较为强烈，一方面由于传统节俭、积累财富、反对冒险精神的儒家文化的影响，导致居民在日常生活和理财过程中观念保守，同时，由于现阶段我国经济发展大环境的不确定，也导致了风险厌恶的产生；另一方面由于生活成本较大，居民主要选择储蓄作为医疗、教育等支出的重要保障。

4.2　城乡居民家庭金融资产的特征差异分析

4.2.1　城乡居民家庭金融资产规模比较

金融市场的不断发展、金融制度的不断完善、金融产品呈现多样化和复杂化促使我国居民家庭积极主动地参与到金融市场中，但不同家庭之间在金融资产配置上存在着差异，我国二元经济结构使得这种差异在城乡家庭中表现得尤为明显，本节将利用 2017 年中国家庭金融调查（CHFS）数据，对我国城乡居民家庭金融资产规模进行比较分析，并采用家庭资产的均值来衡量家庭金融资产的规模。

表 4-5 是按照王广谦（2004）对金融资产的分类方法，列举了城乡居民家庭总体金融资产持有均值情况以及各类金融资产的持有均值情况，表中的各类金融资产均值是剔除了不拥有该类金融资产的家庭后，在拥有者家庭数据中统计出的均值。我们从表中发现，从整体上看，我国城市家庭金融资产的规模要明显大于农村家庭，两地居民家庭持有的金融资产均值差距明显，农村家庭金融资产均值仅为 4.49 万元，而城市家庭则达到了 12.19万元，后者是前者的近 3 倍。究其原因，我国城市和农村地区的经济发展水平相差甚远，这也直接关系到家庭的金融资产投资，明显地表现在农村家庭

持有较少规模的金融资产，而城市家庭持有金融资产的规模较大。

表 4-5　　　　2017 年城乡居民家庭持有金融资产量比较　　　单位：万元

标准	城市	农村
金融资产均值	12.19	4.49
证券类金融资产均值	4.81	1.66
货币类金融资产均值	9.52	4.43
保障类金融资产均值	3.86	1.45

　　从家庭持有各类金融资产的均值来看，城市家庭对各类金融资产的持有规模均超过了农村家庭，其中城乡居民家庭在货币类金融资产的持有上差异最大，为 5.09 万元；城市家庭的证券类金融资产持有均值为 4.81 万元，是农村家庭 1.66 万元的近 3 倍。在包含各项保险在内的保障类金融资产方面，虽然农村家庭在持有均值上低于城市家庭，还未达到城市家庭的一半水平，但城乡家庭间差距远低于货币类金融资产的持有。

　　表 4-6 列出了我国城乡居民家庭持有的主要金融资产的规模。城市家庭持有规模较大的四类金融资产为金融衍生品、债券、银行理财产品和基金；而农村家庭则更多地投资于银行理财产品、债券、金融衍生品和基金。这表明城市家庭对风险相对较高的证券类金融产品投资较多，而农村家庭更加倾向于投资风险较低的货币类金融资产。

表 4-6　　　　2017 年城乡居民家庭持有各类金融资产量比较　　　单位：万元

标准	变量	城市	农村
证券类金融资产均值	股票	2.46	0.37
	基金	9.87	4.17
	金融衍生品	29.17	5.13
货币类金融资产均值	存款	7.92	4.36
	债券	17.29	6.13
	借出款	9.64	5.12
	银行理财产品	15.91	6.19
保障类金融资产均值	养老保险	1.26	0.76
	医疗保险	0.49	0.07
	商业保险	2.82	1.22

（1）证券类金融资产。2017年我国城乡家庭持有股票的均值分别为2.46万元和0.37万元，差距为2.09万元；而持有基金的均值分别为9.87万元和4.17万元，差距为5.7万元。股票和基金的持有规模均不大，这一方面可能与我国股票、基金市场发展水平有关；另一方面股票、基金投资风险相对较高，所以我国居民家庭持有规模有限。我国城乡家庭在金融衍生品的持有规模上差异最大，城市家庭持有金融衍生品的均值为29.17万元，而农村家庭仅为5.13万元，前者是后者的5倍多。这一差距可能一方面是因为金融衍生品的风险较高，并不符合农村家庭更加偏好风险规避的资产选择态度；另一方面是因为农村地处偏远，信息闭塞，当地居民的受教育程度有限，从而造成农村家庭持有金融衍生品的规模较低。

（2）货币类金融资产。由于货币类金融资产的风险较低，收益稳定，所以无论是在城市还是农村家庭中，货币类金融资产都是家庭金融资产的主要组成部分，但从规模来看仍然是城市家庭持有较多。2017年我国城市家庭持有存款均值为7.92万元，是农村家庭的近2倍；借出款均值为9.64万元，是农村家庭的近2倍；银行理财产品均值为15.91万元，是农村家庭的2.5倍；债券持有均值为17.29万元，是农村家庭的近3倍，农村家庭的债券持有量也达到6.13万元，这说明由于债券的利息通常是事先确定的，安全性较高，所以我国城乡居民都很乐意增加债券持有量，这对我国债券市场的发展起了重要作用。

（3）保险类金融资产。随着人口老龄化、环境污染等问题日益凸显，人们的健康意识越来越强，保险成为重要的人身保障方式，我国居民家庭持有保险的规模也逐渐增加。养老保险和医疗保险是以社会保险的形式存在，所以我国居民持有均值一般较低，2017年我国城乡居民家庭持有养老保险的均值分别为1.26万元和0.76万元，医疗保险均值分别为0.49万元和0.07万元。这说明我国社会保险在不断扩大覆盖范围的同时，也要注意提高保障力度。我国城市家庭持有商业保险的均值为2.82万元，是农村家庭的2倍多，两者差距较大。究其原因，我国商业保险市场发展落后，不规范的现象时有发生，居民对商业保险持消极态度，这一情况在农村地区更为严重。

通过之前的数据分析我们发现二元经济结构导致城市家庭对金融资产的持有规模远高于农村家庭，尤其是在货币类金融资产上。此外，我国传统思想在家庭金融资产投资过程中体现得尤为明显，我国城乡家庭都偏好低风险，使他们注重对资金的储蓄，倾向于投资货币类资产，而对风险相对较高的资产则持有较少，从而导致家庭的金融资产结构出现问题。大量持有非金融资产、储蓄过高、消费需求不足、家庭资产配置不合理将影响我国经济发展，所以采取合理有效的措施调整我国城乡家庭资产配置结构的研究依然十分有必要。

4.2.2　城乡居民家庭金融资产结构比较

居民家庭金融资产的多少是衡量一个国家经济发展水平和居民富裕程度的重要标志之一，而家庭金融资产结构则体现出居民对金融资产的具体选择偏好，合理优化的金融资产结构不仅能够实现家庭资产保值增值的目标，还能促进我国金融市场持续稳定发展。我国城乡居民家庭参与金融市场的行为在不断改变，在增加投资金融资产的同时，也更加注重调整资产组合结构。虽然城乡居民持有金融资产的比重有所提高，但在资产选择的种类上仍具有明显差异。我们按照金融资产的不同分类，统计持有各类金融资产的家庭比例，通过对比分析探究城乡家庭金融资产选择的差异。如表 4-7 及表 4-8 所示。

表 4-7　　　　　　　2017 年城乡居民家庭持有金融资产结构比较

标准	城市	乡村
拥有金融资产占比	0.9816	0.9425
拥有证券类金融资产占比	0.1163	0.0455
拥有货币类金融资产占比	0.9581	0.9697
拥有保障类金融资产占比	0.9126	0.9284

表 4-7 列举了城乡居民家庭拥有金融资产的比例情况。2017 年我国城乡居民家庭金融资产持有者均占到 94% 以上，金融普惠程度高。由于银行存款的普遍存在，我国城乡拥有货币类金融资产的家庭比例均较高。随着我国社会保障体系的不断完善和保障政策的陆续出台，调动了我国居民家庭参与社会保险的主动性和积极性，所以城乡拥有保障类金融资产的家庭占比都很高。

表 4-8 列举了各类金融资产的持有情况，也可看出城乡之间存在的明显差距。农村家庭金融资产的持有普遍少于城市家庭，且在风险较高的证券类金融资产方面表现尤为明显，农村地区持有证券类金融资产的家庭仅占到 4.32%，而城市家庭则占到 23.39%。由于我国居民投资偏好无风险金融资产，所以无论是城市家庭还是农村家庭都持有大量的货币类金融资产，但农村家庭持有占比高于城市家庭，前者比后者高 1.16%。在保障类金融资产中，在农村逐渐普及的医疗保险的影响下，城乡家庭保障类金融资产在持有占比方面并没有显著差距，医疗保险持有占比均超过 96%。

表 4-8　　　　　2017 年城乡居民家庭持有各类金融资产结构比较

标准	变量	城市	农村
拥有证券类金融资产占比	股票	0.1928	0.0353
	基金	0.0397	0.0078
	金融衍生品	0.0014	0.0001
拥有货币类金融资产占比	存款	0.9652	0.9383
	借出款	0.1824	0.1242
	债券	0.0114	0.0022
	银行理财产品	0.1318	0.0162
拥有保障类金融资产占比	养老保险	0.7608	0.6396
	医疗保险	0.9693	0.9633
	商业保险	0.2531	0.1077

从图 4-2 中可以看出，2017 年我国农村居民持有的金融资产中有一半是储蓄存款，借出款持有量占比也超过 15%，这说明我国农村居民更加注重金融资产的安全性，大量持有低风险的货币类金融资产。农村家庭持有的保障类金融资产量占比为 16.21%，其中商业保险占 14.35%，是养老保险持有量的近 8 倍。这一方面表明我国农村居民开始重视对人生进行风险管理和财务安排，增加保险的持有量；另一方面，随着商业市场的规范化发展，农村居民不再仅仅满足于社会保险的保障，开始增加购买商业保险，这也间接表明，我国的社会保障水平不仅要扩大广度，还需要进一步提高保障深度。在风险资产上，我国农村居民股票持有量在家庭总金融资产中占 5.29%，基金占比为 3.52%，衍生品占比为 0.04%，债券占比为 0.87%，持有量均处于低水平，这说明我国农村居民金融资产选择态度保守，不愿意持有风险相对较高的金融资产。

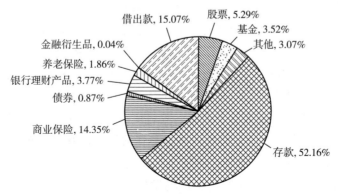

图 4-2　2017 年农村家庭金融资产结构

从图4-3中可以看出，2017年我国城市家庭金融资产结构是以存款为主导，各种金融资产多元化持有的方式更加明显，持有量占比较高的金融资产是存款、理财、商业保险、股票和借出款，持有量占比较低的是金融衍生品和债券。城市家庭对货币类金融资产的持有量为家庭金融资产总量的63.89%，其中存款占比为38.66%。在证券类金融资产中，股票和基金的持有量占比较高，分别为10.16%和6.37%。在城市家庭中，保障类金融资产的持有量占比与证券类金融资产占比相差不大，其中商业保险占比13.37%，是社会保险的3.5倍左右。总的来说，我国城市家庭在进行资产选择时，会衡量金融资产的收益性与风险性，在保证足够的安全性资产后会进行适当的风险资产投资，同时也会持有合理的保障类金融资产。

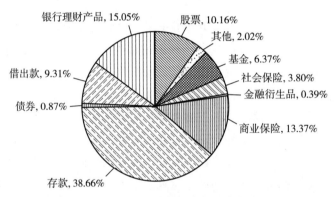

银行理财产品, 15.05%　股票, 10.16%　其他, 2.02%　基金, 6.37%　社会保险, 3.80%　金融衍生品, 0.39%　商业保险, 13.37%　存款, 38.66%　债券, 0.87%　借出款, 9.31%

图4-3　2017年城市家庭金融资产结构

结合图4-2和图4-3可以看出，我国城乡居民家庭金融资产持有量结构有类似之处，如都是以货币类金融资产为主导，对风险资产的持有量占比都较低，尤其是金融衍生品，但具体来看，城乡家庭的金融资产结构仍存在较大差异，有以下几点：（1）我国农村家庭对货币类金融资产的持有量占比超过了70%，远远高于城市家庭。农村家庭的存款持有量占比高于城市家庭13.5%，持有银行理财产品的占比差距最为明显，城市家庭持有量占比是农村家庭的4倍。这说明我国居民家庭偏好于持有低风险的金融资产，尤其是农村家庭，这与我国传统的理财观念相符。（2）我国城市家庭对各种风险资产的持有比都远超农村家庭。城市家庭的股票持有量占10.16%，比农村家庭高4.87%；城市家庭的基金持有量占6.37%，比农村家庭高2.85%；城市家庭金融衍生品持有量占0.39%，是农村家庭的10倍。这一方面可能与我国资本市场发展水平有关，造成城乡居民对市场参与度不够；另一方面，农村地区家庭由于地理位置等因素所处环境不如城市家庭，且家庭收入水平也远低于城市家庭，在面对风险资产投资时会更加谨慎，所以城乡家庭对风险资产的持有量占比差距较大。（3）随着保险市场的发展以及人们保障意识的增强，我国居民持有的保险资产在家庭总资产中占比也大大增加，我国城市家庭对保险的持有量占比仅比农村家庭高 0.96%。城乡家庭在商业保险的持有上差距不大，但在社会保险的持有上，城市家庭对社会保险的持有量占比为 3.8%，是农村家庭的 2 倍多。这表明虽然我国社会保障体系的不断完善使社会保险基本实现了全覆盖，但城乡在保障程度上仍有较大差距。

4.3　城乡居民家庭金融资产差异的原因分析

通过之前的分析，我们发现我国城乡居民家庭在金融资产持有上存在显著差异，主要包括以下三点：第一，我国城市家庭持有的金融资产总规模明显大于农村家庭，对各类金融资产的持有规模均超过了农村家庭。城市家庭对风险相对较高的证券类金融产品投资较多，而农村家庭更加倾向于投资风险较低的货币类金融资产。第二，我国城乡地区拥有金融资产的家庭比例差距不大，基本实现了金融普惠，但分类来看，城乡地区在拥有证券类金融资产的家庭比例上差距最大，农村地区持有家庭占比远低于城市地区。从金融资产持有的结构上来看，城市家庭金融资产结构比农村家庭更加合理，农村家庭过于集中在低风险的金融资产上。第三，农村居民家庭持有的金融资产主要是存款、债券、基金、现金；而城市居民家庭持有的金融资产除以上金融产品之外，还有股票以及其他金融衍生品。由此可见，农村家庭投资的金融资产种类相对单一，而城市家庭在资产选择时更加注意多元化合理配置，分散投资，从而实现降低风险增加收益的目标。为了缩小我国城乡居民家庭金融资产持有量差距，优化金融资产持有结构，有必要对造成该现状的原因进行深入探究。

4.3.1　家庭内部因素

金融资产选择行为是个体行为，具有异质性。受到城乡区域的影响，居民家庭也具有不同的群体特征。为了探讨城乡家庭内部因素对金融资产选择行为的影响，有必要选择相应的家庭特征分析城乡家庭金融资产选择的差异。传统金融因素如家庭财富水平、社会人口统计学特征等是家庭进行金融投资决策的重要考虑因素，鉴于现有研究，我们选择家庭基本特征、家庭经济情况以及影响家庭资产选择的主观因素作为标准，分析我国城乡家庭内在差异，进而研究这些因素对居民家庭金融资产配置的影响。具体变量设置如表4-9所示。

表4-9　　　　　　　　　　变量设置及说明

变量类别	变量名称及符号	变量说明
家庭基本特征	性别（sex）	投资决策者的性别
	年龄（age）	投资决策者的年龄
	受教育年限（education）	投资决策者的受教育年限
	是否患病（health）	患病为1，健康为0
	是否就业（job）	已就业为1，未就业为0
	是否已婚（marriage）	已婚为1，未婚为0
	家庭人口数（population）	家庭总人口数
经济情况	年收入（income）	农业收入、工商业收入、财产收入、房屋土地出租收入、转移性收入等
	负债规模（scale）	家庭负债总和
	教育支出（study）	家庭用于教育、培训等支出
	自住房租赁（house）	自住房出租为1，未出租为0
主观因素	社会信任度（trust）	投资决策者的社会信任度得分
	风险偏好（risk）	投资决策者的风险偏好得分
	金融信息关注度（information）	投资决策者的金融信息关注度得分

1. 家庭基本特征

家庭户主作为一家之主在家庭决策中起着至关重要的作用，其自身情况不仅影响着家庭状况，还主导着家庭金融资产的投资选择，所以城乡家庭户主特征的差异也是造成城乡家庭金融资产特征差异的重要原因。在本章中，家庭基本特征变量数据主要选取了农村家庭中投资决策者（户主）的性别、年龄、受教育年限、是否患病、是否就业、是否已婚、家庭人口数共7个变量。由于CHFS数据库中将教育程度设置为不同的学历等级，为了量化该变量，本节将各学历等级正常所需年限设置为受教育年限①；将性别、就业以及婚姻状况按照"0-1"的赋值方法进行了虚拟变量化

---

① 分别将"没上过学"赋值为0、"小学"为6、"初中"为9、"高中及中专或职高"为12、"大专/高职"为15、"大学本科"为16、"硕士研究生"为19、"博士研究生"为23。

处理①。在判断决策者是否患病过程中，受访者需要对自己身体健康状况与同龄人比较后作出判断②。表 4 – 10 显示了我国城乡居民家庭户主特征的总体对比情况，在表 4 – 11 中又详细列举了家庭户主的年龄、受教育程度、家庭人口数的具体分布情况，通过对我国城乡居民家庭金融资产选择特征进行分析比较，我们可以发现有如下几点不同。

表 4 – 10 　　　　　　　2017 年城乡居民家庭户主特征比较

特征	城市	农村
年龄均值	47.36	50.39
男性占比	0.63	0.85
受教育年限均值	11.29	7.62
已婚占比	0.81	0.84
身体不健康占比	0.14	0.25
就业占比	0.53	0.74
家庭人口数	3	4
样本数	27 279	12 732

表 4 – 11 　　　　　　　2017 年城乡居民家庭户主特征分布情况

特征		全国		农村		城市	
		频次	频率（%）	频次	频率（%）	频次	频率（%）
年龄	21 岁及以下	90	0.22	20	0.16	70	0.26
	21 ~ 30 岁	1 133	2.83	124	0.97	1 009	3.7
	31 ~ 40 岁	3 983	9.96	1 304	10.24	2 679	9.82
	41 ~ 50 岁	7 937	19.84	3 665	28.79	4 272	15.66
	50 岁以上	26 868	67.15	7 619	59.84	19 249	70.56
受教育程度	初中及以下	22 142	55.34	8 833	69.38	13 309	48.79
	高中、中专	8 130	20.32	2 117	16.62	6 013	22.04
	大专	4 838	12.09	1 570	12.33	3 268	11.98
	本科	4 213	10.53	206	1.62	4 007	14.69
	研究生及以上	688	1.72	6	0.05	682	2.5

---

① 男性为 1，女性为 0；已婚为 1，未婚为 0；职业若为"退休、失业、下岗、自由"则赋值为 0，其余职业为 1。

② 健康状况分为"非常好""好""一般""差""非常差"，当受访者健康状况为差或非常差时，赋值为 1，反之为 0。

特征		全国		农村		城市	
		频次	频率（%）	频次	频率（%）	频次	频率（%）
家庭人口数	3 人以下	14 192	35.47	3 273	25.71	10 919	40.03
	3 人	13 195	32.98	3 840	30.16	9 355	34.29
	4 人	6 050	15.12	1 863	14.63	4 187	15.35
	5 人	4 417	11.04	2 022	15.88	2 395	8.78
	5 人以上	2 157	5.39	1 734	13.62	423	1.55

户主年龄。居民年龄代表着其职业生涯阶段以及家庭的生命周期，2017 年我国居民家庭户主的平均年龄为 48 岁，农村家庭户主平均 50 岁，城市家庭户主平均 47 岁。我国农村家庭的户主更加年轻化，年龄在 21 ~ 50 岁的占比达到 40%。尊老一直是我国社会所倡导的良好品德，也是我国居民家庭的主导思想，尤其在农村家庭中更甚，因此就出现了表中所体现的投资决策者年龄偏大，在调查的目标家庭中，农村家庭户主平均年龄比城市家庭户主大 2 岁。年龄差异影响对金融的认知水平及家庭经济情况，进而影响投资决策，这说明年龄方面的制约对城乡居民家庭金融资产配置差异有一定的影响。

户主性别。2017 年我国农村家庭户主为男性的占比 85%，而城市家庭户主为男性的占比 63%，城乡差距为 22%。我国自古以来都有男性当家的传统观念，这使得无论是城市还是农村家庭的投资决策者都以男性为主，从全国来看，户主为男性的家庭占比是户主为女性的家庭占比的 3 倍，在农村，这一差距更是达到了 4 倍之多。国内外相关研究均表明，男性在面对投资类问题时较女性更加具有冒险精神，投资类金融资产所具有的高风险高收益特征对于男性投资者更具吸引力，因此性别差异会引起金融资产选择的差异。

户主教育水平。在调查的目标家庭中，我国农村家庭户主受教育水平平均是 7.62（小学偏上文化水平），城市家庭户主受教育水平平均是 11.29（高中偏下文化水平）。我国城乡家庭户主的受教育程度大多为初中及以下，文化水平偏低，而这一现象在农村家庭中更加明显，有 69.38% 的农村家庭户主是初中及以下学历，大专及以上的学历仅 14%。农村家庭户主文化程度偏低，我国城市家庭户主达到高中及以上学历的占 51.21%，受教育程度较高。这说明城市家庭的文化教育水平略高于农村家庭，较高教育水平的户主了解到各类金融资产的可能性较高，其相对于受教育程度低的户主而言，更愿意尝试持有货币类金融资产。文化教育水平的制约对农村家庭和城市家庭的金融资产配置差异有一定的影响。文化水平不仅会影响居民对金融投资的态度，还会影响他们配置资产的能力。只有普及文化教育，提高居民的金融能力，才有助于居民家庭合理配置金融资产。

户主婚姻状况。2017年我国居民家庭户主中有86%是已婚，其中，农村家庭户主已婚占比84%，城市家庭户主已婚占比81%，城乡差距为3%。已婚投资者一般有一定的经济基础，能够有更多的金融资产投资选择，注重从家庭整体考虑，与未婚投资者相比，他们更加保守，且更倾向于考虑家庭后续保障问题，因此在面对投资选择时，多以保障类金融资产为主。

户主健康状况。2017年我国农村家庭户主患病占比82%，城市家庭户主患病占比14%，城乡差距为11%。随着生活环境变得复杂，疾病也成为困扰家庭生活的一个重要因素，如果家庭成员身体不健康，家庭需要预留出充足的资金作为医疗费用，从而减少了用于金融投资的资金，此外，这类家庭面对的不确定性相对较强，往往难以承受金融投资损失的可能性，所以在金融资产投资时往往更加偏好低风险，优先考虑当下收益，更倾向于选择货币类金融资产，相反地，家庭成员身体健康，则不需要过多考虑未来的后续保障问题。

户主就业状况。2017年我国居民家庭户主中有63%处于就业状态，其中农村家庭户主就业占比74%，而城市家庭就业占比53%，城乡差距为21%。农村家庭户主职业以务农为主，工作成为其生活主要收入来源，但由于受教育水平较低等原因造成其收入水平也不高，所以只有不断工作才能承受起家庭负担。如果家庭户主处于就业状态，说明家庭有稳定的收入来源，就会有一定的经济基础进行金融资产投资。

家庭人口数。2017年我国家庭平均人口数为3人，其中农村平均每家4人，而城市平均每家3人。无论是从全国来看还是从城乡来看，我国家庭人口结构分布都较为平均，人口数大多集中在3人及以下，城市家庭人口数在3人及以下的占比更是达到了74.32%。由于城市生活压力远远大于农村，所以城市家庭平均人口数低于农村家庭，而农村家庭受"养儿防老"思想的影响，仍然倾向于多生孩子，所以家庭人口数一般在4人以上。家庭人口数影响家庭生活的方方面面，如消费支出等，家庭人口越多，生活压力越大，所以在金融资产选择时更加保守，不敢轻易尝试风险相对较高的证券类金融资产。

2. 家庭经济状况

家庭经济情况是直接影响家庭金融资产选择的因素，一家的财富越多、经济情况越好，越倾向于进行各类金融资产投资。本节主要从收支、负债、非金融资产三方面出发，主要设置了家庭年收入、教育支出、农业生产费用、家庭负债规模及自住房屋租赁五个变量。根据 2017 年中国家庭金融调查报告，家庭收入主要包括工资收入、农业收入、工商业收入、财产收入和转移性收入①。家庭负债包括教育负债、医疗负债、信用卡负债及其他负债。教育支出为家庭用于教育、培训等支出。农业生产费用为因农业生产经营而产生的雇佣成本及其他成本。表 4－12 为 2017 年我国家庭的经济情况，通过数据对比分析，我们可以看出以下几点。

表 4－12   2017 年居民家庭经济情况

居民家庭经济情况	全样本	农村	城市
年收入均值（万元）	6.08	3.41	7.32
有负债的家庭占比（%）	2.54	3.62	2.03
负债规模（万元）	70.93	33.47	88.42
教育支出（万元）	1.48	0.72	1.83
生产费用（万元）	0.69	0.43	0.82
自住房屋租赁占比（%）	0.46	0.11	0.62

家庭收入。不同经济水平的家庭对其资产选择行为有不同的影响，而我国城市、农村家庭最明显的家庭经济特征为收入水平，收入的不断积累形成家庭的财富，是影响家庭金融资产选择的直接因素。2017 年我国城市、农村家庭年收入差异较大，农村家庭的年收入为 3.41 万元，而城市家庭的年收入为 7.32 万元，后者是前者的 2.1 倍。相关研究表明，当家庭收入水平较低时，为了满足日常的家庭支持，家庭用于金融投资的剩余财富也相对

---

① 工资收入包括税后工资、税后奖金和税后补贴。农业收入指家庭从事农业生产经营所获得的净收入，即农业毛收入减去农业生产成本（因农业生产经营而产生的雇佣成本和其他成本），再加上从事农业生产经营获得的食品补贴和货币补贴。工商业收入是指家庭从事工商业经营项目所获得的净收入，工商业经营项目包括个体户和自主创业。财产收入主要包括金融资产收入（包括定期存款利息收入、股票价差或分红收入、债券投资获得的收入、基金差价或分红收入、金融衍生品收入、金融理财产品获得的收入、非人民币资产投资获得的收入和黄金投资获得的收入等）。房屋土地出租收入（土地出租获得的租金及土地分红、房屋出租获得的租金和商铺出租的租金收入）及汽车保险理赔收入。转移收入包括个人转移收入和政府转移收入，个人转移收入指退休养老收入和保险收入，政府转移收入包括关系性收入、征地拆迁补偿、政府补贴（非农）及其他收入。

有限，所以持有金融资产较少，此外，这些家庭承受投资风险的能力较差，所以他们大多选择持有无风险资产。随着家庭收入水平的逐步提高，一方面居民家庭有较为充足的资金进行投资；另一方面居民家庭有足够的能力面对投资的不确定性，所以这些家庭将会积极主动地增加投资的资产种类，尤其是股票、基金等风险相对较高的资产，从而获得相应的收益。

家庭负债。随着各种贷款平台的出现和居民消费观念的转变，更多的家庭会选择贷款买房、买车、上学、消费等，所以家庭债务也成为较为普及的现象。2017 年我国有负债的家庭占比 2.54%，其中农村有 3.62% 的家庭负债，比城市高 1.59%。总的来说，我国家庭负债比例较小，但从负债规模上看，由于我国的家庭负债大多为住房贷款，所以负债金额较高，2017 年我国家庭负债均值为 70.93 万元，城市家庭负债均值更是达到了 88.42 万元，这一高额的数字让我们需要警惕债务风险的发生。家庭债务不断攀升，意味着可支配收入减少了，这些家庭一般注重追求当前利益，不愿意进行风险性投资，而更加偏好持有相对保守的货币类金融资产。

家庭支出能够体现出家庭的消费情况，主要包括教育支出、农业生产费用等等。教育支出增加会引起家庭消费的增加，家庭教育支出增长对家庭承受能力提出了考验，2017 年我国居民家庭教育支出平均为 1.48 万元，其中城市家庭为 1.83 万元，是农村家庭的 2.5 倍左右，这是因为城市家庭更加注重教育，但城市的教育成本较高，所以教育支出远高于农村家庭。我国是农业大国，农业生产是居民赖以生存的重要方式。2017 年我国居民家庭生产的平均费用为 0.69 万元，其中城市家庭为 0.82 万元，比农村家庭高 0.39 万元，这也说明了城市生活的成本较高，导致因生产经营而产生的成本也偏高。如果家庭支出过多，甚至超过了家庭收入，将导致收不抵支的情况，家庭就会大幅度降低金融资产投资的可能性。

自住房屋租赁。我国的传统观念"居者有其屋"造成城乡家庭注重对住房这一非金融资产的持有，房价的高涨使得家庭的购房支出大大增加，从而挤占了家庭用于金融投资的财富。但也有学者认为住房资产是家庭财富的重要体现，拥有住房的家庭一般经济状况稳定，会有足够的能力应对金融资产的不确定性，风险承受能力也相对较强，所以这些家庭会增加持有风险性金融资产。自住房屋租赁这一变量指的是受访者在满足自身住房需求以后，是否会通过房产投资来获得收益。2017 年我国居民家庭自主房屋租赁占比 0.46%，其中城市家庭占比 0.62%，是农村家庭的 5 倍之多，这说明城市家庭比农村家庭更愿意进行房产投资以获得稳定收益。

3. 主观因素

除了家庭基本特征和经济情况会对城乡金融资产持有差异产生影响，还有一些主观因素也是导致差异的重要原因。本节选择风险偏好度、社会信任度及金融信息关注度作为衡量标准。中国家庭金融调查（CHFS）对主观态度的调查是通过对问题的答案选择进行判断，为了量化风险偏好①、社会信任度②、金融信息关注度③变量，对不同的回答进行赋值。风险偏好度数值越高，说明越倾向于高风险高回报的投资。社会信任度数值越高，说明对社会上不认识的人越信任。金融信息关注度数值越高，说明对金融信息越关注。为了使城乡之间主观因素的差异表现得更为直观，表4－13列出了对各问题回答结果的统计信息。对比我国城乡居民家庭在主观态度上的差异（见表4－14）可以得知。

表4－13　　　　　　2017年居民家庭主观态度情况

变量	全国	农村	城市
风险偏好度	1.99	1.78	2.09
社会信任度	3.36	3.45	3.32
金融信息关注度	2.23	1.92	2.37

表4－14　　　　　2017年城乡居民家庭的主观态度分布情况

城乡居民家庭主观态度		全国		农村		城市	
		频次	频率（%）	频次	频率（%）	频次	频率（%）
风险偏好度	高风险高回报	1 947	4.87	512	4.02	1 435	5.26
	略高风险略高回报	2 139	5.35	276	2.17	1 863	6.83
	平均风险平均回报	8 223	20.55	1 930	15.16	6 293	23.07
	略低风险略低回报	6 937	17.34	2 010	15.79	4 927	18.06
	不愿意承担任何风险	17 863	44.64	6 518	51.19	11 345	41.59
	不知道	2 902	7.25	1 486	11.67	1 416	5.19

---

①　通过问题"如果你有一笔资产，将选择投资哪种投资项目？"来确定的，我们将回答"高风险高回报项目"赋值为5，"略高风险略高回报项目"为4，"平均风险平均回报项目"为3，"略低风险略低回报项目"为2，"不愿意承担任何风险"为1。

②　通过问题"您对社区治安满意度如何？"来确定的，我们将回答"非常满意"赋值为5，"比较满意"为4，"一般"为3，"不太满意"为2，"非常不满意"为1。

③　通过问题"您平时对经济、金融方面的信息关注程度如何？"来确定的，我们将回答"非常关注"赋值为5，"很关注"为4，"一般"为3，"很少关注"为2，"从不关注"为1。

城乡居民家庭主观态度		全国		农村		城市	
		频次	频率（%）	频次	频率（%）	频次	频率（%）
社会信任度	非常满意	4 541	11.35	2 045	16.06	2 496	9.15
	比较满意	17 852	44.62	5 527	43.41	12 325	45.18
	一般	12 314	30.78	3 721	29.23	8 593	31.50
	比较不满意	3 746	9.36	988	7.76	2 758	10.11
	非常不满意	1 558	3.89	451	3.54	1 107	4.06
金融关注度	非常关注	1 536	3.84	360	2.83	1 176	4.31
	很关注	3 402	8.5	690	5.42	2 712	9.94
	一般	10 525	26.31	2 568	20.17	7 957	29.17
	很少关注	11 431	28.57	3 452	27.11	7 979	29.25
	从不关注	13 117	32.78	5 662	44.47	7 455	27.33

风险偏好度。家庭主观投资态度越偏好风险，金融资产投资策略就越激进，金融资产中风险资产比重越高；而风险厌恶家庭参与风险资产的可能性更低，更愿意持有保守的无风险资产。无论是从全国来看还是城乡来看，投资者的风险偏好大多集中在低风险上，这一现象在农村家庭中表现得更加明显，选择"不愿意承担任何风险"的人占比51.19%，超过半数。在城市中，选择风险略高及以上的家庭占比12.09%，比农村家庭高5.9%，研究表明，城市家庭比农村家庭更愿意投资风险较高的金融资产。通过比较我国城乡居民家庭金融资产的风险偏好，发现城乡居民家庭投资风险偏好平均值为1.99（低风险水平），农村家庭的投资风险偏好均值是1.78，而城市家庭为2.09，这表明城市居民家庭更倾向于投资收益较好、风险偏高的项目，而农村家庭更倾向于保守的金融资产配置，如储蓄存款或者现金等。

社会信任度。人们在作出投资决策时往往会受到与其他社会成员之间交流的影响，或者其行为影响其他社会成员，构成行为金融中的社会互动，在社会互动中对其他人的信任程度即为社会信任度。社会信任度的数值越高，说明人们更愿意相互交流投资经验、交换和共享投资信息，甚至会有意识地模仿他人的投资行为。家庭社会信任度越高，代表样本家庭对社会治理越满意，越愿意相信国家治理，也越愿意信任相关金融机构，金融市场的参与度也会越高。从表中数据可以看出，我国居民家庭的社会信任度均值为3.36，城市家庭的信任度为3.32，比农村家庭低，这说明大多家庭对社区治安管理满意度一般偏上，对周围陌生人的信任度一般，农村家庭中持不满意态度（选择为"不太满意"或"非常不满意"）的占比为11.2%，城市家庭这一比例为14.17%。有16.06%的农村家庭和9.15%的城市家庭对社区治安管理持非常满意的态度。在"比较满意"这一态度上，农村家庭和城市家庭分别占比43.41%和45.18%，接近半数。

金融信息关注度。居民对相关金融知识的了解和掌握是影响家庭金融资产配置的重要因素。当家庭成员的金融知识水平较低时，他们往往持有更多的无风险金融资产。随着居民对金融信息的不断关注，对相关金融知识了解得越来越多，在积累了一定的投资经验以后，就会倾向于选择较多的风险性金融资产。金融信息关注度越高，说明该家庭对金融资产的认知水平也越高，越倾向于投资。从上表中可以看出，我国居民家庭对金融信息关注度均值为2.23，城市家庭的关注度均值为2.37，比农村家庭高0.45，说明大多数居民都很少关注金融信息，有32.78%的家庭从不关注金融信息，这一比例在农村家庭中更高，达到了44.47%，比城市家庭高17.14%。农村地区由于信息闭塞，仅有2.83%的家庭非常关注金融信息，"非常关注"与"从不关注"的差距高达41.64%。

风险偏好度、社会信任度、金融信息关注度是我国城乡居民家庭对金融投资认知的一个具体表现。通过分析发现，居民家庭的主观认知会对金融投资选择行为产生重要影响。从全国来看，我国居民家庭的风险偏好度较低，偏好低风险的金融资产投资；社会信任度较低，对陌生人大多持不信任的态度；金融信息关注度较低，大多数的家庭很少关注金融信息。城乡家庭的主观态度与全国水平类似，但与农村家庭相比，城市家庭具有更高的社会信任度、风险偏好和金融信息关注度。主观态度的差异会影响家庭资产的配置，出于消费偏好和对未来发展的预期，城市家庭更倾向于积极的金融资产配置，而农村家庭金融资产配置相对保守。

4.3.2 市场外部因素

居民家庭作为市场参与的重要主体，其参与行为与市场发展情况高度相关。在我国，城市的发展比农村更为快速，开放的经济发展环境、较高层次的地域文化和丰富的资源可以使金融业迅速发展，而农村经济增长相对有限，不同的经济发展水平直接影响着金融市场的发展程度，从而造成了居民家庭之间持有金融资产的显著差异。

1. 金融生态环境

商业银行：根据 2017 年中国家庭金融调查，城市地区有 5.34% 的家庭对银行服务不满意，而农村地区有 2.93% 的家庭对银行服务不满意。针对这些家庭对银行服务不满意的原因进行分析，我们发现城乡家庭都认为"银行服务质量差、态度差、工作效率低、等候时间长"是最主要的原因。从表 4 − 15 可知，城市家庭在各个原因上的占比都超过了农村家庭，这说明城市家庭对银行服务的需求和要求都更高，银行营业网点数、ATM 等自助服务终端数量都无法满足其需求，而且认为自助服务终端操作复杂，业务程序烦琐，手续费高，银行位置不便利，城市家庭更加追求高效便捷的银行服务。

表 4 − 15 　　　　　居民家庭对银行服务不满意的原因　　　　　单位：%

原因	城市	农村
营业网点数少	13.74	11.12
ATM 等自助服务终端少	5.24	4.19
服务质量差、态度差、工作效率低、等候时间长	85.36	79.73
自助终端操作复杂/业务程序烦琐	11.53	7.03
手续费高	10.41	8.58
位置不便利	3.89	2.24
电子金融业务不好	3.28	1.87
没有适合资金的银行产品及服务	2.84	2.72
其他	5.76	2.87

股票市场：我国城乡家庭对股票市场的参与度一直不高，一方面是因为股票市场风险相对较高，家庭参与更加谨慎；另一方面是我国股票市场发展情况导致的。在调查中，针对"我国股市透明度"的问题，城市地区有 74.27% 的家庭认为股市不透明（选择为"比较不透明"或"非常不透明"），而农村地区这一比例为 66.24%；针对"上市公司披露信息可信度"的问题，城市地区有 60.57% 的家庭认为上市公司披露信息不可信（选择为"比较不可信"或"非常不可信"），而农村地区也有 55.84% 的家庭认为如此，城乡家庭都对股市透明度、上市公司披露信息可信度持消极看法，这也侧面说明了我国股票市场发展环境存在不完善之处（见表 4 − 16、表 4 − 17）。

表 4 –16

表 4 –16　　　　　　　　居民家庭对股市透明度的看法　　　　单位：%

透明度	城市	农村
非常透明	0.35	0.85
比较透明	3.78	8.87
一般	21.6	24.04
比较不透明	43.78	39.51
非常不透明	30.49	26.73

表 4 –17　　　　　居民家庭对上市公司披露信息可信度的看法　　　单位：%

可信度	城市	农村
非常可信	0.34	1.38
比较可信	8.83	10.88
一般	30.26	31.7
比较不可信	40.53	40.78
非常不可信	20.04	15.26

　　城乡家庭在股票市场参与度上存在较大差异，究其原因，可以发现：城市家庭未开户的主要原因是"炒股风险太高"，而农村家庭未开户的主要原因是"资金有限"。农村地区有 7.23% 的家庭认为未开户的原因是"不知道如何开户"，比城市地区高 4.34%；农村地区有 48.29% 的家庭认为未开户的原因是"没有炒股相关知识"，比城市地区高 17.76%。这说明由于地区文化水平的差异，农村居民受教育平均程度低于城市居民，这导致他们在资产投资时受到限制。农村地区有 43.87% 的家庭认为未开户的原因是"资金有限"，比城市地区高 6.63%；农村地区有 0.52% 的家庭认为未开户的原因是"有其他投资渠道"，比城市地区低 1.3%，这说明城市经济发展水平较高，给城市居民带来了更高的收入，金融市场的繁荣也使金融产品的种类繁多复杂，城市居民在资产投资时有更多的选择，相比较于城市家庭，农村家庭在这一方面处于劣势（见表 4 –18）。

表 4 –18　　　　　　　　居民家庭未持有股票账户的原因　　　　单位：%

原因	城市	农村
炒股风险太高	38.23	29.42
炒股收益太低	2.07	1.85

原因	城市	农村
不知道如何开户	2.89	7.23
资金有限	37.24	43.87
没有炒股相关知识	30.53	48.29
开户麻烦	1.22	1.83
有其他投资渠道	1.82	0.52
没有时间	11.84	8.86
没有兴趣	23.25	21.17
其他	2.18	1.44

基金市场：基金市场的差异情况与股票市场相似，在未持有基金账户的原因分析中，城乡家庭未持有基金账户的主要原因都是"资金有限"，分别占比34.74%和30.52%，城乡家庭在原因选择上差异最大的是"没有听说过"，农村家庭占比26.73%，比城市家庭高18.99%，这表明我国基金市场发展普及度不够，农村家庭没有机会参与到基金市场中，农村家庭面对的金融产品选择种类较少，从而无法合理配置金融资产。此外，城乡地区在"没有基金相关知识""风险高"等原因上占比都较高，说明我国居民的文化水平和风险偏好态度的确影响家庭金融资产的选择（见表4-19）。

表4-19   居民家庭未持有基金账户的原因   单位：%

原因	城市	农村
没有听说过	7.74	26.73
风险高	20.76	14.72
收益低	7.28	32.98
不知道如何开户	2.62	4.55
开户麻烦	1.87	1.37
没有基金相关知识	21.78	24.53
资金有限	34.74	30.52
没有兴趣	16.96	16.93
没有时间或精力	13.26	6.46
有其他投资渠道	2.83	0.48
其他	1.94	0.87

2. 互联网金融

随着人们对于信息化的不断依赖和使用习惯，更高的投资效率和执行效率催生互联网金融的成长，人们对整个互联网赋予了更加快捷方便的使命，这使得互联网金融不断进入我们的生活。互联网金融是传统金融业的发展和升级，它丰富了金融业务模式，给金融发展提供了更多的可能性。从城乡角度来说，它不仅促进了城市金融市场的繁荣，更为振兴农村金融的发展做出了贡献。

网上银行：根据2017年中国家庭金融调查，我国城市地区有35.75%的家庭使用过网上银行，而农村地区仅有12.34%，两者相差23.41%，网上银行的普及率在城乡差距较大。在未开通网上银行的原因调查中，城市家庭未开通的主要原因是"不需要使用"，而农村家庭未开通的主要原因是"没有听说过"。城乡在原因选择上差距最大的是"没有听说过"，农村家庭比城市家庭高10.64%，说明网上银行在农村地区并不普及，有将近一半的家庭没有听说过。农村家庭在"不知道如何开通"和"不知道如何使用"这两项的选择上比例也较大，说明农村地区受到文化水平的限制，在使用网上银行上有一定的困难。城市地区选择"担心资金安全"的家庭占比10.52%，比农村地区高3.79%，这说明城市家庭在资产管理时更加注意资金的风险性，比较担心网上操作的安全性（见表4-20）。

表4-20　　　　　　居民家庭未开通网上银行的原因　　　　　　单位：%

原因	城市	农村
没有听说过	30.71	41.35
不需要使用	39.55	32.32
不知道如何开通	14.85	15.21
附近没有网点可以开通此业务	0.79	0.86
开通手续烦琐	2.38	1.78
不知道如何使用网上银行	15.17	17.94
家中没有可以登录网上银行的设备	4.31	2.62
资金有限	7.52	3.63
担心资金安全	10.52	6.73
其他	0.11	0.14

互联网金融理财产品：随着互联网金融的发展，金融产品不断创新，种类繁多，互联网金融理财产品给居民家庭投资提供了一种新型方式。2017 年我国城市地区有 10.36% 的家庭持有互联网金融理财产品，而农村地区仅有 2.21%，城乡差距为 8.15%，造成这一情况的原因值得思考。通过数据分析，我们发现城乡家庭未购买互联网金融理财产品的主要原因都是"没听说过"，但农村家庭占比为 54.46%，比城市家庭占比高31.81%，这说明互联网金融理财产品市场仍有较大的发展空间，需要普及该产品在居民家庭中的认知度。城市家庭在"没有兴趣"和"资金有限"的原因选择上比例较大，这也间接说明我国城市地区金融产品种类繁多，城市居民在资产配置时有很多选择。农村家庭在"资金有限"和"没有相关知识"的原因选择上比例较大，说明我国农村居民家庭收入水平相对较低，没有足够的资金进行配置，金融产品知识的匮乏也限制了他们的投资选择（见表 4 - 21）。

表 4 - 21　　　　居民家庭未购买互联网金融理财产品的原因　　　　单位：%

原因	城市	农村
没听说过	22.65	56.46
风险高	11.79	6.63
收益低	2.03	0.67
不知道如何购买	5.91	6.02
购买程序复杂	3.62	0.75
没有相关知识	19.53	13.81
资金有限	22.17	14.37
没有兴趣	21.73	9.29
没有时间或精力	10.57	4.84
有其他投资渠道	2.06	0.46
其他	1.92	0.58

4.4　本章小结

本章利用 2015 年和 2017 年 CHFS 数据库的样本数据，深入研究我国城乡居民家庭持有金融资产的差异情况及其成因。首先从整体上来看，

2017 年我国居民家庭持有金融资产的规模较 2015 年有了大幅增加，达到了 12.07 万元。家庭持有证券类和货币类金融资产的规模都呈上升趋势，而保障类金融资产的持有规模却有所下降。从具体各类金融资产来看，除债券和商业保险的持有均值减少以外，其他金融资产的持有均值都有所增加，其中增长幅度最大的是金融衍生品的持有均值。2017 年我国持有金融资产的家庭占比达到了 99.07%，基本实现了金融全覆盖，持有货币类和保障类金融资产的家庭占比都超过 95%，但持有证券类金融资产的家庭较少。从居民家庭持有金融资产量的结构来看，我国居民家庭持有金融资产的现状是以存款为主导，各种金融资产分散化多元持有。

我国居民持有金融资产总量不断增加，结构日趋合理，但城乡家庭持有金融资产仍存在较大差异。农村地区家庭由于地理位置等因素所处的医疗环境、教育环境等均不如城市家庭，且家庭收入水平也远低于城市家庭，这就可能带来城乡家庭间的一系列差异，在金融资产持有方面表现尤为明显。首先，在金融资产的持有规模上，农村家庭的持有金融资产均值远低于城市家庭，尤其是在货币类金融资产的持有上。其次，在金融资产持有的结构上，持有证券类金融资产的城乡家庭比例差距最大，这说明两类家庭在金融资产的认知及接受度、风险偏好度上差异很大，极少有农户愿意投入大量资金到风险相对较高的证券类金融资产，农村家庭相对于城市家庭金融参与度更低，更愿意将资金投入到风险较低的金融资产中。此外，农村家庭持有金融资产的结构更加单一，将资金大量集中在存款等低风险的金融资产上，而城市家庭的持有金融资产的结构更加多元，在留存了足够的低风险资产后，增加了对风险相对较高的金融资产的投资。

城乡家庭在持有金融资产上的差异是由多种因素造成的，本章还根据中国家庭金融调查数据，主要从家庭内在因素和市场外在因素两方面具体分析了差异的成因。在家庭内在因素中，我们发现家庭基本特征、经济情况、主观态度都会影响家庭金融资产选择行为。相对于城市家庭，我国农村家庭户主为男性较多、年龄较大、受教育程度较低、已婚较多、就业较多、健康状况较差、家庭人口数较多、家庭负债较低、家庭支出较少、自住房屋租赁较少、风险偏好度较低、社会信任度较低、金融信息关注度较低，城乡家庭在这些因素上的不同都会影响其持有金融资产的差异。在市场外在因素中，我们发现城市居民对金融服务的需求更大、要求更高；我国金融市场发展不完善，尤其是股票市场；城市地区金融市场发展较快，金融产品种类繁多，给城市居民提供了更多的选择；部分金融产品，如基金、互联网金融理财产品认知度在城乡地区差距较大；家庭基本特征差异在金融资产选择时表现明显。

通过本章的研究，我们分析了我国居民家庭金融资产状况、城乡居民家庭持有金融资产的差异及其成因。为了缩小城乡差距，促进城市金融更加繁荣，振兴农村金融市场，有必要针对城乡家庭差异采取相应的政策，实现金融市场全面均衡发展。

第5章 农村家庭金融资产选择行为的影响因素分析

判断理论分析结果是否正确需要实际数据的支持，同时，金融资产行为分析需要多维度的论证，为此从本章开始展开系列实证分析。通过多个视角、多级层面和多种方法的组合实证，尽可能全面、系统地探讨农村家庭金融资产选择行为问题。

本章主要分析农村家庭金融资产选择的影响因素。从农村家庭基本特征如性别、教育水平、健康状况、收入、负债规模、教育支出、通信支出、礼金往来、风险性偏好等方面对金融资产选择的影响提出假设。采用 Probit 模型和 Tobit 模型分析了农村家庭金融资产参与度的影响因素，并对农村家庭商业保险参与度的影响因素进行实证分析，为居民合理配置家庭金融资产、选择合适的风险资产提供依据。

5.1 农村家庭金融资产选择行为研究的前提

5.1.1 农村家庭金融资产选择行为的特点与原则

家庭金融资产选择行为包括三个过程：一是家庭有投资金融资产的需求；二是为了满足投资需求，家庭倾向于了解各类金融资产；三是家庭根据自身的需求及倾向选择金融资产的行动。具体来看家庭资产选择的内容，一是在消费和储蓄中选择，家庭的收入首先要满足日常的生活消费需求，其次才会将剩余财富进行金融资产配置；二是在实物资产和金融资产中选择，即家庭要选择购置住房、汽车等实物资产或是无形的金融资产；三是在各类金融资产中选择，金融产品的种类丰富，不同的金融产品具有不同的特性，家庭需要根据自身的需求及能力选择金融资产的组合，确定资产的流动性、风险性等都满足家庭实际需要。这三个方面是家庭资产选择行为的主要内容。

1. 农村家庭金融资产选择的动机

从居民家庭金融资产选择的过程来看，居民家庭在获得收入之后积累财富，首先要满足日常的消费需求，其次将剩余资金在实物资产和金融资产中进行分配，最后家庭在各类金融资产中选择，金融产品的种类丰富，不同的金融产品具有不同的特性，家庭需要根据自身的需求及能力选择金融资产的组合，同时兼顾金融资产的流动性、安全性和收益性。家庭金融资产选择的首要目的是获得收益，所以在选择资产时要实现收益一定时风险最小化或风险一定时收益最大化。

从凯恩斯的货币需求理论来看，居民持有货币通常存在三大动机，即交易性动机、预防性动机和投资性动机。为了满足日常的交易性需求，家庭会持有现金、银行存款等货币类金融资产；为了满足居民的预防性需求，家庭会持有保险等保障类金融资产；为了满足居民的投资性需求，家庭会持有股票、基金等风险性较高的证券类金融资产。居民出于不同的动机而持有不同种类的金融资产，反映了居民在流动性、收益性和安全性之间的选择。

2. 农村家庭金融资产选择的特点

家庭金融资产选择行为具有异质性，不同家庭的金融资产选择行为受到不同因素的影响。从宏观上来讲，包括通货膨胀、货币政策、财政政策等；从微观上来讲，包括家庭收入、受教育程度、风险态度等，在此因素影响下家庭在进行资产选择时会呈现出如下五个特点。

（1）代际传递性。这是具有鲜明的我国特色，这一特点是指家庭金融资产配置行为由父母主导，他们通过配置金融资产获得收益，并将这些收益留存给子女。

（2）自主性。家庭的金融投资决策过程不会受到他人强迫，完全是自主进行的。但家庭存在于社会网络中，所以在选择金融资产时多会与周围的人沟通交流，但交流的意见只会起到影响作用，并不能决定家庭的最终决策。家庭往往会根据自身的需求及能力，从实际情况出发，自主地选择合适的金融资产进行投资。

（3）直接性。家庭的金融资产选择受到多种因素的影响，但有些因素的影响是直接的。如家庭收入，当家庭收入水平较低时，为了满足日常的家庭支持，家庭用于金融投资的剩余财富也相对有限，所以持有金融资产较少。此外，这些家庭承受投资风险的能力较弱，所以他们大多选择持有无风险资产。随着家庭收入水平的提高，一方面居民家庭有较为充足的资金进行投资，另一方面居民家庭有足够的能力面对投资的不确定性，所以这些家庭将会积极主动地增加投资的资产种类，尤其是股票、基金等风险相对较高的资产，从而获得相应的收益。

（4）利他性。经济学认为个人的投资决策会更多考虑到自身利益，即利己主义。但家庭是由多个成员组成的，当以家庭为单位进行投资时，各个成员的利益都要兼顾，所以存在利他性。如家庭中老人较多时，在投资时便要考虑老人的赡养问题；家庭中孩子较多时，在投资时便要考虑孩子的抚养问题。由此可见，家庭在金融资产投资时会兼顾家庭整体利益，因此具有利他性。

（5）规律性。虽然家庭金融资产选择的影响因素有很多，并且每个因素对不同家庭的影响程度也有所不同，所以各个因素影响家庭金融资产选择的机制是复杂的。但深入研究发现其中也具有一定的规律性，如男性比女性投资者更愿意投资风险性金融资产，受教育程度越高的家庭投资风险性金融资产的可能性越大，收入越高的家庭持有风险资产的比重越高。

3. 农村家庭金融资产选择的原则

（1）收益性。这是家庭金融资产选择的第一原则，家庭选择不同的金融资产构成合理的资产组合，首要目标就是要获得收益。

（2）安全性。金融资产的盈亏可能性是家庭金融资产选择的重要标准，每个家庭为了获得收益需要考虑资金的安全，但每个家庭的风险承受能力有限，所以如何在一定风险下获得最高收益，或者如何在一定收益下保证最低风险，是家庭在金融资产选择时必须解决的问题。

（3）流动性。一般金融资产具有一定的期限性，所以如何分配流动性资产和定期资产也是一项重要选择。家庭出于预防性和投机性动机，经常会需要一定的流动资产，所以需要留存部分流动资产。

5.1.2　农村家庭金融资产选择行为研究的假设

已有研究发现，家庭户主作为投资决策者，其个人特征会影响家庭金融资产选择，但除此之外，家庭的整体经济情况、周边环境等各类因素也同样能影响，对于农村家庭金融资产选择行为进行研究时，不仅要将户主自身特征纳入考虑，还要将其周围环境纳入考虑中进行综合分析。因此，本部分内容将分别从家庭基本特征，如性别、年龄、受教育年限、健康状况、就业状况、婚姻状况、家庭人口数；家庭经济情况，如家庭收入、家庭负债、教育支出、礼金往来和通信支出；其他因素，如风险偏好、金融信息关注度等方面对农村家庭金融选择行为提出以下假设。

假设1：较为年轻的男性投资者更倾向于投资风险性金融资产，而农村家庭中的已婚投资者则更倾向于投资风险较低的金融资产。

国内外相关研究均表明，男性在面对投资类问题时较女性更加具有冒险精神，投资类金融资产所具有的高风险高收益特征对于男性投资者更具吸引力，且其中较为年轻的男性投资者对于后续保障等家庭问题并没有太多顾虑，反而在这一阶段更需要扩大自身的经济实力，因此更愿意尝试较高风险较高收益的金融资产；已婚投资者多以家庭观念为主，做事多从家庭整体各方面考虑，较未婚投资者显得更为保守，且更倾向于考虑家庭后续保障问题，因此在面对投资选择时，多以风险较低的金融资产为主。

假设2：教育水平、健康状况均与家庭金融资产和风险性金融资产的持有呈正相关关系。

受教育程度越高、越健康的户主，其对金融知识的了解越深入，越容易参与其中，人们往往不敢轻易尝试未知事物，而高教育水平的户主了解到各类金融资产的可能性较高，其相当于受教育程度低的户主而言，更愿意尝试持有风险较高的金融资产；同时，身体越健康的户主，不需要过多考虑未来的后续保障问题，因此，其往往优先考虑当下收益，更倾向于选择风险性金融资产。

假设3：收入方面，年收入正向影响家庭金融资产的持有，对风险资产的持有也具有正向影响，而家庭人口数则对其具有相反的影响。

年收入越高的家庭，除去日常开支及为未来生活中可能出现的各种意外所准备的资金外，往往会结余较大的资金量，这部分家庭由于充足的资金储备，不需要过于担心风险所可能带来的损失，因此在面对金融资产选择时，会更加大胆，也更加注重当下收益，多会倾向于选择风险性金融资产；而人口较多的家庭不仅很难储备较大资金量为以后做准备，而且多需要为家庭其他成员的后续生活考虑，因此，多会选择较为保守的金融资产，如保障类金融资产。

假设4：负债规模负向影响家庭金融资产的持有，尤其是风险性金融资产。教育支出对家庭金融资产的持有呈现正向影响。

负债作为重要的家庭支出，支出的增多都会导致家庭负担增加，相应地，家庭年结余就会较少，资金储备增加减缓或减少，均会导致家庭在金融资产选择时更加谨慎保守，多会选择暂时不进行投资，而改为观望状态，等家庭负债等支出减少后，再重新加入金融投资中。教育培训支出能够提高投资者的受教育程度，掌握一定的金融知识，更加有利于资产选择，所以投资者会增加持有金融资产，包括风险性资产。

假设5：通信支出、礼金往来的增加对风险资产参与呈现正向影响。

人们生活在社会网络中，在作出投资决策时往往会与周围的人沟通交流，在交流的过程中人们更愿意相互交流投资经验、交换和共享投资信息，从而影响其决策行为。礼金及通信往来都是社会互动的方式，当家庭的礼金往来和通信支出越高时，说明家庭在社会网络中的互动程度越高，所以掌握的关于投资的信息越丰富，这有助于其作出投资决策，即更加倾向于参与金融资产投资，尤其是风险性金融资产。

假设6：风险偏好度对金融资产的持有具有正向影响，尤其是风险性资产。

风险偏好直接影响着家庭面对金融资产选择时的倾向，这是样本家庭自身的主要选择偏好，取决于其对风险的认知与接受能力。风险性金融资产具有高风险高收益特征，越能承受高风险的家庭越愿意选择冒险以追求更高收益，因此，风险偏好度越高的家庭在面对选择时会倾向于选择风险性金融资产以寻求高收益；而风险较低、且收益较低的金融资产，更容易吸引风险偏好度较低、多进行日常理财等对收益没有过高要求、同时又无法承担高风险的家庭群体。

5.2 农村家庭金融资产配置状况——来自问卷数据的统计分析

本章采用了2015年中国家庭金融调查（CHFS）的样本数据，2015年的调查中共获得37 290户有效数据。本章在筛选剔除缺失值后选择出17 384个家庭样本进行分析。

5.2.1 农村家庭金融资产组合构成

CHFS调查问卷根据风险的大小，将家庭金融资产分为无风险资产和风险资产①，并从家庭是否持有资产和持有资产份额这两个角度来描述家庭的行为偏好。

结合表5-1和表5-2，可以看出农村家庭对各类金融资产市场均有所涉及，但参与深度有较大差异。从总体上看家庭金融资产结构不太合理，尤其偏好持有无风险资产，持有比重过高，无风险的参与率为

---

① 无风险资产包括现金、活期存款、定期存款、借出款和国库券；风险金融资产主要包括股票、金融债券、公司债券、基金、金融衍生品、非人民币资产、金融理财产品等。

94.76%，参与比重为89.08%，无论是参与率还是参与深度远远高于风险资产。具体来看无风险资产的结构，可以看到大部分家庭都会持有现金，持有比例超过90%，均值接近5 000元，占家庭金融资产的14.54%。家庭对银行存款的参与率次之，为60.93%，平均持有银行存款28 800元，在家庭金融资产结构中占有最高的比重。

表5-1　　　2015年中国农村家庭对各类金融资产的参与率与持有比例

资产类别	参与户数（户）	参与率（%）	均值（万元）	占金融资产比重（%）
现金	15 933	91.65	0.48	14.54
银行存款	10 592	60.93	2.88	57.75
借出款	2 332	13.41	3.7	16.31
债券	35	0.2	10.35	0.68
股票	343	1.97	6.58	4.27
基金	136	0.78	9.12	2.35
衍生品	3	0.02	4.33	0.02
金融理财产品	200	1.15	9.92	3.75
非人民币资产	10	0.06	2.87	0.05
黄金	46	0.26	2.49	0.22
其他	3	0.02	6.82	0.04

表5-2　　　2015年中国农村家庭对风险资产的参与率与持有比例

资产类型	参与户数（户）	参与率（%）	均值（万元）	占金融资产比重（%）
风险资产	641	3.69	9.03	10.92
无风险资产	16 473	94.76	2.87	89.08

　　股票是家庭金融资产中的重要组成部分。在整个样本中，家庭在股票资产上的投资仍然较低，根据数据显示，有1.97%的家庭参与股市，家庭持有的股票资产平均值为6.58万元，占家庭金融资产的4.27%。随着理财产品的不断推出，居民家庭对理财市场的参与度也显著提高。基金的参与率和参与比重在家庭金融资产中位居第三，有136户家庭持有基金，参与率为0.78%，家庭平均拥有9.12万元的基金，占家庭金融资产的2.35%。除此之外，有少量家庭持有金融衍生品、非人民币资产、黄金，但持有比重相对较小。

　　总体来看，我国农村居民家庭对各类金融资产的持有份额各不相同，这导致了其资产配置结构不合理，呈现出过于偏好低风险的特点。具体来看，农村家庭倾向于将家庭资产以低风险资产的形式持有，尤其是银行存款和现金。在风险资产方面，从参与率和参与比重来看，整体上风险资产的参与率较低、参与比重较低，比较家庭对各类风险资产的参与率，发现家庭对股市的参与率最高，超过4%，但对金融衍生品市场的参与度最低。这说明我国农村居民家庭对风险资产的参与程度较低，主要归因于农村地区的风险产品市场相对落后，而且农村居民对风险资产的主观认知较欠缺。

5.2.2 农村家庭金融资产配置特征

家庭金融资产选择行为不是单一的决策行为，会受到家庭内外部各种因素的影响，如家庭财富、风险偏好、市场环境、社会互动等差异都会影响农村家庭的投资决策。在本章中，主要研究对家庭金融资产选择行为有显著影响的因素。

1. 收入水平与农村家庭金融资产配置

家庭大部分的投资行为会以家庭收入为基础，家庭收入是家庭财富的体现，一般情况下，居民家庭收入越多，居民在金融资产上的投资越多，投资金融产品种类更加多样，并且居民家庭基于收入水平会有不同的考虑，进而呈现出不同的金融资产配置特征。因此，有必要分析在不同收入水平下[①]，家庭选择金融资产的偏好和差异特征。

表 5 - 3 数据显示，收入水平对无风险资产的参与率影响不大，94%以上的家庭都会持有无风险资产。家庭收入的增加为风险资产投资提供了资金，所以高收入的家庭对风险市场的参与度也更高，尤其是年收入在100 万元以上的家庭，其持有风险资产的比例是年收入 3 万元以下的家庭持有风险资产比例的 8.5 倍，差距较大。

表 5 - 3 　　　　　　　　　　　　收入水平与风险资产配置 　　　　　　　　　单位：%

资产类型	3 万元以下	3 万 ~ 6 万元	6 万 ~ 10 万元	10 万 ~ 25 万元	25 万 ~ 50 万元	50 万 ~ 100 万元	100 万元以上
无风险资产	94.25	97.09	96.97	95.36	99.12	94.12	100
风险资产	2.56	7.03	8.47	9.48	19.47	17.65	21.88

---

① 本章借鉴前人的研究，参考我国统计年鉴的家庭收入水平划分等级，将家庭年收入划分为7个等级，3万元以下为穷人家庭，3 万 ~ 6 万元是低收入家庭，6 万 ~ 10 万元是初级小康家庭，10 万 ~ 25 万元是高级小康家庭，25 万 ~ 50 万元是中收入家庭，50 万 ~ 100 万元是高收入家庭，100 万元以上是富人家庭。

具体来看（见表5-4），无论家庭收入水平的高低，90%以上的家庭都会持有现金，但持有现金的比重总体上呈现先升后降的倒U型，收入为6万~10万元的家庭中持有的现金最多。家庭对银行存款、借出款的参与率往往会受到家庭收入多少的影响，家庭收入越高，银行存款和借出款也会越高。具体来看农村家庭对各类风险资产的参与率，发现不同风险资产的参与率差异较大，但股票、基金等资产的参与率会基本呈现出随家庭收入的增加而提高的特征。风险资产参与率由高到低依次是股票、理财产品、基金、债券、黄金、衍生品、非人民币资产。在风险资产中，年收入100万元以上的家庭对股票的参与率最高达18.75%。

表5-4 不同收入水平下农村家庭对各类金融资产的参与率 单位：%

资产类别	3万元以下	3万~6万元	6万~10万元	10万~25万元	25万~50万元	50万~100万元	100万元以上
现金	91.11	94.18	94.56	92.34	93.81	91.18	90.63
银行存款	57.92	71.55	75.35	75.40	76.99	85.29	90.63
借出款	11.78	17.72	20.35	23.19	37.17	29.41	50.00
债券	0.14	0.42	0.13	0.40	0.88	0.00	9.38
股票	1.28	4.02	4.68	5.65	10.62	11.76	18.75
基金	0.53	1.59	1.90	1.41	4.42	5.88	6.25
衍生品	0.01	0.00	0.13	0.00	0.00	0.00	0.00
理财产品	0.76	2.43	2.78	3.43	4.42	2.94	9.38
非人民币资产	0.06	0.00	0.00	0.00	0.00	0.00	0.00
黄金	0.21	0.37	0.25	0.60	3.54	0.00	3.13

受到传统思想的影响，我国农村居民的投资态度较为保守，对风险资产的参与率普遍不高。但比较不同收入水平的农村家庭，发现他们对风险资产存在非常明显的投资差异。当家庭收入较低时，为了满足日常的家庭支持，家庭用于金融投资的剩余财富相对有限，并且这些家庭对于投资风险的承受能力也较弱，所以他们对风险资产的选择也相对单一，大多集中于理财产品等。随着家庭收入水平的提高，一方面居民家庭有充足的资金进行投资，另一方面居民家庭有足够的能力面对投资的不确定性，所以这些家庭将会积极主动地增加投资的资产种类，尤其是

股票、基金等风险相对较高的资产，从而获得相应的收益。由上表可以看出年收入在 100 万元以上的家庭对风险产品市场的参与情况最好。此外，衍生品和非人民币资产市场的参与率较低，仅有的参与家庭收入水平为中等偏下。

表 5 –5 和表 5 –6 列出了不同收入水平家庭拥有各类金融资产的规模和结构。在收入 3 万元以下的穷人家庭中，无风险资产占比为 94.76%，风险资产仅占 5.24%。在无风险资产中，银行存款仍是最主要的资产形式，占比达到了 63.64%。金融理财产品和股票分别占比 2.5%、1.42%，相对于其他风险资产的占比较大。收入 3 万 ~6 万元的低收入家庭，无风险资产占比稍有下降，为 89.09%，风险资产比重提高到 10.91%，银行存款仍然主导着家庭金融资产。风险资产中理财产品、股票和基金的占比较高，分别为 4.21%、3.46%、2.97%，在我们所观测的样本中，收入 3 万 ~6 万元的农村家庭都没有参与衍生品和非人民币市场。家庭年收入在 6 万 ~10 万元的初级小康家庭减少了对银行存款的持有，进而使得无风险资产的占比也有所降低，家庭的风险资产比重上升，平均拥有 7.9 万元的风险资产，其中股票占比 2.99%，债券占比 6.5%，基金、衍生品、黄金分别占家庭金融资产的 1.7%、0.11%、0.01%，并没有参与债券和非人民币资产市场。高级小康家庭（收入为 10 万 ~25 万元）平均拥有无风险资产 9.57 万元，占比稍有上升，与初级小康家庭相比，风险资产比重下降 1.76%，但股票、债券、黄金资产有所增加，债券资产占比 4.07%，股票占比 3.28%，黄金占比 0.34%。在该收入阶段的家庭持有的风险资产类型最多样。中等收入家庭（25 万 ~50 万元）减少了持有银行存款和现金，持有份额分别为 44.75%、8.81%，所以导致无风险资产比重进一步下降。风险资产的比重继续呈上升趋势，达到了 20.14%，其中股票、基金和黄金的增加幅度最大，分别增加了 6.31%、2.41%、2.75%。高收入家庭（收入为 50 万 ~100 万元）有充足的资金进行金融投资，所以持有的金融资产数量大幅增加，平均拥有无风险资产 10.14 万元，风险资产 61.88 万元，风险资产中基金的占比最大，高达 43.22%，但家庭持有的风险资产的种类减少，并没有参与股票、理财产品、非人民币资产和黄金资产。与其他家庭相比，富人家庭（收入为 100 万元以上）的收入水平和收入稳定性都远高于其他家庭，所以他们也持有最大的金融资产规模，无风险资产均值为 81.17 万元，风险资产均值为 246 万元，但无风险资产在家庭金融资产中比重较大。在风险资产中，股票占比为 24.68%，这一比例接近于银行存款比重。

表5－5　　　　　　　不同收入水平下农村家庭金融资产的持有情况

资产类型	3万元以下	3万～6万元	6万～10万元	10万～25万元	25万～50万元	50万～100万元	100万元以上
无风险资产占比（％）	94.76	89.09	88.66	90.42	79.86	46.65	60.13
风险资产占比（％）	5.24	10.91	11.34	9.58	20.14	53.35	39.87
无风险资产均值（万元）	2.04	4.11	5.4	9.57	9.45	10.14	81.17
风险资产均值（万元）	4.16	6.95	7.9	10.2	12.13	61.88	246

表5－6　　　　不同收入水平下农村家庭对各类金融资产的持有比例　　　单位：％

资产类别	3万元以下	3万～6万元	6万～10万元	10万～25万元	25万～50万元	50万～100万元	100万元以上
现金	16.34	11.38	15.60	10.63	8.81	6.58	14.96
银行存款	63.64	64.73	58.10	46.41	44.75	30.44	26.68
借出款	14.83	12.62	14.98	29.31	26.23	9.63	17.70
理财产品	2.5	4.21	6.50	4.21	3.40	0.72	8.38
债券	0.10	0.52	0.00	4.07	0.06	0.00	2.01
股票	1.42	3.46	2.99	3.28	9.59	9.42	24.68
基金	0.85	2.97	1.70	1.65	4.06	43.22	5.43
衍生品	0.03	0.00	0.11	0.00	0.00	0.00	0.00
非人民币资产	0.08	0.00	0.00	0.10	0.00	0.00	0.00
黄金	0.14	0.11	0.01	0.34	3.09	0.00	0.17

对比不同收入水平的家庭，金融资产的组合结构差异较大，尤其体现在对风险资产的配置上。收入最低的穷人家庭大量持有低风险资产，对风险相对较高的资产选择避而远之，或者集中有限资金购买金融理财产品。与上类家庭不同的是，低收入的家庭会选择风险性金融资产进行投资，对风险性资产的投资比例逐渐提高，风险性资产占家庭金融资产的比重也在增大，并且，该类家庭对风险性金融资产的收益期待较高，但参与程度仍然有限。进一步地，初级小康家庭又提升了对风险资产市场的参与程度，

而高级小康家庭虽然选择的风险资产种类丰富，但整体的投资份额却有所下降。依靠充足的财富积累，中等收入家庭和高收入家庭积极主动地参与风险资产投资，风险偏好程度显著提升。

总的来说，无风险资产仍然是我国农村居民家庭金融资产的主体，家庭收入对家庭金融资产选择的影响体现在：家庭收入水平的提高以及收入趋于稳定能够增强家庭对金融市场的参与度，还会使家庭有较强的承受损失的能力，所以对风险资产的持有规模也会逐渐增加，选择的资产种类会更加丰富。

2. 年龄结构与农村家庭金融资产配置

年龄对金融资产选择会有直接影响，因为考虑的问题会有所不同，如老年期要考虑额外的医疗费用等保障问题，青年期要考虑教育支出等，所以会使家庭金融资产选择行为呈现出不同的特征。本节按照家庭投资决策者的年龄进行分类①，对不同年龄阶段的家庭金融资产选择行为特征进行描述。

如表 5 - 7 和表 5 - 8 所示，在不同年龄段的农村家庭持有金融资产具有一定的差异性。比较表中数据可以发现，无论在人生的何种阶段，大部分农村家庭是风险规避者，在金融资产的投资上更偏向于低风险低收益的金融产品。年龄大小对是否持有无风险资产的影响不大，各年龄段持有无风险资产的家庭比例都在 90% 以上。在风险资产方面，随着年龄的增大，风险资产的参与率逐渐降低。

表 5 - 7　　　　　不同年龄段的农村家庭对风险资产的参与率　　　　单位：%

资产类型	25 岁以下	25 ~ 35 岁	35 ~ 45 岁	45 ~ 55 岁	55 ~ 65 岁	65 岁以上
无风险资产	91.67	97.23	97.12	95.3	95.01	92.94
风险资产	14.58	8.47	6.33	4.42	3.03	1.94

表 5 - 8　　　　　不同年龄段的农村家庭对各类金融资产的参与率　　　　单位：%

资产类别	25 岁以下	25 ~ 35 岁	35 ~ 45 岁	45 ~ 55 岁	55 ~ 65 岁	65 岁以上
现金	91.67	93.65	94.06	92.02	91.98	89.93
银行存款	68.75	71.34	71.52	65.96	58.67	53.11

---

　① 本节按照家庭决策者的年龄分为 25 岁以下、25 ~ 35 岁、35 ~ 45 岁、45 ~ 55 岁、55 ~ 65 岁和 65 岁以上六个等级。

资产类别	25 岁以下	25 ~ 35 岁	35 ~ 45 岁	45 ~ 55 岁	55 ~ 65 岁	65 岁以上
借出款	22.92	25.73	21.76	18.14	11.03	6.59
理财产品	6.25	0.81	1.29	1.50	1.11	0.82
债券	0.00	0.00	0.14	0.25	0.18	0.22
股票	6.25	5.70	4.36	2.34	1.45	0.71
基金	2.08	2.28	1.01	1.05	0.63	0.40
衍生品	0.00	0.16	0.00	0.04	0.00	0.00
非人民币资产	0.00	0.16	0.19	0.06	0.00	0.04
黄金	4.17	0.49	0.43	0.29	0.20	0.16

25 岁以下家庭风险资产类型最少，以股票和黄金为主。现金资产的参与率在无风险资产中差别不大。在 35 ~ 45 岁这一年龄段，持有现金和银行存款的家庭比例最大，分别达到了 94.06% 和 71.52%；在 65 岁以上这一年龄段，持有现金和银行存款的家庭比例最小，分别为 89.93% 和 53.11%。年龄为 45 ~ 55 岁的家庭各项金融资产的参与情况最好，各项风险资产均有涉及，说明资产组合中结构较为均衡。在风险资产中，股票、基金和黄金的参与率随着年龄的提高而呈现出下降的趋势。金融衍生品的参与率较低，只有年龄在 25 ~ 35 岁和 45 ~ 55 岁的家庭参与。

从表 5-9 和表 5-10 能够得出不同年龄的家庭金融资产持有情况。25 岁以下的家庭平均拥有无风险资产 2.36 万元，无风险资产占比最低，现金占比 9.18%，其次是银行存款占比 51.29%，持有的风险资产主要有理财产品、股票、基金和黄金，其中理财产品的比重最大，为 19.63%。在 25 ~ 35 岁这一年龄段的家庭中，无风险资产的占比最高，风险资产的占比最低，与 25 岁以下家庭相比，现金的比重增加了 17.58%。在 35 ~ 45 岁这一年龄段的家庭中，无风险资产的比重有所下降，而风险资产的比重有所提高，风险资产中又增加了对债券的投资。45 ~ 55 岁的家庭风险资产比重进一步增加到 15.36%，股票资产占比达到最高为 8%，基金的占比也达到最高为 3.85%。55 ~ 65 岁的家庭较 45 ~ 55 岁的家庭相比，风险资产比重有所下降，无风险资产比重上升。在风险资产内部，债券、股票、基金和黄金减少，并没有家庭持有衍生品和非人民币资产。65 岁以上的家庭风险资产比重进一步下降，银行存款比重达到最高为 68.19%，风险资产中，理财产品的比重最高为 6.39%，其次是股票为 1.42%。

表 5 - 9 不同年龄段农村家庭的风险资产占比及均值

资产类型	25 岁以下	25 ~ 35 岁	35 ~ 45 岁	45 ~ 55 岁	55 ~ 65 岁	65 岁以上
无风险资产占比（%）	73.32	96.23	90.61	84.64	92.45	90.2
风险资产占比（%）	26.68	3.76	9.39	15.36	7.55	9.8
无风险资产均值（万元）	2.36	5.94	3.6	3.59	2.24	1.99
风险资产均值（万元）	5.4	2.67	5.72	14.02	0.18	10.37

表 5 - 10 不同年龄段农村家庭的各类金融资产占比及均值 单位：%

资产类别	25 岁以下	25 ~ 35 岁	35 ~ 45 岁	45 ~ 55 岁	55 ~ 65 岁	65 岁以上
现金	9.18	26.76	15.35	11.91	15.95	13.16
银行存款	51.29	52.10	58.08	49.63	63.26	68.19
借出款	12.85	17.38	17.07	21.76	13.16	9.11
理财产品	19.63	0.30	2.52	3.30	3.74	6.39
债券	0.00	0.00	0.12	1.34	0.18	0.68
股票	1.27	1.08	4.76	8.00	1.32	1.42
基金	0.22	1.48	1.27	3.85	2.28	0.89
衍生品	0.00	0.00	0.00	0.07	0.00	0.00
非人民币资产	0.00	0.14	0.26	0.00	0.00	0.02
黄金	5.57	0.76	0.31	0.15	0.11	0.13

在家庭金融资产组成方面，从整体上来看，大部分家庭更加倾向于低风险低收益的金融资产，在家庭金融资产中，无风险资产仍然占据主导地位，这种情况在年轻家庭中更加明显，25 岁以下家庭持有风险资产比重最大，但风险资产集中于理财产品和黄金。45 ~ 55 岁家庭持有风险资产比重位列第二，大部分家庭风险性金融资产的投资也较为集中，主要聚集在股票和基金两种。25 ~ 35 岁家庭持有风险资产比重最小，并没有持有债券和衍生品，持有其他风险资产的比重也较小，但该年龄段的家庭大量持有现金资产。65 岁以上家庭更加注重资产组合的稳健性，银行存款在家庭金融资产占比最高，持有风险资产的种类丰富，但持有比重较小。

3. 受教育程度与农村家庭金融资产配置

本节考虑到教育程度的差异会影响家庭金融资产选择行为，按照 CHFS 问卷中教育程度的高低，将户主的教育程度分为六个等级，对其金融资产选择行为和偏好加以考察。

表 5 - 11 显示，家庭风险资产参与率明显低于无风险资产参与率，随着受教育程度的增加，家庭无风险资产和风险资产的参与率都呈上升趋势。从表 5 - 12 可以看到不同受教育程度的农村家庭对各类金融资产的参与率。在无风险资产中，现金的参与率最高，其次是银行存款。硕士研究生及以上学历的家庭 100% 持有现金，大学本科学历的家庭对银行存款的参与率最高，为 87.98%。借出款的参与率随着受教育程度的提高而上升。在风险资产方面，硕士研究生及以上学历的家庭仅持有股票和基金，并没有参与其他风险资产。

表 5 -11　　　　　受教育程度与农村家庭对风险资产的参与率　　　　单位: %

资产类型	小学及以下	初中	高中/中专/职高	大专/高职	大学本科	硕士研究生及以上
无风险资产	92.59	96.49	96.65	98.51	99.61	100
风险资产	1.35	3.38	7.25	19.6	29.07	50

表 5 -12　　　　受教育程度与农村家庭对各类金融资产的参与率　　　　单位: %

资产类别	小学及以下	初中	高中/中专/职高	大专/高职	大学本科	硕博
现金	89.32	93.66	93.65	95.04	94.96	100.00
银行存款	52.05	66.05	72.00	83.87	87.98	83.33
借出款	8.63	16.16	19.19	28.04	26.36	33.33
理财产品	0.51	1.25	1.97	4.96	6.2	0.00
债券	0.10	0.24	0.27	0.99	0.78	0.00
股票	0.45	1.47	4.65	12.66	22.09	33.33
基金	0.27	0.67	1.52	4.96	6.59	16.67
衍生品	0.00	0.02	0.04	0.25	0.00	0.00
非人民币资产	0.04	0.08	0.04	0.00	0.39	0.00
黄金	0.16	0.24	0.54	0.25	1.94	0.00

表 5 - 13 和表 5 - 14 详细地列出了家庭受教育程度与各类金融资产持有比重的关系。从占比来看，小学及以下学历的家庭无风险资产占比最高，达到了 96.23% ；大学本科学历的家庭风险资产的比重最高，达到了 26.5% ；从持有均值来看，高中/中专/职高学历的家庭持有风险资产均值最高，为 14.43 万元。

表 5 - 13　　　　　受教育程度与农村家庭对风险资产的持有情况

资产类型	小学及以下	初中	高中/中专/职高	大专/高职	大学本科	硕博
无风险资产占比（%）	96.23	90.99	82.87	85.41	73.5	87.59
风险资产占比（%）	3.77	9.01	17.13	14.59	26.5	12.41
无风险资产均值（万元）	1.68	3.08	5.23	6.97	6.87	3.88
风险资产均值（万元）	4.52	8.7	14.43	5.98	8.48	1.1

表 5 - 14　　　　　受教育程度与农村家庭对各类金融资产的持有比例　　　　　单位：%

资产类别	小学及以下	初中	高中/中专/职高	大专/高职	大学本科	硕博
现金	17.75	14.55	13.81	9.70	7.52	5.53
银行存款	67.47	58.80	49.41	49.46	53.71	63.26
借出款	11.17	16.81	18.98	26.07	12.24	18.80
理财产品	2.29	3.64	4.36	6.40	5.87	0.00
债券	0.02	1.23	0.74	0.21	0.06	0.00
股票	0.81	1.86	9.56	4.08	13.94	3.76
基金	0.39	2.95	2.64	3.45	4.76	8.65
衍生品	0.00	0.04	0.04	0.00	0.00	0.00
非人民币资产	0.02	0.00	0.15	0.00	0.21	0.00
黄金	0.08	0.11	0.31	0.62	0.85	0.00

从金融资产的结构来看,小学及以下学历的家庭银行存款比重最大,为 67.47%;其次是现金,为 17.75%。在风险资产中,理财产品的占比最高,为 2.29%,其他各项风险资产的持有比重都不高,均未达到 1%。相较于小学及以下学历的家庭,初中学历的家庭拥有的现金、银行存款的比重有所下降,而持有的债券、理财产品、股票、基金、黄金、衍生品等风险资产的比重增加。高中/中专/职高学历的家庭持有无风险资产的比重进一步降低,而股票资产的比重大幅增加,较初中学历家庭增加了 7.7%。大专/高职学历的家庭对借出款的持有比重最高,导致无风险资产占比较高;在风险资产中,对理财产品的持有比重也是最高。大学本科学历的家庭将更多的无风险资产转化为风险资产,尤其是股票资产,在家庭金融资产中占比高达 13.94%,超过了现金的持有比重。该学历家庭对黄金的持有比重为 0.85%,是各学历家庭中最高。硕士研究生及以上学历的家庭对现金的持有比重最低,仅为 5.53%;对基金的持有比重最高,达到 8.65%。该学历家庭仅持有股票和基金两类风险资产,风险投资过于集中。

4. 风险态度与农村家庭金融资产配置

在理论分析的基础上,得出家庭结构能够间接影响投资者的风险态度,因此,我们有必要考察不同风险态度下农村家庭的资产选择偏好。

表 5-15 和表 5-16 是不同风险态度下农村家庭对金融资产的参与率。数据显示,风险态度对无风险资产的参与率影响不大,都在 95% 左右,但在风险资产的参与率上差异较大,风险偏好家庭的风险资产参与率为 11.35%,是风险厌恶家庭的 3 倍。具体来看各类金融资产的参与率,不同风险态度的家庭对现金资产的参与率都在 92% 左右,对银行存款的参与率均超过了 60%。在风险资产中,风险偏好家庭对理财、股票、基金、衍生品、非人民币资产、黄金的参与率都远超过风险厌恶家庭,其中股票的参与率差距最大,风险偏好家庭的股票参与率为 7.98%,比风险厌恶家庭高 6.2%,持有股票资产的均值为 16.72 万元,是风险厌恶家庭的 5.5 倍。由于我国居民持有的债券大多为国库券,这一债券类型风险较低,所以风险厌恶家庭也愿意持有该类资产,从而使得债券的参与率为 0.23%,甚至超过了风险偏好家庭。

表 5-17 和表 5-18 是风险态度与农村家庭金融资产持有的关系。风险偏好家庭中风险资产占比为 27.29%,比风险厌恶家庭高 19.05%;风险资产均值为 17.57 万元,比风险厌恶家庭高 10.49 万元。具体来看各类

金融资产在家庭金融资产中所占的比重，在风险偏好家庭中，占有比重较高的金融资产是银行存款、借出款和股票。风险偏好家庭持有风险资产集中在股票和基金，股票资产占比高达18.26%，甚至超过了现金资产占比。在风险厌恶家庭中，占有比重最高的金融资产是银行存款，高达61.71%，超过半数。但在风险资产的占比上，理财产品的比重较高为4.07%，其次依次是基金和股票，分别占比为1.88%和1.77%，但对其他风险资产的持有比重较低。

表 5 - 15　　　　　　风险态度与农村家庭对风险资产的参与率　　　单位：%

资产类型	风险偏好	风险厌恶
无风险资产	95.92	95.48
风险资产	11.35	3.57

表 5 - 16　　　　　　风险态度与农村家庭对各类金融资产的参与率

资产类别	风险偏好		风险厌恶	
	参与率（%）	均值（万元）	参与率（%）	均值（万元）
现金	92.46	0.9	92.47	0.49
银行存款	69.41	3.77	63.06	2.99
借出款	21.28	8.68	14.03	3.22
理财	2.39	8.87	1.20	10.35
债券	0.09	25	0.23	10.36
股票	7.98	16.72	1.78	3.04
基金	2.22	17.54	0.79	7.27
衍生品	0.18	2.5	0.00	0
非人民币资产	0.09	0.22	0.06	3.17
黄金	0.71	5.08	0.24	2.13

表 5 - 17　　　　　　风险态度与农村家庭对风险资产的持有情况

资产类型	风险偏好	风险厌恶
无风险资产占比（%）	72.71	91.76
风险资产占比（%）	27.29	8.24
无风险资产均值（万元）	5.54	2.95
风险资产均值（万元）	17.57	7.08

表 5 – 18 风险态度与农村家庭对各类金融资产的持有比例 单位：%

资产类别	风险偏好	风险厌恶
现金	11.33	14.77
银行存款	35.79	61.71
借出款	25.29	14.77
理财	2.91	4.07
债券	0.30	0.78
股票	18.26	1.77
基金	5.32	1.88
衍生品	0.06	0.00
非人民币资产	0.00	0.07
黄金	0.49	0.17

5.3 农村家庭金融资产选择行为影响因素的实证分析

本节构建了 Probit 模型和 Tobit 模型对农村家庭风险性金融资产进行了实证研究，分析家庭金融市场和风险性金融市场的相关影响因素。

5.3.1 模型构建

本章通过建立离散选择模型（Probit 模型）进行解释，其中 Y^* 是一个潜变量，我们能够观测到的是二值变量 Y。

$$Y = x'\beta + u \begin{cases} Y=1, & 若\ Y^* > 0 \\ Y=0, & 若\ Y^* \leqslant 0 \end{cases} \qquad (5-1)$$

本章采用二元 Probit 模型来研究农村家庭在金融市场的参与情况，分别建立金融资产参与的模型：

$$jrzccy = \beta_0 + \beta_1 JTJG + \beta_2 JTJJ + \beta_3 SHHD + \beta_4 OTHER + \varepsilon \qquad (5-2)$$

和风险资产参与的模型：

$$fxzccy = \beta_0 + \beta_1 JTJG + \beta_2 JTJJ + \beta_3 SHHD + \beta_4 OTHER + \varepsilon \qquad (5-3)$$

其中，$jrzccy$ 表示家庭是否持有金融资产，$fxzccy$ 表示家庭是否持有风险资产，$JTJG$ 表示家庭结构变量，$JTJJ$ 表示家庭经济变量，$SHHD$ 表示社会互动变量，$OTHER$ 表示其他控制变量。

与其他线性回归模型不同，Probit 模型通过符号来判断自变量和因变量的影响。符号为正表示自变量越大，因变量为 1 的概率越大；反之，符号为负表示自变量越大，因变量为 1 的概率越小。

不同于以往的研究，本章在分析家庭金融资产的比例时，单个家庭金融资产变量受制约，难以真正反映总体特征，因此，普通的线性回归模型作为因变量，并不能作出合理的估计和解释。为了使实证分析结果更加准确，我们需要使用截断数据的截尾回归模型（Tobit 模型）。

Tobit 模型为：

$$Y_i^* = x_i'\beta + \mu_i, \quad \begin{cases} Y_i = Y_i^*, \ \text{若} \ Y_i^* > 0 \\ Y_i = 0, \ \text{若} \ Y_i^* \leqslant 0 \end{cases} \quad (5-4)$$

其中，Y_i^* 是潜在变量，实际观测值为 Y_i。

本节建立金融资产参与深度的 Tobit 模型：

$$jrzcrate = \beta_0 + \beta_1 JTJG + \beta_2 JTJJ + \beta_3 SHHD + \beta_4 OTHER + \varepsilon \quad (5-5)$$

和风险资产参与深度的 Tobit 模型：

$$fxzcrate = \beta_0 + \beta_1 JTJG + \beta_2 JTJJ + \beta_3 SHHD + \beta_4 OTHER + \varepsilon \quad (5-6)$$

其中 $jrzcrate$ 表示家庭持有金融资产比例，$fxzcrate$ 表示家庭持有风险资产的比例，其余变量同上。

5.3.2 变量设置与描述性统计

1. 变量选择

本节研究的被解释变量主要为三个，即金融资产、家庭风险资产参与情况和家庭金融资产的参与深度。其中，本章节通过将金融资产占家庭资产的比重来定义为金融资产的参与深度，并且，以此来判断金融资产的占比。将金融资产按照风险大小进行划分①，持有风险资产为 1，反之则为 0。

农村家庭金融资产选择行为不仅会受到家庭基本特征、经济状况等影响，还会受到户主投资理念等多方面因素影响。因此，本节从农村家庭结构、家庭经济状况、社会互动及包含风险偏好度、金融信息关注度等在内的其他因素四方面出发设置了不同的解释变量。

农村家庭基本特征。该类变量数据主要选取了农村家庭中投资决策者的性别、年龄、受教育年限、是否患病、是否就业、是否已婚及家庭人口数共七个变量。由于 CHFS 数据库中将教育程度设置为不同的学历等级，为

---

① 将股票资产、地方政府债券、金融债券、公司债券、基金、金融衍生品、金融理财产品、非人民币资产划分为风险资产。

了量化该变量,本节将各学历等级正常所需年限设置为受教育年限①,同时,将性别、就业以及婚姻状况按照"0~1"的赋值方法进行了虚拟变量化处理②;在判断决策者是否患病过程中,受访者需要对自己身体健康状况与同龄人比较后作出判断③,家庭人口数这一变量则采用直观数据进行赋值。

经济状况。农村家庭经济状况主要可以从收支和负债两方面出发,主要设置了家庭收入、家庭负债、教育支出三个变量。家庭年收入包括家庭成员工资收入、财产收入、经营性收入以及转移性收入等。本节出于实证模型的稳健性考虑将医疗费用暂时剔除农村家庭基本支出,由于家庭基本特征这一类因素中已经包含了对农村家庭投资决策者是否患病这一解释变量,为了避免产生共线性等问题,在经济状况中暂时剔除医疗费用这一变量。而家庭负债则是通过问卷统计样本家庭各方面负债总和,包括住房负债、车辆负债、商业负债、教育负债、信用卡负债等,将家庭各类负债作为一个变量计入实证模型中。

社会互动。家庭礼金往来包括红白喜事礼金收入、节假日礼金;通信支出为前一年家庭整体花费的通信费用。

其他因素主要包括风险偏好度、金融信息关注度两个变量。风险偏好度④、金融信息关注度⑤均根据受访者对调查问卷的回答确定(见表5-19)。

表5-19 变量设置及说明

变量类别	变量名称及符号	变量说明
被解释变量	金融资产参与 (jrzccy)	持有金融资产为1,未持有金融资产为0
	风险资产参与 (fxzccy)	持有风险资产为1,未持有风险资产为0
	金融资产参与深度 (jrzcrate)	金融资产占家庭资产的比重
	风险资产参与深度 (fxzcrate)	风险资产占家庭金融资产的比重

---

① 分别将"没上过学"赋值为0、"小学"赋值为6、"初中"赋值为9、"高中及中专或职高"赋值为12、"大专/高职"赋值为15、"大学本科"赋值为16、"硕士研究生"赋值为19、"博士研究生"赋值为23。

② 男性为1,女性为0;已婚为1,未婚为0;职业若为"退休、失业、下岗、自由"则赋值为0,其余职业为1。

③ 分为"非常好""好""一般""差""非常差",当受访者健康状况为差或非常差时,赋值为1,反之为0。

④ 根据调查问卷中直接询问受访者"如果您有一笔资产,您愿意选择哪种投资项目"来判断,共有以下五种答案:高风险高回报、略高风险略高回报、平均风险平均回报、略低风险略低回报以及不愿意承担任何风险,并分别赋值1~5。

⑤ 根据调查问卷中直接询问受访者"您平时对经济、金融方面的信息关注程度如何?"来判断,共有以下五种答案:非常关注、比较关注、一般、比较不关注、从来不关注,并分别赋值1~5。

变量类别	变量名称及符号	变量说明
家庭基本特征	性别（sex）	投资决策者的性别
	年龄（age）	投资决策者的年龄
	受教育年限（education）	投资决策者的受教育年限
	是否患病（health）	患病为1，健康为0
	是否已婚（marriage）	已婚为1，未婚为0
	家庭人口数（population）	家庭总人口数
经济状况	年收入（income）	家庭工资收入、财产收入、房屋土地收入、转移性收入、其他收入
	教育支出（study）	家庭用于教育、培训等支出
	负债规模（scale）	家庭负债总和
社会互动	礼金往来（gift）	家庭节假日礼金收入及支出、红白喜事礼金收入及支出
	通信支出（communication）	家庭通信费用
其他因素	风险偏好（risk）	投资决策者的风险偏好得分
	金融信息关注度（information）	投资决策者的金融信息关注度得分

2. 变量的描述性统计

本节通过数据筛选，选择的农村家庭样本总量为17 384户。因此，在描述性统计分析的基础上，能够更加具体地了解家庭金融资产的选择情况，并且基于整体数据，可以得出家庭金融资产选择的行为特征。

从描述性统计表（见表5-20）中可以看出，我国农村家庭持有金融资产的比重较高，有94.8%的家庭拥有金融资产，但持有风险资产的家庭较少，仅有3.69%的家庭拥有风险资产。金融资产在家庭资产中占比为15.3%，风险资产在金融资产中占比为1.26%，表明我国农村家庭更加倾向于持有非金融资产和无风险资产。在家庭结构方面，我国农村家庭户主有84.7%为男性，平均年龄为58.57岁，受教育程度平均为小学偏上水平，有88.5%的户主已婚，72.4%的户主目前处于就业状态，22.2%的户主身体健康状况较差，家庭人口数平均为4人左右。在家庭经济情况方面，家庭收入取对数平均为8.8万元，家庭负债规模取对数平均为1.72万元，教育支出取对数平均为2.8万元。在社会互动方面，礼金往来取对数平均为6.98万元，通信支出取对数平均为6.64万元。在其他因素上，我国农村家庭对金融信息的关注度为"比较不关注"，在资产选择时偏好低风险。

另外，本章在研究前对变量进行相关性检验（见表 5 - 21），可以发现，大部分变量之间呈现不相关关系，从统计学意义上说明得到的结果不是由偶然因素造成的，由此得出可以进行实证分析，得出的结果也较为可靠。

表 5 - 20　　　　　　　　　　变量的描述性统计

变量名称	Mean	Std. Dev.	Min	Max
金融资产参与（*jrzccy*）	0.948	0.222	0	1
风险资产参与（*fxzccy*）	0.037	0.188	0	1
金融资产比重（*jrzcrate*）	0.153	0.230	0	1
风险资产比重（*fxzcrate*）	0.013	0.090	0	1.545
性别（*sex*）	0.847	0.360	0	1
年龄（*age*）	58.570	12.920	20	99
受教育程度（*education*）	7.498	3.649	0	19
婚姻（*marriage*）	0.885	0.319	0	1
是否就业（*job*）	0.724	0.447	0	1
是否患病（*health*）	0.222	0.416	0	1
家庭人口数（*population*）	3.988	1.879	1	20
家庭收入（*income*）	8.814	1.693	0	15.89
家庭负债规模（*scale*）	1.721	3.869	0	15.71
教育支出（*study*）	2.803	3.960	0	13.12
礼金往来（*gift*）	6.979	2.944	0	13.53
通信支出（*communication*）	6.641	1.691	0	12.28
金融信息关注度（*information*）	4.093	1.062	0	5
风险偏好度（*risk*）	3.667	1.786	0	5

表 5 - 21　　　　　　　　　　变量间的相关系数

变量	*sex*	*age*	*education*	*marriage*	*job*	*health*	*population*
sex	1						
age	- 0.056 ***	1					
education	0.167 ***	- 0.370 ***	1				
marriage	0.296 ***	- 0.168 ***	0.186 ***	1			
job	0.218 ***	- 0.440 ***	0.176 ***	0.209 ***	1		
health	- 0.059 ***	0.197 ***	- 0.184 ***	- 0.075 ***	- 0.184 ***	1	
population	0.110 ***	- 0.180 ***	0.035 ***	0.210 ***	0.126 ***	- 0.041 ***	1
income	0.024 ***	0.073 ***	0.117 ***	0.062 ***	- 0.091 ***	- 0.043 ***	0.004

变量	*sex*	*age*	*education*	*marriage*	*job*	*health*	*population*
scale	0.005	− 0.138 ***	0.033 ***	0.032 ***	0.058 ***	0.069 ***	0.109 ***
study	0.022 ***	− 0.295 ***	0.135 ***	0.094 ***	0.134 ***	− 0.079 ***	0.304 ***
gift	0.006	− 0.026 ***	0.034 ***	0.013 *	0.005	− 0.034 ***	0.022 ***
communication	0.084 ***	− 0.358 ***	0.271 ***	0.231 ***	0.201 ***	− 0.161 ***	0.311 ***
information	− 0.065 ***	0.109 ***	− 0.199 ***	− 0.059 ***	− 0.066 ***	0.102 ***	− 0.024 ***
risk	0.016 **	− 0.022 ***	0.071 ***	0.050 ***	0.032 ***	− 0.041 ***	− 0.024 ***
income	1						
scale	− 0.015 *	1					
study	0.003	0.093 ***	1				
gift	0.063 ***	0	0.019 **	1			
communication	0.111 ***	0.108 ***	0.241 ***	0.047 ***	1		
information	− 0.110 ***	− 0.035 ***	− 0.094 ***	− 0.019 **	− 0.132 ***	1	
risk	0.048 ***	− 0.022 ***	− 0.003	− 0.01 20	0.049 ***	0.008	1

5.3.3 实证结果分析

1. 农村家庭金融资产和风险资产参与广度的实证分析

本章在分析家庭基本特征、社会互动和其他因素对农村家庭金融资产和风险资产选择行为的影响时，采用二元 Probit 模型和 Tobit 模型进行实证分析，实证结果如表 5 –22 所示。

表 5 –22 农村家庭对金融资产参与广度的影响因素分析

影响因素	（1） *jrzccy*	（2） *fxzccy*
sex	− 0.0843 * （ − 1.73）	− 0.229 *** （ − 3.99）
age	− 0.0121 （ − 1.22）	− 0.0103 （ − 0.89）
age2	0.000101 （1.22）	0.0000620 （0.59）
education	0.0355 *** （7.04）	0.0933 *** （13.75）
marriage	0.130 ** （2.53）	0.0175 （0.22）

影响因素	(1) *jrzccy*	(2) *fxzccy*
job	0.0563 (1.37)	− 0.0723 (− 1.26)
health	− 0.274 *** (− 7.45)	− 0.260 *** (− 3.82)
population	− 0.0315 *** (− 3.44)	− 0.0825 *** (− 5.86)
income	0.0455 *** (4.45)	0.127 *** (10.17)
scale	− 0.0174 *** (− 4.19)	− 0.0115 ** (− 2.12)
study	0.00907 * (1.88)	0.0214 *** (4.17)
gift	0.00906 * (1.66)	0.0187 ** (2.50)
communication	0.0744 *** (8.02)	0.177 *** (8.26)
information	− 0.110 *** (− 6.12)	− 0.204 *** (− 11.67)
risk	0.0351 *** (4.16)	− 0.0538 *** (− 4.31)
_cons	1.275 *** (4.06)	− 3.316 *** (− 8.96)
N	17 384	17 384

注：*** 、** 、* 分别表示1%、5%、10%的水平上显著。

表5－22显示，在金融资产的参与情况上，从家庭基本特征的角度来看，性别对金融资产参与情况的影响为负，在10%的水平上显著，边际效应为－0.0843。年龄对家庭金融资产参与的影响为负，年龄平方的影响为正。受教育程度在1%的水平上显著正向影响家庭金融资产参与，边际效应为0.0355。根据分析结果可以得出，婚姻状况能够影响家庭金融资产的选择，已婚的家庭更倾向于投资金融资产，然而，就业状态对家庭金融资产选择的影响不大。从家庭成员自身方面来看，家庭居民身体健康状况与家庭金融资产选择呈负相关，表5－22显示，在1%的水平上显著，边际

效应为 -0.274，说明身体健康状况越差，家庭越不倾向于持有金融资产。家庭人口数在1%的水平上显著负向影响家庭金融资产的参与情况，边际效应为 -0.0315，说明家庭人口数越多，家庭越不愿意持有金融资产。从家庭经济情况的角度来看，家庭收入在1%的水平上显著正向影响家庭金融资产参与，边际效应为 0.0455。家庭收入的增加能够显著提高家庭金融资产的参与程度。家庭教育培训支出在10%的水平上显著正向影响家庭金融资产参与，边际效应为 0.00907。在社会互动方面，礼金往来和通信支出都能够显著正向影响家庭金融资产参与情况，边际效应分别为 0.00906和 0.0744。在其他因素方面，金融信息关注度对家庭金融资产参与的影响显著为负，说明家庭对金融信息越关注，参与金融资产的可能性就越高。风险偏好度对家庭金融资产参与的影响显著为正，说明家庭越偏好风险，越远离金融资产，这与研究假设不符。

在风险资产的参与情况上，从家庭基本特征的角度来看，性别对风险资产参与情况的影响为负，在1%的水平上显著，边际效应为 0.229。年龄对家庭风险资产参与情况的影响与对家庭金融资产的影响相似，且结果也不显著。受教育程度在1%的水平上显著正向影响家庭风险资产参与，边际效应为 0.0933。婚姻状况与家庭风险性金融资产呈正相关，但并不显著，而就业状态同样对家庭风险性金融资产持有状况的影响也不显著。家庭居民身体健康状况在1%的水平上显著影响家庭风险资产持有状况，并且与其呈负相关，说明身体健康状况越差，家庭越不会持有风险资产。家庭人口数对家庭风险资产的影响为负，在1%的水平上显著，边际效应为 -0.0825。从家庭经济情况的角度来看，家庭收入在1%的水平上显著正向影响家庭风险资产的参与情况，说明随着收入的增加，家庭更加倾向于持有风险资产。家庭负债规模对家庭风险资产参与的情况影响为负，在5%的水平上显著，边际效应为 -0.0115。教育培训支出在1%的水平上显著正向影响家庭参与风险资产的情况，主要表现为家庭在教育方面的支出越少，家庭参与风险性金融资产越不积极，家庭风险性金融资产的持有越少。社会互动方面，家庭礼金往来和通信支出都显著正向影响家庭风险资产的参与情况，家庭礼金往来和通信支出越多，家庭参与风险资产的可能性越高。在其他因素方面，金融信息关注度在1%的水平上，家庭风险资产的参与受到金融信息关注度的显著负向影响，也就是说，家庭对金融信息越关注，参与金融市场的可能性就越高。风险偏好度对家庭风险资产参与的影响为负，边际效应为 -0.0538，即家庭越偏好风险，越可能参与风险资产，这与研究假设一致。

2. 农村家庭金融资产和风险资产参与深度的实证分析

表5-23显示，在金融资产的参与深度上，从家庭基本特征的角度来看，性别对家庭金融资产参与深度有显著负向影响，边际效应为 -0.019。年龄对家庭金融资产参与深度的影响为负，这表明年龄的增加会导致家庭持有更多的金融资产，在达到一定年龄以后，金融资产占家庭资产比重会逐渐降低。受教育和婚姻状况在1%的水平上显著正向影响家庭金融资产持有比重，边际效应分别为0.00682和0.0175。就业情况、身体健康状况和家庭人口数都对家庭持有金融资产比重的影响为负，均在1%的水平上显著，边际效应分别为 -0.0394、-0.0368 和 -0.00983。从家庭经济情况的角度来看，家庭收入在1%的水平上显著正向影响家庭持有金融资产的比重，主要表现为低收入的家庭，在金融资产持有的比例越小。家庭负债对家庭金融资产参与深度具有显著负向影响，边际效应为 -0.0072。家庭教育培训支出在1%的水平上正向影响家庭金融资产参与深度。从社会互动的角度来看，家庭礼金支出对金融资产参与深度有正向影响，但这一结果并不显著。通信支出的增加能够提高家庭持有金融资产的比重。从其他因素的角度来看，金融信息关注度在1%的水平上显著负向影响家庭金融资产参与深度，这表明，家庭对金融信息越关注，持有金融资产的比重越高。风险偏好度对家庭金融资产参与深度产生了积极影响，且这一影响在1%的水平上显著，边际效应为0.0052，这表明家庭越偏好风险，金融资产持有比重越小，这与研究假设不符。

表5-23　农村家庭对金融资产和风险资产参与深度的影响因素分析

影响因素	(1) *jrzcrate*	(2) *fxzcrate*
sex	-0.0190 *** (-3.51)	-0.204 *** (-3.66)
age	-0.00525 *** (-4.96)	-0.00585 (-0.52)
age2	0.0000512 *** (5.61)	0.0000257 (0.25)
education	0.00682 *** (12.08)	0.0773 *** (10.88)
marriage	0.0175 *** (2.79)	0.0699 (0.90)

影响因素	(1) *jrzcrate*	(2) *fxzcrate*
job	− 0.0394 *** (− 8.24)	− 0.0806 (− 1.44)
health	− 0.0368 *** (− 8.03)	− 0.212 *** (− 3.22)
population	− 0.00983 *** (− 9.19)	− 0.0776 *** (− 5.47)
income	0.00431 *** (3.91)	0.118 *** (9.05)
scale	− 0.00725 *** (− 15.15)	− 0.00883 * (− 1.67)
study	0.00200 *** (4.00)	0.0180 *** (3.53)
gift	0.000696 (1.13)	0.0150 ** (2.05)
communication	0.00253 ** (2.01)	0.125 *** (6.05)
information	− 0.0115 *** (− 6.59)	− 0.173 *** (− 9.50)
risk	0.00520 *** (5.09)	− 0.0467 *** (− 3.78)
_cons	0.266 *** (8.10)	− 3.016 *** (− 7.97)
N	17 384	17 384

注：括号内为对应的 t 值，*** 、** 、* 分别表示 1%、5%、10% 的水平上显著。

在风险资产的参与深度上，从家庭基本特征的角度来看，性别对家庭风险资产参与深度有负向影响，在 1% 的水平上显著，边际效应为 − 0.204，说明男性越多，家庭持有风险资产越少，这与研究假设不符。受教育程度在 1% 的水平上对家庭金融资产参与深度有正向影响，边际效应为 0.0773。年龄、年龄的平方、就业情况、婚姻状况对家庭风险资产参与深度没有显著影响。健康状况和家庭人口数对风险资产参与深度有显著负向影响，边际效应分别为 − 0.212 和 − 0.0776。从家庭经济情况的角度来看，家庭收入和家庭教育培训支出在1%的水平上显著正向影响家庭风险资产的参与深度，而家庭负债规模却对家庭风险资产参与深度有显著的负向影响。从社会互动的角度来看，家庭礼金往来和通信支出的增加，都能够显著提高家庭风险资产的参与深度。

受教育程度、身体健康状况、家庭人口数、家庭收入、家庭负债、家庭教育培训支出对家庭金融资产的参与有显著影响，分析结果都符合研究假设。与研究假设不同的是，年龄和年龄的平方仅对家庭金融资产的参与深度有显著影响，年龄的效应总体呈现出U型；是否就业也仅对家庭金融资产的参与深度有显著负向影响；婚姻状况对家庭金融资产的持有和风险性金融资产的持有影响不同，对家庭金融资产的参与有显著影响，而对风险资产的参与影响不显著。家庭风险偏好度对家庭金融资产的参与影响为正向显著，即家庭越偏好风险，越远离金融资产。这可能是由于我国农村家庭持有的金融资产大多为无风险资产，风险偏好家庭在资产选择时更倾向于风险较高的资产，而持有金融资产总额较少，所以金融资产参与深度较小。

5.4　本章小结

本章在资产选择理论的基础上，从家庭基本特征、家庭经济情况、社会互动、其他因素四个方面对家庭金融资产选择行为进行了理论分析，研究发现，我国农村家庭金融资产选择存在较大的结构性差异，这反映在不同收入水平、不同受教育程度等方面。通过理论分析与实证研究，本章得出了以下结论：

（1）我国的农村家庭更倾向于选择稳健型金融资产。利用2015年CHFS调查数据分析发现，家庭多参加无风险资产投资，而风险资产参与率相对较低，大部分家庭更加偏好于稳定的投资，即投资风险性低的金融资产。

（2）我国农村家庭金融资产配置存在结构性差异。通过研究分析后发现：①低收入家庭更加青睐低风险的金融产品，倾向于选择稳定安全性资产。随着收入水平的提高，人们投资意识的增强，风险资产的参与率较之以前有所提高，风险资产的参与类型更加丰富。②不同年龄结构的家庭资产选择偏好存在差异，年轻家庭更倾向于风险资产，随着年龄的提高，风险偏好逐渐减弱，老年家庭更加注重资产组合的稳健性，无风险资产的比例较高，风险资产的种类丰富，但持有比重较小。③从受教育程度的差异来看，教育程度越高的家庭对风险资产的偏好程度越高。④从不同的风险态度来看，风险偏好家庭对风险资产参与率远超过风险厌恶家庭，在风险偏好家庭内部，风险资产占家庭金融资产的比重也较高。

（3）家庭基本特征能够显著影响家庭金融资产选择行为，如性别、受教育程度、身体健康状况等。①户主为女性的家庭更倾向于参与金融资产和风险资产，参与深度也越高，这与假设条件不一致；②户主年龄对家庭金融资产的参与深度的效应总体呈现出 U 型，即随着年龄的增加，家庭持有金融资产的比重逐渐降低，但达到一定程度，便会逐渐上升。③提高户主的受教育程度可以显著增加家庭风险资产的投资，这表明教育水平与家庭金融资产或风险资产投资的积极性呈正相关。④户主的健康状况对家庭金融资产或风险资产的参与广度和深度产生显著的负面影响，表明户主的健康状况越差，家庭参与的可能性就越低。⑤已婚家庭参与金融资产的可能性较未婚家庭更高。

（4）家庭经济情况是家庭资产选择的直接影响因素。家庭收入与金融资产或风险资产的参与深度呈正相关。家庭负债对家庭金融资产或风险资产的参与广度、深度有显著负向作用，家庭负债规模大，越不可能参与金融资产或风险资产。家庭教育培训支出的增加能够显著增加家庭参与金融资产或风险资产的可能性。

（5）社会互动显著提高了家庭参与风险资产的可能性。本章发现礼金往来和通信支出对家庭风险资产的参与广度和参与深度都有显著影响，说明礼金往来和通信支出越多，家庭参与社会互动越积极，进而参与风险资产的可能性就越高，参与深度也越高。从实证结果中可以看到，通信支出对我国农村家庭金融资产参与也有显著影响，说明通信支出在社会互动中发挥了重要作用。

（6）包括风险偏好度和金融信息关注度在内的其他因素也是影响家庭金融资产参与的重要因素。家庭对金融信息越关注，其越倾向于参与金融资产或风险资产，参与深度越高。

通过统计分析和实证研究，发现农村家庭的金融资产选择行为具有独特性，我国农村居民家庭应该树立正确的投资态度，进行合理的金融资产配置决策。

第6章　农村家庭结构对金融资产选择行为的影响分析

第4章分析了城乡居民家庭金融资产配置差异，根据已有的研究成果、现实情况以及 CHFS 数据中的金融资产的划分，根据不同年份分析家庭各类金融资产的结构，并且从全国范围内对城乡家庭金融资产持有的规模和结构进行差异分析；第5章研究了农村家庭金融资产选择行为的影响因素。

本章深入分析家庭结构对农村家庭金融资产选择行为的影响。以老中青各代际人数的差异定义"家庭结构"，并深入探究其影响金融资产选择的机制。使用倾向值匹配（PSM）的方法研究不同家庭中代际成员人数差异对金融资产选择的影响。

6.1　家庭结构的研究概述

6.1.1　家庭结构影响金融资产选择行为的研究综述

莫迪格利亚尼（Modigliani，1954）提出生命周期假说，该假说连续地被应用到家庭金融的研究中，以探究生命周期效应对家庭经济决策行为的影响，生命周期效应的宏观特征就是人口年龄结构，人口年龄结构的差异会带来金融资产选择行为的差异。马森等（Masson et al.，1995）重点考察人口年龄结构与储蓄率之间的关系，发展中国家和比较发达国家的数据发现：发展中国家两者关系不显著，但在发达国家中，储蓄率随着年龄的增长而逐渐降低，进一步地发现这是发展中国家青年人减少和老年人增加的影响相互对冲造成的。桑顿（Thornton，2001）和洛艾萨等（Loayza et al.，2000）分析了发展中国家和美国数据，研究发现老年抚养比或少儿抚养比与储蓄率之间存在负向关系，卡尔韦等（Calvet et al.，2014）从家庭的微观角度出发，以家庭成员数量衡量家庭结构，研究发现家庭成员数量与风险资产投资之间存在负相关关系。博根等（Bogan et al.，2015）则重点关注夹心层家庭的金融资产选择行为，结果显示当家庭预期增加教育支出时，会通过股票投资而获得高收益，这说明夹心层家庭会出于预防性考虑进行风险资产投资。

国内学者在家庭结构对金融资产选择行为的影响问题上也做了大量研究。一方面是对"家庭结构"的定义，李蕾（2014）基于家庭成员信息建立了家庭结构变量，从居住的视角将家庭划分为共同居住家庭和独居家庭，吴卫星（2016）进一步细化这一分类，考虑到家庭成员间的关系，将家庭结构分为独代居住、与父母同住、与子女同住以及三代同堂。学者研究的另一视角是基于目前我国人口老龄化趋势和新的生育政策背景，关注家庭结构变化对家庭金融资产选择行为的影响。俞梦巧（2017）重点关注家庭收入和人口年龄结构，结果显示老龄人口占比显著提升了居民对低风险资产的持有比例，但实际影响效应还受限于收入水平。王子城（2016）以人口抚养负担为切入点，并以老年抚养比或少儿抚养比加以衡量，结果显示随着抚养比的提升，家庭会显著降低金融市场的参与意愿，尤其是在投资风险资产方面。

综上所述，在金融资产选择行为方面，国内外学者的分析和研究给我们提供了许多有益的启示，他们从理论与实证的视角深入探讨金融资产选择行为的影响因素，研究成果比较丰富。已有研究中，学者们大多按照社会学范畴对家庭结构进行分类，这一分类相对简单笼统，凭借 2015 年中国家庭金融调查研究（CHFS）数据，我们重新定义家庭结构。使用倾向值匹配（PSM）的方法分析不同家庭中代际成员人数差异对金融资产选择行为的影响，具有一定的创新性。

6.1.2 家庭结构影响金融资产选择行为的理论分析

1. 家庭结构的概念

家庭结构的定义存在多种解释，许多学者将家庭结构定义为家庭的数量和规模。然而在国外的文献介绍中家庭结构被描述为"随着时间和空间将一个人连接到另一个人的持久的情感关系、心理表征和人物行为的综合网络"。家庭结构主要由人口数量、年龄结构和男女比例这几个要素构成。以下按照构成要素来进行分析研究，首先依照人口数量可以划分为大家庭和小家庭；按照男女比例可以划分为：多夫多妻制、一夫多妻制、一妻多夫制、一夫一妻制；按家庭成员决定权力划为父权家庭、母权家庭、平权家庭、舅权家庭等。综合按照代际构成分类可以分为：

（1）夫妻家庭。只有夫妻两人组成的家庭，包括丁克家庭、空巢家庭和未生育的家庭。

（2）核心家庭。这指由父母与未婚子女组成的家庭。

（3）主干家庭。这种类型由两代或者两代以上夫妻组成。

（4）联合家庭。这是指家庭中有任何一代有两对或两对以上夫妻的家庭。

（5）其他形式的家庭。

本部分内容，从家庭结构的视角切入，在控制其他变量不变的前提下，比较每两种相似家庭结构的家庭，在被比较的各类家庭中其他的代际人口数量都相同，不同之处在于剩余的代际间人数不同。最大的创新点在于更深层次地对家庭结构这一变量进行分类，根据家庭中各成员年龄对他们进行了老年人、中年人和青年人的分类，其中老年人年龄大于 60 岁、中年人为 18 ~ 60 岁，青年人为 18 岁以下。这种分类主要依据传统的社会学分类，并且决定了老年人和青年人一般是家庭中不带来工资性收入的那部分人，不同年龄段的家庭成员在家庭中有着不同的责任与需求，这对于我们之后的分析是有帮助的。

2. 家庭结构影响金融资产选择的机制

莫迪格利亚尼提出了生命周期假说，反映在家庭结构上，即家庭成员一般包括老年人、中年人和青年人。不同世代的成员在家庭中有不同的责任和需求，对家庭财务投资决策有不同的影响。老年人、中年人和青年人的数量代际差异构成了不同的家庭结构，所以不同的家庭结构对家庭金融资产的选择会有很大的不同。

基于已有的理论研究，可以得出老年人对家庭金融资产选择有两个主要影响因素的结论。首先，老年人在退休工作期间，其主要经济来源是养老金和储蓄，在满足日常生活的支出需求后，他们还需要有额外的支出等。其次，老年人退休后将有更多的时间和精力参与金融投资，尤其是老年女性，她们对获得股票分红非常感兴趣，因此老年人将提高风险资产的投资比例（韩旺红，2005）。

中年人的数量是影响家庭金融资产选择的重要因素。当家庭中只有一个中年人时，其婚姻状况大多是单身或离异。一方面，未婚人群经济基础较弱，对风险资产的投资更加保守（王琎等，2014）；另一方面，未婚人群家庭负担轻，抗风险能力强，更倾向于选择风险金融资产（胡振等，2015）。但史代敏等（2005）发现，在整个生命周期中，中年人投资股票的比例最低。

青年人在成长期，正处于接受教育的阶段，唐珺等（2008）和周月书等（2014）认为，教育支出是家庭支出的重要组成部分，承担家庭责任的年轻人数量增加时，家庭支出的增加使得抚养压力会变大，它会挤压家庭资金用于金融资产投资，因此家庭会减少金融资产的持有。

家庭结构从理论上会对家庭金融资产配置产生重要影响。家庭中青年人不带来工资性收入，并且除日常消费外，对青年人需要有额外的教育、医疗、保险支出等，这些会增加家庭消费，从而挤出家庭的投资支出，减少金融资产和风险资产的配置，然而，为支付青少年所需要的高额费用，也可能使得家庭增加金融产品的投资配置，以期获得更高的利息收入，这两种相对的效应使得青年人数量对整体家庭资产配置的影响情况是不确定的。中年人数往往取决于居民的婚姻状况以及健康状况，由于中年人一般从事工作，具有工资性收入，人数越多能够带来更高的收入，从而对金融资产和风险资产产生正向的收入效应。然而，中年人由于自身工作应酬需求、赡养以及养老的动机存在，也有增加消费、增加储蓄的动机，这使得中年人数量对金融资产和风险资产配置的影响依然是不确定的。老年人与青年人类似，不同的是他们有更强的医疗需求，而老年人的消费心理以及储蓄心理往往与中年人不同，他们会挤出对金融资产配置的投资，而且这种作用还非常强烈。但是部分老年人想要丰富精神需求，又具有相当的储蓄，这种情况下，他们往往有资金也有时间用于投资风险更高的股票，这使得老年人数量对家庭风险资产的影响往往也不确定。

除此之外，家庭某代人的数量产生的影响也取决于其他代际人数，例如仅有两位老年人的家庭，他们更有可能产生更高的养老消费，而当家庭中有两位老年人和两位中年人的时候，在收入情况良好的前提下，可能会投资更高风险的资产，在这种情况下，老年人的影响是有差异的。家庭在做投资决策时，需要考虑不同世代家庭成员的需求和能力。因此，当家庭各代人数不同时，家庭的金融资产选择行为也有差异。为了引导不同结构的家庭合理选择金融资产，有必要根据代数的差异对家庭结构进行分类，进一步分析不同家庭结构对金融资产选择行为的影响。

6.2 农村家庭结构的现状

6.2.1 基于宏观数据的分析

从不同的方面谈家庭结构，是抽象的也是具体的；家庭结构从一定意义上也对家庭成员的生理、心理和决策行为产生影响，并且家庭结构自身也会受到宏观社会因素的影响而不断变化。近年来，随着经济的飞速发展，我国家庭结构也在不断改变。从图6-1能够看出1990~2016年国内少儿抚养比、老年抚养比以及总的抚养比的变化，此数据均来源于《中国统计年鉴2017》。

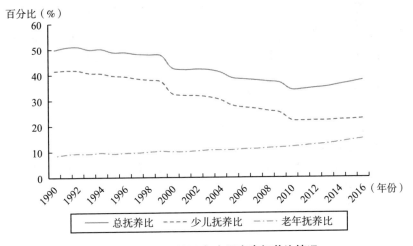

图6-1　1990~2016年中国家庭抚养比情况

由图6-1可以得出，从20世纪90年代至2010年间，随着我国经济的飞速发展，人们收入的提高，在我国经济的快速崛起以后，居民的生活质量和层次都在逐渐提升，并且在医疗、养老等方面的保障也逐渐增强，居民人均寿命也在逐渐延长。但是随之而来的问题也是不容忽视的：我国的老年人数量飞速攀升，由图可知老年抚养比在这几十年里增加了6.7%，这是我国越发严峻的老龄化问题的具体体现。而这所带来的负面影响却是巨大而猛烈的，不仅是人口红利的减少，社会抚养老年人所需要的人力物力等方面的压力增加。但是也有其他方面的影响，比如在空巢老人增多的时代背景下，老年人在物质上得到生活需求的满足后，需要关注其精神方面的需求。由图中老年抚养比的逐年上升可以看出，老人们亟须来自子女、家庭、社会的照顾和关爱，也说明子女们的压力将会增加。

不仅如此，在这三十年里，因为生育观念的转变和计划生育政策的实施，我国老一辈的传统思想观念已经逐渐转变，更多人选择了只生一个孩子甚至是"丁克"，也就是不要孩子。而且，随着教育的普及、居民思想观念的转变，一部分女性不愿意成为传统意义上的中国女性，选择不结婚或者不生育，这导致了我国的出生率也在逐渐降低。根据图片不难看出在2011 年，少儿抚养比到达了最低值，此后有回升的趋势，这是因为"单独二孩"政策的出台。三年后，又有了"全面二孩"的政策，毋庸置疑，这对增加人口出生率起了相当重要的作用。在 2015 年底，国家颁布政策不再宣扬独生子女，因此人口出生率也开始逐渐回升，此后，中国的人口出生量逐年攀升。

由图 6－1 不难看出，我国的总抚养比已经在近几年由下降转变为迅速回升，从 2010 年开始的六年中，就增加了 3.7%，可以预计，根据当今的国家老龄化趋势和生育政策，图中的三个比率都将稳步上升。

6.2.2 基于微观数据的分析

本章采用了 2015 年中国家庭金融调查（CHFS）中的样本数据，共获得 37 290 户有效数据，从中选用了农村家庭的基本情况、家庭金融资产及家庭保障等方面的样本数据，同时，在实证分析时，剔除严重缺失值及异常值，选择了 17 384 个样本用于本研究分析，其家庭金融资产配置情况如表 6－1 所示。

表 6－1　　　　　筛选的家庭结构下家庭金融资产的配置情况　　　　单位：元

值	股票	基金	债券	理财产品	衍生品	风险资产	金融资产
均值	743	697	135	1 370	10	3 045	24 354
最大值	500 000	1 000 000	600 000	2 000 000	80 000	2 670 000	3 990 000
最小值	0	0	0	0	0	0	0
方差	12 570	17 407	7 318	31 102	914	46 045	104 849

本章根据家庭中各成员年龄对他们进行了老年人、中年人和青年人的分类，其中，老年人年龄大于 60 岁，中年人为 18 岁到 60 岁，青年人为18 岁以下。这种分类主要依据传统的社会学分类，并且决定了老年人和

青年人一般是家庭中不带来工资性收入的那部分人,这对于我们之后的分析是有帮助的。本章依据家庭中成员年龄信息的完整程度再次对家庭信息进行了筛选,根据家庭里老年人、中年人和青年人数量的差异,将家庭结构进行了分类,选取了户数占总样本超过1%的家庭结构,实证研究农村家庭结构对金融资产配置的影响。

本章的样本中,拥有金融资产的家庭占到总体样本的93%,但是拥有风险资产的家庭仅占总体样本的3.3%,农村家庭中风险资产的持有者是相对较少的一部分。本部分进一步细化家庭结构,控制其他变量,在条件类似的家庭结构情况下进行研究,以获得更好的回归结果。本章将家庭结构这一变量具体化,相比较以往对家庭结构的研究,能够更加深入探讨家庭结构的影响。在现有的文献中,大部分对于家庭结构都是按照家庭规模进行定义划分,因此在这种情况下代际结构的差异性无法体现,并且,当以人口总数考虑家庭结构时,由于家庭关系能够保持相同或者类似,这种情况让很多有差别的家庭结构的变量没有区别,变成无差异变量,会使得定量计算时出现偏差,本章进行研究时,特别注意并且避开了这些问题,真正将家庭结构进行细化,当只存在某一个代际人数变化为一时,金融资产配置的区别。所以本章从家庭结构的视角切入,控制其他变量不变,在每两类其他变量相似的家庭结构中进行比较。为了研究家庭结构对金融资产配置的影响,使得研究结论更加真实准确,实证分析中应控制比较的家庭结构中代际人数保持相等。

根据研究需要,现将已经选择的家庭结构情况列出,如表6-2所示。

表6-2 家庭结构情况

序号	老	中	青	户数	百分比（%）
①	0	1	0	181	1.22
②	0	2	0	947	6.39
③	0	2	1	856	5.77
④	0	2	2	580	3.91
⑤	1	0	0	614	4.14
⑥	1	1	0	546	3.68
⑦	1	2	0	321	2.16
⑧	1	2	1	292	1.97
⑨	1	2	2	234	1.58
⑩	2	0	0	1 870	12.61

序号	老	中	青	户数	百分比（%）
⑪	2	1	0	307	2.07
⑫	2	2	0	180	1.21
⑬	2	2	1	392	2.64
⑭	2	2	2	344	2.32
总计				7 664	51.68

本章筛选后的家庭结构占到总样本的51.68%，是社会上主流的家庭结构。

本章共分三种情况比较家庭结构对家庭金融资产配置的影响，即通过老年人人数差异、中年人人数差异、青年人人数差异进行对比。

老年人人数差异通过以下几组对比：①－⑥、②－⑦、③－⑧、④－⑨、⑤－⑩、⑥－⑪、⑦－⑫、⑧－⑬、⑨－⑭；

中年人人数差异通过以下几组对比：①－②、⑤－⑥、⑥－⑦、⑩－⑪、⑪－⑫；

青年人人数差异通过以下几组对比：②－③、③－④、⑦－⑧、⑧－⑨、⑫－⑬、⑬－⑭。

6.3 农村家庭结构影响金融资产选择行为的实证分析

6.3.1 倾向值匹配（PSM）方法

家庭结构是家庭金融资产配置的影响因素之一，然而在经济研究中，家庭结构的分类尚未统一，本部分主要分析家庭代际间人数的不同是否会对家庭金融资产配置产生影响？家庭代际人口数怎样影响家庭金融资产选择行为？通过倾向值匹配（PSM）的方法实证分析，在家庭结构尽可能相似的家庭中进行配对比较，分析家庭结构影响的边际效应。

倾向值匹配方法（PSM 模型），主要用来解决样本选择的内生性问题，这种模型主要采用配对的方法，使得分析的变量在更为相似的条件样本间进行。在本节的实证分析中，为了更加明确本节的主要思路，现在以其中两个家庭为例，即家庭结构 A 与家庭结构 B 之间投资深度差异：第一步，根据理论分析，选取可观测变量即：年龄、收入、风险偏好、婚姻状态、负债情况、保险情况，并且，根据已经选取的可观测变量估计家庭结构 A 的家庭成为 B 家庭的概率；第二步，找出家庭得分相近的作为其反事实，对 B 家庭和得分相近的 A 家庭的金融资产配置进行比较分析，并对得出的差异值取均值，得到两种家庭结构中差距的一个成员对家庭金融资产配置产生的平均影响效应。如下式：

$$\tau_{ATT} = \left[E_{p(X) \mid D=1} \left[E(Fin\ln v_1 - Fin\ln v_0) \mid D=1, P(X) \right] \right. \quad (6-1)$$

在满足条件独立假定和共同支撑假定的情况下，采用 $E(Fin\ln v_0 \mid D=0, P(X))$ 来替代 $E(Fin\ln v_0 \mid D=1, P(X))$。因此本节中 PSM 估计量计算公式可以改写为：

$$\tau_{ATT}^{PSM} = \left[E_{p(X) \mid D=1} \left[E(Fin\ln v_1 \mid D=1, P(X)) - E(Fin\ln v_0 \mid D=0, P(X)) \right] \right.$$

$$(6-2)$$

最后，在满足"平衡性检验"和共同支撑假定后，匹配后的样本控制变量应该不存在系统性差异。后文会展示实证分析的结果，通过对比分析，家庭间差异过大，倾向值匹配无法减小样本间的系统性差异；本节选取了有效缩小样本间系统性差异的情况，对这些实验结果深入探讨。在进行实证分析之前，处理组和控制组这两类中的控制变量差别很大，但是经过 PSM 模型实证分析后，控制变量之间差异较小，避免了样本之间内生性问题，有效衡量了家庭结构的影响。

6.3.2 农村家庭结构里老年人差异的影响

农村家庭中老年人数差异的原因是多种多样的，而由于家庭中中年人和青年人数量组合的不同，形成了最多可以对比的家庭结构。然而，在①－⑥、②－⑦、⑤－⑩、⑥－⑪、⑧－⑬这五组对比中，家庭间系统性差异过大，家庭结构两两间的各项控制变量差异过大，无法进行有效匹配，Sample1－Sample4 代表了剩下的③－⑧、④－⑨、⑦－⑫、⑨－⑭四组情况，经过 PSM 实证分析，缩小了两组家庭结构之间的系统性误差，这使得回归结果更加可靠。

可以看到，在家庭社会学变量上，不同的家庭结构间均值差距是较大的，年龄、婚姻状况、工作情况、教育水平是倾向值匹配后可以有效降低系统性误差，而收入情况是系统性误差最大且匹配效果最差的控制变量，但是根据卡方检验，控制变量间的系统性误差被降低了，对 Sample4 而言可以认为处理组和控制组控制变量间无系统性差异。

表 6－3 展示了 Sample1－Sample4 的回归结果。倾向值匹配需要我们主要关注平均影响效应，可以看到，老年人的影响取决于家庭中其他成员的数量。

表 6 – 3　　　　　Sample1 – Sample4 倾向值匹配前后变量差异对比

变量	匹配情况	Sample1		Sample2		Sample3		Sample4	
		处理组	控制组	处理组	控制组	处理组	控制组	处理组	控制组
年龄 (age)	匹配前	54.95	43.85	51.62	42.19	66.89	61.60	61.21	51.62
	匹配后	50.13	47.99	47.11	45.60	66.49	67.16	60.39	60.51
教育 (edu)	匹配前	7.59	9.64	7.49	8.69	6.87	7.00	6.93	7.49
	匹配后	8.36	9.07	8.05	7.83	6.95	7.48	7.01	6.93
婚姻 (marriage)	匹配前	0.73	0.98	0.81	0.99	0.97	0.79	0.99	0.81
	匹配后	0.91	0.81	0.97	0.92	0.97	0.93	1	1
工作 (work)	匹配前	0.75	0.91	0.79	0.91	0.66	0.71	0.70	0.79
	匹配后	0.86	0.86	0.86	0.88	0.67	0.58	0.72	0.67
患病 (ill)	匹配前	0.14	0.10	0.13	0.10	0.23	0.25	0.21	0.13
	匹配后	0.14	0.11	0.11	0.07	0.24	0.16	0.20	0.18
风险偏好 (risk)	匹配前	4.35	4.08	4.22	4.05	4.68	4.64	4.46	4.22
	匹配后	4.32	4.17	4.18	4.49	4.67	4.59	4.47	4.46
负债情况 (debt)	匹配前	0.03	0.03	0.03	0.06	0.05	0.04	0.03	0.03
	匹配后	0.03	0.03	0.03	0.03	0.05	0.11	0.04	0.09
收入 (In come)	匹配前	38 879	28 332	19 191	25 053	24 982	18 201	51 992	19 191
	匹配后	28 058	40 406	19 015	16 461	20 911	29 841	19 422	19 760
保险情况 (In surance)	匹配前	0.99	0.99	0.99	0.99	0.98	0.99	0.99	0.99
	匹配后	0.99	1	0.99	1	0.99	0.99	0.99	0.99
$p > chi2$	U	0		0		0		0	
	M	0.001		0.007		0.011		0.142	

当家庭中有两位中年人和一位青年人的时候，老年人数量由 0 变成 1，家庭中风险资产投资数量有所降低、股票投资降低，然而基金和理财产品投资增加。这是非常常见的三口之家和四口之家的情况，家庭需要负担子女的教育投资之后，在增加一个老人使得家庭消费增加，从而整体金融资产投资下降。可以看到，这种情况下，老人主要起了挤出效应，增加的基金和理财产品在风险资产中风险相对较小，回报较高，有利于增加家庭的利息收入。

当家庭中有两位中年人和两位青年人的时候，老年人数量由 0 变成 1，风险资产、股票投资和基金投资均上升，而在这一类型的家庭里，理财产品投资均为 0；可以看到，这种情况下，在有两个青年人的家庭里，本身已经具有较高的抚养压力，增加老年人会使得家庭倾向于投资风险资产来获得更高的利息收入。与上一种情况不同，虽然增加了投资，但是总额相比第一组实验里是较低的，这是由于两个子女相对于一个子女产生了更大的消费效应，对风险资产已经产生了挤出效应，但在都是两个青年人的家庭中，这种挤出效应都存在，就可以有效比较老年人数量差异的影响。

当家庭中只有两个中年人没有青年人时，老年人数量由1变成2，风险资产投资降低，使得整体风险资产的投资额也有所下降；这种情况下，家庭里中年人面临更大的赡养压力，理财产品的较低收益已经不能满足家庭需要，因此会偏向股票和基金这类风险较高的产品，支出效应使得家庭风险资产和金融资产的投资量总体下降了。

当家庭中有两位中年人和两位青年人的时候，老年人数量由1变成2，风险资产投资下降，风险资产中股票投资下降，理财产品投资上升，而基金投资均为0。可以看到，这种情况下，总体金融资产相对样本均值是较低的，家庭中同时面临更高的抚养和赡养压力，此时稳定的银行储蓄、理财产品成为主要的投资方式，对金融资产的挤出效应低于获取稳定利息收入的投资需求。

6.3.3 农村家庭结构里中年人差异的影响

与上一节类似，①－②、⑤－⑥两组中，控制变量的系统性差异过大，即使经过倾向值匹配也没有办法获得较为相近的匹配组，用 Sample5 －Sample7 代表⑥－⑦、⑩－⑪、⑪－⑫三组情况，这三组实验中，倾向值匹配使得处理组和控制组之间控制变量的系统性误差下降。

表6－4 展示了 Sample5 － Sample7 的回归结果。中年人数量差异的影响也取决于家庭中其他成员的数量。

表6－4　　　　　　**Sample5 － Sample7 倾向值匹配前后变量差异对比**

变量	匹配情况	Sample5		Sample6		Sample7	
		处理组	控制组	处理组	控制组	处理组	控制组
年龄（age）	匹配前	61.6	64.5	69.20	73.12	66.89	69.20
	匹配后	61.6	60.9	70.75	71.37	67.79	67.18
教育（edu）	匹配前	7.00	6.44	6.17	6.44	6.87	6.17
	匹配后	7.00	6.69	6.11	6.21	6.71	6.80
婚姻（marriage）	匹配前	0.79	0.75	0.93	0.99	0.97	0.93
	匹配后	0.79	0.68	0.99	0.97	0.97	0.96

变量	匹配情况	Sample5		Sample6		Sample7	
		处理组	控制组	处理组	控制组	处理组	控制组
工作 (*work*)	匹配前	0.71	0.65	0.56	0.47	0.66	0.56
	匹配后	0.71	0.69	0.55	0.54	0.64	0.63
患病 (*ill*)	匹配前	0.25	0.32	0.35	0.30	0.23	0.35
	匹配后	0.25	0.27	0.37	0.39	0.24	0.27
风险偏好 (*risk*)	匹配前	4.64	4.75	4.78	4.90	4.68	4.78
	匹配后	4.64	4.57	4.82	4.77	4.72	4.65
负债情况 (*debt*)	匹配前	0.04	0.03	0.04	0.01	0.05	0.04
	匹配后	0.04	0.06	0.04	0.06	0.04	0.04
收入 (In *come*)	匹配前	18 291	15 378	21 405	25 089	24 982	21 405
	匹配后	18 201	21 344	21 225	21 246	24 627	30 785
保险情况 (In *surance*)	匹配前	0.99	0.98	0.99	0.99	0.98	0.99
	匹配后	0.99	0.99	0.99	0.98	0.98	0.99
$p > chi2$	U	0.001		0		0.002	
	M	0.053		0.566		0.958	

当家庭中有一位老年人而没有青年人的时候，中年人数量由 1 变成 2，家庭中风险资产数量下降，主要在于理财产品的投资额下降，股票和基金投资上升；一个中年人的家庭可能是由于没有配偶或是离异等情况丧失配偶导致，当家庭中中年人为两个时，由于没有青年人的抚养压力，对较高利息收入的需求下降，不追求理财产品这样的较低风险的风险资产。同时，一个中年人的家庭可能有为进行婚配而准备的投资，这样的投资需要比较稳定的收益和可控的风险，因此投资了更多的理财产品。

当家庭中有两位老年人而没有青年人的时候，中年人数量由 0 变成 1，风险资产、股票投资、基金投资、理财产品投资均上升，这是由于中年人带来了工资性收入，收入效应弥补了消费需求等，可以看出，如果空巢老人越来越多，这样的家庭金融资产和风险资产投资都会降低，这对于我国金融业发展是不利的。

当家庭中有两位老年人而没有青年人的时候，中年人数量由 1 变成 2，股票投资降低、基金投资减少，整体风险投资水平略微下降。可以看到，两个中年人带来了更高的金融资产，这是收入效应决定的，然而家庭中有两个中年人，他们投资风险较低的风险资产的意愿更高，所以理财产品相对较高。

6.3.4 农村家庭结构里青年人差异的影响

本节依然采用与前两节相同的方法，②－③不符合要求，剩余 5 组倾向值匹配后，控制变量的系统性误差都降低了，因此全部需要进行研究，用 Sample8－Sample12 代表：③－④、⑦－⑧、⑧－⑨、⑫－⑬、⑬－⑭ 五组实验。

表 6－5 展示了 Sample8－Sample12 的回归结果。青年人数量差异的影响也取决于家庭中其他成员的数量。

表 6－5　　　　　Sample8－Sample12 倾向值匹配前后变量差异对比

变量	匹配情况	Sample8		Sample9		Sample10		Sample11		Sample12	
		处理组	控制组	处理组	控制组	处理组	控制组	处理组	控制组	处理组	控制组
年龄 (age)	匹配前	42.19	43.85	54.95	61.61	51.62	54.95	63.06	66.89	61.21	63.06
	匹配后	42.23	42.71	54.99	56.65	51.72	52.86	64.37	64.69	61.26	60.00
教育 (edu)	匹配前	8.69	9.46	7.59	7.00	7.49	7.59	7.84	6.87	6.93	7.84
	匹配后	8.71	8.50	7.56	7.02	7.5	6.98	7.56	7.5	6.96	7.22
婚姻 (marriage)	匹配前	0.99	0.98	0.73	0.79	0.81	0.73	0.98	0.97	0.99	0.98
	匹配后	0.99	0.99	0.73	0.62	0.81	0.78	0.98	0.98	0.99	0.99
工作 (work)	匹配前	0.91	0.91	0.75	0.71	0.79	0.75	0.59	0.66	0.70	0.59
	匹配后	0.91	0.94	0.75	0.75	0.79	0.80	0.59	0.56	0.70	0.73
患病 (ill)	匹配前	0.1	0.1	0.14	0.25	0.13	0.14	0.24	0.23	0.21	0, 24
	匹配后	0.1	0.1	0.14	0.17	0.13	0.18	0.23	0.23	0.21	0.16
风险偏好 (risk)	匹配前	4.05	4.08	4.35	4.64	4.22	4.35	4.50	4.68	4.46	4.50
	匹配后	4.05	4.09	4.35	4.26	4.24	4.25	4.55	4.49	4.45	4.4
负债情况 (debt)	匹配前	0.06	0.03	0.03	0.04	0.03	0.03	0.02	0.05	0.03	0.02
	匹配后	0.06	0.05	0.03	0.05	0.03	0.07	0.02	0.02	0.03	0.01
收入 (Income)	匹配前	25 053	28 332	38 879	18 201	19 191	38 879	37 275	24 982	51 992	37 275
	匹配后	25 137	17 807	27 225	15 976	19 339	18 741	28 056	25 399	27 356	31 529
保险情况 (Insurance)	匹配前	0.99	0.99	0.99	0.99	0.99	0.99	0.99	0.98	0.99	0.99
	匹配后	0.99	0.98	0.99	0.99	0.99	0.99	0.99	0.99	0.99	0.99
$p > chi2$	U	0		0		0.07		0		0	
	M	0.53		0.043		0.309		0.889		0.743	

当家庭中有两位中年人而没有老年人的时候，青年人数量由1变成2，风险资产、股票投资、基金投资、理财产品投资均下降；在这种情况下，青年人人数增加单纯地增加了家庭的抚养压力，对风险资产投资产生了巨大的挤出效应，因此各项资产的投资额都下降了。

当家庭中有两位中年人和一位老年人的时候，青年人数量由0变成1，风险资产、股票投资、基金投资、理财产品投资均上升；在两个中年人的情况下，家庭中一个老年人和一个青年人的情况不同，再增加一个青年人时，它带来的对利息收入的需求大于抚养青年人的挤出效应，家庭中整体金融资产和风险资产投资都上升了。

当家庭中有两位中年人和一位老年人的时候，青年人数量由1变成2，风险资产上升，其中股票投资和基金投资均上升，理财产品投资不变，这种情况下，家庭已经面临很大的赡养压力，家庭抚养比由1变成大于1，这种情况下，追求更高风险更高收益的风险资产来获得更高的利息收入，以满足家庭开支的需要。

当家庭中有两位中年人和两位老年人的时候，青年人数量由0变成1，风险资产投资在降低，最大表现在于股票和基金投资额减少，理财产品投资在不断提高，家庭中整体金融资产配置下降。在家庭中已有两位老年人时，再增加青年人产生的消费支出，挤出了家庭的风险资产和金融资产投资，理财产品的投资额虽然有所上升，但依然低于总体样本均值，这说明家庭中抚养比过高对金融资产和风险资产将产生很大的挤出效应，家庭中消费支出取代了金融资产投资。

当家庭中有两位中年人和两位老年人的时候，青年人数量由1变成2，风险资产、股票投资、基金投资、理财产品投资均上升；虽然如此，风险资产、股票投资额都远低于样本均值，虽然相对上升，但是相比其他家庭结构依然下降了较多。不同的是，这类型家庭的理财产品投资量相对较高，当抚养比很高时，理财产品作为一种收益相对较高、风险相对可控的金融产品受到这类家庭的青睐。

倾向得分匹配（PSM）是估计处理效应的一种流行方法，将处理组每位个体的处理效应进行简单算术平均，即为"处理组平均处理效应"（Average Treatment Effects on the Treated，ATT），本章PSM分析的ATT估计值见表6-6。

表 6-6　　　　　Sample1-Sample12 中 PSM 分析的 ATT 估计值

变量	匹配情况	Sample1			Sample2		
		处理组	控制组	差值	处理组	控制组	差值
风险资产	Unmatched	2 164	5 808	-3 644	1 346	2 393	-1 047
（元）	ATT	2 519	6 321	-3 802	1 641	641	1 000
金融资产	Unmatched	25 783	45 795	-20 012	17 383	28 361	-10 978
（元）	ATT	23 831	35 849	-12 018	19 158	17 572	1 586
股票	Unmatched	794	2 969	-2 175	897	1 874	-977
（元）	ATT	1 004	5 347	-4 343	1 094	313	781
基金	Unmatched	342	667	-325	427	171	256
（元）	ATT	433	65	368	521	328	193
理财产品	Unmatched	1 027	1 986	-959	0	192	-192
（元）	ATT	1 082	909	173	0	0	0

变量	匹配情况	Sample3			Sample4		
		处理组	控制组	差值	处理组	控制组	差值
风险资产	Unmatched	4 108	928	3 180	7485	1 346	6 139
（元）	ATT	4 250	5 057	-807	1 747	2 918	-1 171
金融资产	Unmatched	22 269	17 606	4 663	32 342	17 382	14 960
（元）	ATT	22 072	26 696	-4 624	20 175	18 518	1 657
股票	Unmatched	1 572	93	1 479	1 366	897	469
（元）	ATT	1 626	172	1 454	61	2 462	-2 401
基金	Unmatched	592	211	381	291	427	-136
（元）	ATT	612	0	612	304	304	0
理财产品	Unmatched	1 944	623	1 321	5 087	0	5 087
（元）	ATT	2 011	4 885	-2 874	608	0	608

变量	匹配情况	Sample5			Sample6		
		处理组	控制组	差值	处理组	控制组	差值
风险资产	Unmatched	928	1 432	-504	1 507	776	731
（元）	ATT	928	2 181	-1 253	1 612	384	1 228
金融资产	Unmatched	17 606	11 926	5 680	15 346	20 629	-5 283
（元）	ATT	17 606	14 433	3 173	16 074	15 048	1 026
股票	Unmatched	93	0	93	853	49	804
（元）	ATT	93	0	93	913	209	704
基金	Unmatched	211	188	23	261	142	119
（元）	ATT	211	0	211	279	174	105
理财产品	Unmatched	623	1 243	-620	228	546	-318
（元）	ATT	623	2 181	-1 558	244	0	244

变量	匹配情况	Sample7			Sample8		
		处理组	控制组	差值	处理组	控制组	差值
风险资产（元）	Unmatched	4 108	1 507	2 601	2 393	5 808	− 3 415
	ATT	3 032	3 043	− 11	2 401	3 939	− 1 538
金融资产（元）	Unmatched	22 269	15 346	6 923	28 361	45 795	− 17 434
	ATT	20 857	15 000	5 857	28 450	37 282	− 8 832
股票（元）	Unmatched	1 572	853	719	1 874	2 969	− 1 095
	ATT	1 584	2 035	− 451	1 881	2 808	− 927
基金（元）	Unmatched	592	261	331	171	667	− 496
	ATT	581	809	− 228	171	175	− 4
理财产品（元）	Unmatched	1 944	228	1 716	193	1 986	− 1 793
	ATT	867	173	694	193	943	− 750

变量	匹配情况	Sample9			Sample10		
		处理组	控制组	差值	处理组	控制组	差值
风险资产（元）	Unmatched	2 164	928	1 236	1 346	2 164	− 818
	ATT	2 179	172	2 007	1 358	129	1 229
金融资产（元）	Unmatched	25 783	17 606	8 177	17 383	25 783	− 8 400
	ATT	25 957 958	17 181	8 777	17 494	18 148	− 654
股票（元）	Unmatched	795	93	702	897	795	102
	ATT	800	0	800	905	129	776
基金（元）	Unmatched	342	211	131	427	342	85
	ATT	345	0	345	431	0	431
理财产品（元）	Unmatched	1 027	623	404	0	1027	− 1 027
	ATT	1 034	172	862	0	0	0

变量	匹配情况	Sample11			Sample12		
		处理组	控制组	差值	处理组	控制组	差值
风险资产（元）	Unmatched	10 628	4 108	6 520	7 485	10 628	− 3 143
	ATT	3 846	7 630	− 3 784	7 573	662	6 911
金融资产（元）	Unmatched	33 625	22 268	11 357	32 342	33 625	− 1 283
	ATT	26 029	30 105	− 4 076	32 699	15 830	16 869
股票（元）	Unmatched	819	1 572	− 753	1 366	819	547
	ATT	653	4 234	− 3 581	1 382	648	734
基金（元）	Unmatched	64	592	− 528	291	64	227
	ATT	68	1 223	− 1 155	294	15	279
理财产品（元）	Unmatched	8 036	1 944	6 092	5 087	8 036	− 2 949
	ATT	3 125	2 174	951	5 147	0	5 147

6.4 本章小结

本章通过理论分析与实证分析相结合的方法，具体研究家庭结构对金融资产选择的影响。首先，在已有研究的基础上，本章创新性地提出"家庭结构"的概念，以老中青各代际人数的差异定义"家庭结构"，并深入探究其影响金融资产选择的机制。其次，本章分别从宏微观的角度分析我国农村家庭的结构现状，包括老人抚养比、少儿抚养比、各类结构下家庭持有金融资产的情况等。最后，本章采用倾向得分匹配法，比较不同家庭结构下的金融资产选择情况，发现家庭中各代际人数差异带来的金融资产选择差异是多元的。

老年人数量差异对家庭金融资产选择的影响取决于家庭中其他代际成员的数量。（1）老年人数量的增加提高了家庭的赡养压力，所以家庭在资产选择时一般会更加谨慎，减少持有风险性金融资产，但是当家庭中已有较大的子女抚养压力时，也会使得家庭倾向于投资风险资产来获得更高的利息收入。（2）老年人数量的增加会影响家庭持有风险性金融资产的结构，家庭更倾向于选择投资风险相对较高的股票和基金，但当家庭同时面临更高的抚养和赡养压力时，会减少对股票的投资。

中年人数量差异对家庭金融资产选择的影响取决于家庭中其他代际成员的数量。（1）中年人带来的收入效应是影响家庭金融资产选择最直接的因素，收入效应能够增加家庭对金融资产的持有量，但家庭中老年人和青年人的数量会影响家庭的消费需求等，甚至出现收入效应小于消费需求的情况，导致家庭减少持有金融资产。（2）中年人数量的增加会使家庭更倾向于投资风险性金融资产，但选择风险相对较低的理财产品，或选择风险更高的股票和基金，取决于其他代际成员的数量。

青年人数量差异对家庭金融资产选择的影响取决于家庭中其他代际成员的数量。（1）青年人数量的增加提高了家庭的抚养压力，家庭在金融资产选择时会出现两种情况，一是家庭收入效应小于消费需求时，家庭会减少持有各项金融资产；二是家庭更加追求高收益高风险的金融资产投资来获得更高的利息收入，所以会增加持有各项金融资产，而这两种情况取决于家庭中其他代际成员的数量。（2）青年人数量的增加会影响家庭持有风险性金融资产的结构，选择较低风险的理财产品，或选择较高风险的股票和基金，取决于其他代际成员的数量。

第7章 基于结构方程模型的农村家庭金融资产选择行为研究

第 3 章对国内居民家庭金融资产持有进行分析，根据居民家庭不同年份持有各类金融资产的规模，分别从宏观和微观两个方面，分析我国居民家庭金融资产结构的变化过程以及各类家庭金融资产在家庭总金融资产中所占比重，比较研究居民家庭金融资产配置特征。第 5 章分析了农村家庭金融资产选择行为的影响因素。

本章更深一步研究农村家庭金融资产的选择行为，采用结构方程模型（SEM）探讨潜在变量对农村家庭金融资产选择行为的影响。通过研究发现居民风险承受能力强的农村家庭，家庭金融资产投资趋向于多样化，居民对经济、金融知识的了解度也会影响金融资产选择行为。

7.1 结构方程模型研究概述

7.1.1 结构方程模型（SEM）

结构方程模型，又被称为"协方差结构模型"（covariance structure modelling），"协方差结构分析"。相比较其他统计分析方法，结构方程模型能够分析潜在变量与因变量之间的关系，并且能够同时处理多个因变量，即使因变量和自变量其中的一个出现误差，也可以采用这个模型，这个特点也使得用结构方程模型进行分析成为多元数据分析的重要工具。目前，有 LISREL、AMOS、EQS 和 Mplus 等多个软件能够使用结构方程模型。

结构方程模型属于因子分析的一种，结构方程模型允许回归方程中的自变量含有误差，能够同时处理多个因变量，在人文社科领域广泛使用。结构方程模型一般情况下由两个主要模型组成，即测量模型和结构模型。

在这两个模型中，测量模型是由潜在变量与可观测变量共同组成，因此测量模型能够反映潜在变量与可观测变量的关系；但是如果是潜在变量之间的关系，则需要通过结构模型来表示。在这两个模型中，结构模型更为重要，因此以这种模型的名称命名。

作为一种常用的统计方法，已有很多学者对这种模型进行研究分析，并在学术中有相关的应用。周涛和鲁耀斌（2006）分析了结构方程模型的基本理论、优点以及运用中需要注意的问题，并且基于理论研究结合现实状况，通过结构方程模型分析网上信用；钱璐璐（2010）通过采用结构方程模型，探讨适合居住城市满意度的影响因素，文章中不仅有相关因素的研究，关于结构方程模型的理论研究即基本概念、该模型的适用性以及模型优点也有探讨。张志伟等（2013）通过运用结构方程模型的参数构建及其拟合分析，对四川地区的家庭金融资产选择行为进行效应分析，发现四川地区家庭金融资产选择行为的内在逻辑与变动趋向。

7.1.2　基于结构方程模型的国内外相关研究

1. 国外相关研究

国外学者采用 SEM 模型进行分析的主要聚焦于以下领域的研究：影响因素、评价体系、满意度测评和竞争力分析等。弗莱德里查等（Alena Friedricha et al.，2013）根据实际调研选取了 73 名教师和 1 289 名学生作为研究样本，通过采用结构方程模型，分析群众自我概念和自我调节之间的关系；奇马等（Seung Hyun Kima et al.，2013）研究了关于群众对美国旅馆的满意度问题；克里什纳库马尔和布隆（Jaya Krishnakumar & Paola Ballon，2008）采用 SEM 分析玻利维亚儿童的教育和生存条件；博尼菲斯和特夫特（David R Boniface & Margaret E Tefft，1997）采用 SEM 模型，分析了人们日常生活中一些习惯的、难以观测的影响因素，以及这些因素与健康之间的关系。并且在文章中分两个不同的方面研究对健康的影响因素，一个是来自早期生活方式的影响，另一个是后天生活方式的影响。陈（Wei Chen，2020）以我国沿海主要港口为样本，运用 SEM 模型，采用定性与定量相结合的方法，对影响港口竞争力的因素进行了分析。

2. 国内相关研究

（1）在影响因素分析方面。

国内关于结构方程模型在影响因素方面的应用比较集中。孙凤（2007）通过采用结构方程模型分析主观幸福感，分别从工作、生活、收入分配、社会保障这几个方面进行分析，得出现阶段影响居民幸福感的几个主要指标；赵桂芹、王上文（2008）通过研究国内产险公司的 2011～2014 年的财务数据，基于结构方程模型，实证分析得到资本结构与承担风险并不是各自独立的，这两者之间是相互影响的；卢凌霄等（2010）深入探究自然资源、政策扶持、技术交通条件、市场环境因素与蔬菜产地集中的关系，得出技术交通条件和市场环境条件对产地集中的影响是直接的，政府支持政策和丰富的自然资源能够为产地集中起到积极支持作用；黄德森、杨朝峰（2011）通过对 219 家动漫企业问卷调查数据的分析，认为动漫产业的前景会明显受到经济、社会、技术环境的影响，产业的相关政策在引导产业发展中会有一定的推动作用，但与预期效果比，仍存在较大差别，而作为助推新兴产业发展核心政策之一的财政金融政策，对于促进我国动漫产业发展的效果并不显著。易明、罗瑾琏等（2018）采用 SEM 模型对 341 份员工问卷进行分析，探讨时间压力对员工沉默行为的影响机制，认为时间压力通过内部动机负向影响员工沉默行为，通过情绪耗竭正向影响员工沉默行为。

（2）在满意度测评方面。

国内学者运用结构方程模型进行满意度测评分析主要集中于三个方面，即顾客满意度、工作满意度和员工满意度。林盛等（2005）采用 PLS 的结构方程模型，解决了在构造客户满意度模型中所遇到的变量非正态问题；谢佩洪等（2011）从整体出发，在系统分析了国内所有关于 B2C 的顾客满意度研究的基础上，采用结构方程模型分析得出我国 B2C 顾客满意度的七个显著的影响因素；黄振鑫等（2013）基于明尼苏达 198 名社区卫生服务中心员工的工作满意度简式量表的调查，发现影响员工满意度的几个主要因素，并基于此提出改进的方法；曹明华（2013）采用结构方程模型研究员工满意度，在分析中，潜在变量分别为员工心态、员工期望、跳槽趋向以及工作业绩等，详细地分析了影响员工满意度的主要因素。刘志成、钱怡伶（2019）对武陵源生态旅游景区的游客满意度进行实证调查，构建 SEM 模型对景区游客满意度的影响因子进行分析对比，认为旅游资源感知在游客游后满意度中最为显著，其次分别是消费价值感知、生态保护感知和自然环境感知。

（3）在竞争力评价方面。

在竞争力评价方面，基于结构方程模型的研究大多数集中为区域竞争力、城市竞争力和核心竞争力这三个方面的应用研究。易丽蓉（2006）建立了地区旅游产业竞争力定量评价的模型，为区域的旅游产业竞争力提供了量化评价模型，也为增强区域旅游产业竞争力提供了理论依据；刘炳胜等（2011）提出了新的产业竞争力的分析框架，并应用于建筑业竞争力的研究上，发现区域环境、生产要素和产业组织等因素会直接影响当地建筑产业的竞争力；管伟峰等（2010）主要研究了当地供给、当地需求、公共制度和全球联系四个潜在变量之间的关系，作为城市竞争力的主要影响因素，构建了城市竞争力评价指标体系；林昌华（2020）结合中国国情把金融影响经济增长的因素确定为金融规模、金融结构、金融深度、金融环境四个维度18个指标，运用结构方程模型考察检验了金融发展对中国经济高质量发展的影响机制和作用路径。

（4）在组织绩效评价方面。

马海刚、耿晔强（2008）从企业内部环境这个角度切入，分别从两个方面分析了企业的业绩，即企业外在因素如政府行为、融资环境、社会资本等以及企业内在因素如企业创新、经营资源、企业家能力等可观察变量进行研究；李焕荣、苏敷胜（2009）从人力资源的角度，研究了SEM模型对企业绩效的衡量问题；陈琦（2010）从技术核心的角度，通过企业的吸收能力、研发能力、技术创新能力、延展能力、应变能力以及高技术这六个方面来衡量企业绩效，这六个潜在变量所对应管理能力分别为知识基础、学习能力、研发投入能力、研发产出能力、研发组织能力、产品与技术工艺创新能力、创新环境、产品延展能力、市场延展能力、战略能力、组织协调能力；吴景泰、刘秋明（2019）运用因果逐步回归分析法和结构方程模型的Bootstrap法对投资效率在公司治理和企业绩效作用关系中的中介效应进行了实证分析。此外，众多文献还选取多个角度研究了企业绩效。但就个人绩效的研究而言，鲜有文献涉及，且个别相关文献的研究范围相对而言存在较大局限性。

（5）在家庭金融领域。

我国学者在家庭金融领域也有运用结构方程模型进行分析，例如：卢家昌（2010）等从家庭参与金融市场的动机以及影响因素展开研究，采用结构方程模型分析影响家庭金融资产选择的相关因素，对各个变量之间的关系也进行了深入研究；魏先华等（2014）分析了影响我国居民家庭金融资产配置的因素，发现我国大多数家庭均存在财富效应和替代效应，相对收入、家庭拥有的资产会显著地影响家庭金融资产的配置，家庭所在区域、居民对社会的信任度和满意度也会显著影响家庭资产配置；窦婷婷（2013）深入分析了影响家庭金融资产选择行为的相关因素；邹红、喻开志（2009）将家庭划分为不同层次，研究得出：金融需求和资产选择会在一定程度上受职业、收入、金融意识等因素的影响；于蓉（2006）从职业、收入、教育程度分三个不同层面进行研究，同时，研究还涉及金融中介对投资者影响、投资者的心理变化或者主观因素的影响及不同国家之间的比较，考虑因素较为全面；王聪、海云（2010）分析了不同国家的家庭金融资产配置的区别，现阶段影响我国家庭金融资产投资的主要因素；邹建（2018）运用结构方程模型分析农户信贷约束及其主要影响因素，发现农户特征、家庭禀赋及社会资本对农户信贷约束均具有显著的负向影响，金融抑制对农户信贷约束具有显著的正向影响。

查阅文献发现国外在家庭金融领域的研究已有实质性的收获，但在家庭金融选择行为领域与结构方程模型结合进行分析并不常见，而且结构方程模型在国外运用广泛，并多集中于满意度调查、评价体系指标等方面。但是，国外所得的家庭金融资产选择行为的相关理论并不适用于国内，另外，国内学者在家庭金融资产选择行为领域也有了一些研究成果，但在农村家庭金融资产选择行为研究方面还存在局限性。现阶段我国在农村家庭金融选择行为领域的研究呈现如下特点：一是家庭金融资产选择行为缺少相关实证分析，研究内容没有系统性，对家庭金融的风险资产、保险参与度等社会保障方面对家庭金融资产选择行为的影响分析较少；二是对家庭金融资产选择行为研究的结果缺少相关实质性的分析，往往提出的建议难以在现实生活中实施；三是我国农村人口众多，城乡差别明显，农村金融资产微观数据获取困难，这给农村家庭金融的研究带来了困难。因此，本节在总结已有的研究结论的基础上，运用中国家庭金融调查与研究中心（CHFS）数据，采用结构方程模型主要分析潜在变量对农村家庭金融资产选择的影响，从而进一步发展已有的研究成果。

7.2 农村家庭金融资产选择行为的统计分析

7.2.1 数据来源与样本描述

1. 数据来源

本章的研究数据主要为中国家庭金融调查与研究中心2013年、2015年以及2017年数据中的关于农村地区样本数据，包括家庭情况、金融资产分布、收入等方面，在去除缺失值和异常值后分别使用各个年份总共37 603个数据进行研究。

2. 样本描述

近年来我国经济发展稳定，农村家庭经济状况也大有改善，主要表现为农村家庭参与金融市场越来越多，家庭金融的规模越来越大，农村家庭金融资产也呈现多元化趋势。本章主要采用 CHFS 调查数据，在对整个家庭金融资产研究中结合了国家统计局的相关数据，在整体的描述性分析中，从规模、构成和行为特征三个方面展开分析。

随着经济的发展，全国人均可支配收入不断提高，城乡差距不断缩小。结合国家统计局公布的 2020 年全国居民收入数据，由表 7 - 1 可知，现阶段，全国人均可支配收入为 32 189 元，城镇居民的人均可支配收入为 43 834 元，中位数为 40 378 元。农村居民人均可支配收入为 17 131 元，中位数为 15 204 元，城镇居民人均可支配收入是农村居民人均可支配收入的 2 倍多，农村居民收入仍处在较低水平。

表 7 - 1   中国居民人均收入情况

指标	城镇居民 （绝对量）	农村居民 （绝对量）	全国 （绝对量）
人均可支配收入（元）	43 834	17 131	32 189
人均可支配收入中位数（元）	40 378	15 204	27 540
人均消费支出（元）	27 007	13 713	21 210
比上年增长（%）	3.5（1.2）	6.9（3.8）	4.7（2.1）

本章所使用的 2013 年、2015 年、2017 年 CHFS 数据库的基本特征如下：

由表 7 - 2 和图 7 - 1 可以看出 CHFS 数据库的样本特征，在性别方面差别不大，男女各占 1/2；受教育程度大多为初中及以下；而且年龄多分布于 40~50 岁；从全国范围来看，人口总数为三人以下的家庭最多，其次为四口之家；从年收入水平来看，三个年份中，大部分的农村家庭年收入在 35 000 以下，占 60%，而从 2017 年的柱形图来看，农村家庭的收入较之前两年有所提高，尤其表现在年收入介于 35 000~60 000 元之间的人数占比增多，农村家庭的经济条件有所改善。

表 7 - 2　　　　　　　　　　样本家庭基本特征情况

基本情况		CHFS（2013）		CHFS（2015）		CHFS（2017）	
		频次	频率（%）	频次	频率（%）	频次	频率（%）
性别	男	6 507	49.27	3 840	49.52	5 224	49.12
	女	6 701	50.73	3 915	50.48	5 412	50.88
年龄	20 岁以下	2 677	20.27	362	4.67	283	2.66
	21~30 岁	3 031	22.95	1 072	13.82	2 077	19.53
	31~40 岁	2 024	15.32	1 201	15.49	1 769	16.63
	41~50 岁	2 677	20.27	1 417	18.27	1 824	17.15
	51~60 岁	2 592	19.62	1 636	21.10	2 518	23.67
	60 岁以上	3 031	22.95	2 067	26.65	2 165	20.36
受教育程度	初中及以下	7 440	56.33	4 636	59.78	5 770	54.25
	高中/中专	3 040	23.02	1 661	21.42	2 654	24.95
	大专	1 215	9.20	645	8.32	1 114	10.47
	本科	1 370	10.37	730	9.41	991	9.32
	研究生及以上	143	1.08	83	1.07	107	1.01
家庭人口数	3 人以下	3 140	23.77	2 680	34.56	3 857	36.26
	3 人	2 819	21.34	2 111	27.22	2 812	26.44
	4 人	2 863	21.68	1 380	17.79	1 637	15.39
	4 人以上	4 836	36.61	1 584	20.43	2 330	21.91

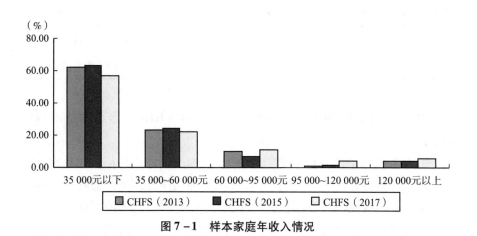

图 7 - 1　样本家庭年收入情况

7.2.2　农村家庭金融资产的构成

　　家庭是国民经济的重要组成单位，如今，我国经济快速发展，农村家庭资产规模日益加大，农村居民在家庭金融资产选择行为上更加多元化，因此研究农村家庭金融资产选择行为对促进农村金融的发展意义深远。本章将家庭总资产主要分为金融资产和非金融资产,其中金融资产主要包括银行存款、股票、基金、债券、保险、贵金属等,非金融资产主要包括车辆、房产、土地等。

家庭金融资产是家庭资产中重要的组成部分,农村家庭金融资产虽然在国民经济中占比较小,却是农村经济的重要组成部分。相对于其他国家,我国农村地区的经济问题更加复杂,虽然随着社会的进步农村经济发展水平在不断提高,但城乡之间的差异仍较为明显。

西南财经大学的家庭金融调研以及统计抽样是在全国范围内展开的,本研究只选取了农村样本,分三个不同的年份将其与全国样本做对比,农村样本数据在剔除异常值缺失值后共 37 603 个数据。如表 7-3 列出了我国农村家庭在 2013 年、2015 年以及 2017 年的家庭金融资产分布状况。从 2013~2017 年全国样本来看,在所有家庭金融资产中储蓄占比最高,股票资产排第二,主要原因可能是随着经济的增长,农户家庭年收入增多,银行存款也会随之增加,但是考虑到大部分农户所掌握的金融知识不多,条件有限,虽然年收入增加,也不敢加大对风险资产的投资,不敢过多地投资金融市场。在 2017 年,从全国样本与农户样本来看,储蓄存款仍然占比最大。与以往大不相同的是股票资产有大幅增加,人们不断尝试增加家庭金融资产的种类。

表 7-3 样本家庭金融资产的持有情况

金融资产		CHFS (2013)		CHFS (2015)		CHFS (2017)	
		全国样本	农村样本	全国样本	农村样本	全国样本	农村样本
货币类金融资产	储蓄	48.72%	58.00%	46.74%	47.79%	44.57%	48.62%
	借出款	8.69%	13.31%	11.09%	12.95%	9.76%	11.36%
	银行理财产品	4.69%	0.81%	8.10%	7.36%	9.03%	7.43%
	现金	7.11%	13.87%	5.37%	6.29%	5.81%	8.24%
	债券	1.26%	0.65%	0.50%	0.51%	0.53%	0.45%
货币类金融资产均值(万元)		97.10	41.14	54.66	48.52	63.92	51.72
证券类金融资产	股票	12.99%	4.32%	19.46%	19.50%	17.14%	12.10%
	基金	2.96%	1.00%	3.66%	3.55%	5.15%	3.74%
	贵金属	0.95%	1.28%	0.32%	0.33%	0.82%	0.71%
证券类金融资产均值(万元)		23.43	18.67	40.12	38.45	46.47	34.62
保障类金融资产	保险	12.62%	6.76%	4.75%	1.72%	5.26%	3.42%
保障类金融资产均值(万元)		2.43	1.08	1.05	0.39	3.52	1.06

从金融资产类别来看，货币类金融资产因其低风险的特点，仍然是农户家庭金融资产的主要组成部分，而储蓄占比在货币类金融资产中位列第一，借出款和现金排第二，两者所占比例相差不大。2015~2017年，农户家庭货币类金融资产呈增加趋势，均值从2015年的48.52万元上升到2017年的51.72万元。证券类金融资产，从全国样本来看，2017年出现大幅提高；农户家庭证券类金融资产持有量较以前也有增加。保障类金融资产均值也有增加，但幅度较小。

本章在分析家庭金融资产总分布的同时，增加了对农村家庭主要风险性金融资产分析，以更加细致地分析农村家庭金融资产选择行为。通过统计分析得出，农村家庭的主要风险性金融资产为股票、债券、基金、银行理财产品、借出款和贵金属这六种，并且农村家庭对这六种主要风险性金融资产的持有量差别很大。由表7-4可以看出，2013年和2017年，农村家庭风险性金融资产中股票资产占比最高；农村家庭的借出款排第二，这种情况是可以理解的，农村家庭互相之间的经济往来频繁。农村家庭在银行理财产品的持有量也不断增加，由此可以看出，居民的理财意识在不断加强；居民对债券的持有量三个年份均值波动不大；农村居民对贵金属的持有量有所下降。

表7-4 农村家庭主要风险性金融资产的持有情况 单位：%

金融资产	CHFS（2013）	CHFS（2015）	CHFS（2017）
股票	20.20	44.13	43.51
债券	3.02	1.16	2.72
基金	4.69	8.03	9.16
银行理财产品	3.78	16.64	17.52
借出款	62.30	29.31	22.43
贵金属	6.00	0.74	0.69

本小节首先对农村家庭金融资产进行描述性分析，得出农村家庭居民平均年收入、金融资产分布概况以及金融风险资产分布概况，发现农村居民家庭金融资产储蓄仍然占较大比重，占无风险资产总额的86.63%，现金和储蓄是主要两大无风险资产。由于农村居民条件有限，经济收入与城镇存在一定差距，加之金融知识掌握不够深入，对风险资产了解欠缺，很容易导致农村家庭金融资产选择范围有限、家庭金融资产组成较为单一的情形。

7.2.3　农村家庭金融资产选择行为的特征

1. 性别与农村家庭金融资产选择

一般情况下，从性别方面来看，男性是风险偏好者，男性一般情况下比女性的风险承受能力强，在风险性金融资产投资中男性的投资要多于女性，女性更加谨慎保守，大部分是风险规避者。

通过表7-5可以发现，男性投资者在金融资产投资时表现出与女性投资者不同的投资选择。具体细化到个别的金融资产来看，女性投资风险性金融资产比较少，而稳健性投资或者风险较低的投资占比较高，例如：女性在银行存款、保险等领域投资所占比例较高，从具体数值来看，女性投资者在储蓄投资所占比例，三个年度分别为30.11%、21.08%和26.38%，均高于同时期的男性户主。然而，相比较储蓄的投资，男性在风险性金融资产的投资比重要高于女性，例如：2017年男性股票资产投资者高出女性投资者0.91个百分点。综上可以得出，性别的差异在风险性金融资产上表现得较为明显，男性更加偏爱风险性金融资产的投资，而女性更加偏向投资风险低、收益低的金融产品，相比较男性，女性投资更加谨慎保守。

表7-5　　　　　　　　　性别与农村家庭金融资产选择　　　　　　　　　单位：%

金融资产	CHFS (2013)		CHFS (2015)		CHFS (2017)	
	男	女	男	女	男	女
储蓄	27.90	30.11	21.08	21.08	24.62	26.38
银行理财	0.81	0.40	1.57	3.25	2.27	5.17
股票	2.51	1.81	4.78	3.60	5.38	4.47
保险	15.63	6.76	0.41	0.76	4.51	6.53

2. 年龄差异与农村家庭金融资产选择

家庭金融资产选择行为受到很多因素影响，每个家庭不同的阶段，家庭成员的年龄也会影响家庭金融资产的选择行为。根据梁运文（2010）等学者的研究，可以发现随着年龄逐渐增大，家庭投资风险性金融资产也越来越多。

从表7-6可以看出，不同年龄阶段的家庭金融资产选择也有明显差异，无论是年轻家庭还是年龄较大的家庭户主，银行存款都是家庭投资的主要金融资产，银行存款以其低风险低收益的特点受到各个年龄段居民的喜爱，而且随着年龄的增长，家庭对银行存款的投资额度也逐渐增大。另外，当家庭积累的财富增多时，对银行存款的投资也会逐渐增多。对于一些年轻家庭，其对家电、住房等需求较大，导致家庭整体财富较低，相比较其他年龄段的家庭，年轻家庭对金融资产的投资也较低。然而，年龄段处在 30~50 岁的农户家庭，往往随着家庭成长积累了一定的财富，所以在对金融资产投资时会选择较多的风险性金融资产。但是年龄较大的农户往往失去了劳动能力，会更加注重保障类金融资产的投资，而年轻家庭对保障类则关注不多，主要表现为老年农户的保险持有量要高于其他年龄段的家庭，根据表 7-6 显示，老年农户的保险持有占比为 24.19%，远远高于其他各个年龄段的家庭。再加之老年人收入较低或者没有收入，金融知识掌握度也有限，新信息的获取能力较低，导致金融资产投资占比不高，所以老年人更加倾向于购买稳健性金融资产。

表 7-6　　　　　　年龄与农村家庭金融资产选择（CHFS2017）　　　　单位：%

年龄	储蓄	银行理财	股票	保险
20 岁以下	7.47	6.58	6.93	0.76
21~30 岁	6.88	6.27	5.68	6.38
31~40 岁	8.63	7.73	8.35	12.67
41~50 岁	12.46	8.55	7.83	16.37
50 岁以上	21.38	16.42	16.02	24.19

3. 受教育程度与农村家庭金融资产选择

受教育程度可以从一定程度上反映农村家庭成员的信息获取能力，通常情况下，受教育程度较高的居民能够更好地理解金融知识，对金融产品的理解能力更高，接受度也更强，所以这部分家庭对金融资产的投资更加多样化。因此，农户文化程度也会影响家庭金融资产的选择行为。

根据调查研究得知，农村家庭的受教育程度越高，对风险性金融资产的投资更加积极。从表 7-7 可以发现，当农户受教育程度为初中及以下时，对储蓄和保险的投资比例较大。但是随着农户受教育程度逐步提高，对金融知识的了解度越来越广，这时农户在理财和股票方面投资加大，投资趋向于多元化。

表 7 - 7 受教育程度与农村家庭金融资产选择（CHFS2017） 单位：%

受教育程度	储蓄	理财	股票	保险
初中及以下	56. 77	10. 72	7. 77	24. 74
高中/中专	44. 15	24. 78	11. 72	19. 35
大专	38. 61	22. 74	17. 14	21. 51
本科	40. 17	24. 64	16. 57	18. 62
研究生及以上	36. 29	25. 76	24. 37	13. 58

从受教育程度来看，相比较受教育程度高的家庭，受教育程度低的家庭在风险性金融资产投资上较为保守，但由于样本数量较少，受教育程度为初中及以下的农户包括教育程度为小学甚至没有上过学的农村居民，加之农户受教育程度较低的普遍性，单从受教育程度的高低并不能直接判断其金融资产的选择情况。所以，有必要通过实证分析进一步研究受教育程度对家庭金融资产选择的影响。

4. 风险承受能力与农村家庭金融资产选择

风险分为很多种，在家庭金融资产投资中，投资的风险是投资者进行金融投资时所面临的不确定性，投资者在投资时可能面临收益或者亏本甚至破产，而面对这些不确定的结果时，投资者表现出的倾向便是风险偏好的主要体现。对于风险的偏好可以将居民分为风险偏好型、风险中立型和风险规避型。本节将所有的投资方式分为四类，第一类是高风险、高回报的项目；第二类是略高风险、略高回报的项目；第三类是平均风险、平均回报的项目；第四类是略低风险、略低回报的项目；另外两个选项分别是，不愿意承担任何风险和不知道如何进行投资。本节根据农村居民愿意选择投资哪种类型的项目来判断农户的不同风险偏好，而农户面对风险的偏好不同，往往会从家庭金融资产投资上表现出来，尤其体现在高风险产品和低风险产品的购买上。

从图 7 - 2 可以发现，大部分农户不愿意承担任何风险，他们大部分都是风险规避者，愿意投资高风险、高回报项目的居民占比很低，并且仍然存在 10% 的居民不知道如何投资。反之，愿意选择略低风险、略低回报项目的居民和选择平均风险、平均回报项目的居民占比基本持平，比例都为 15% 左右。但是，从整体的描述分析来看，不同风险承受能力的家庭对其金融资产的选择差别不大，因此需要进行实证检验深入研究。

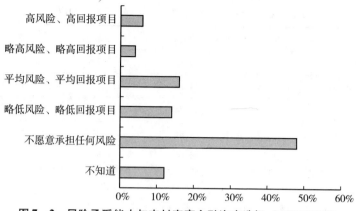

图 7 - 2　风险承受能力与农村家庭金融资产选择（CHFS2017）

5. 经济、金融信息关注度与农村家庭金融资产选择

本次被调查的对象是所有农村居民，由于仍然存在一些农村地区无法及时获得金融市场的信息，农村居民对金融知识的掌握度不够，从而在金融市场参与的积极性不高，在金融资产方面投资不多，对金融知识了解度越高的居民家庭金融资产选择越是多样。由于农户家庭的投资经验和对金融知识的了解存在差别，因此家庭金融资产配置存在很大的差异。

本节通过调查居民平时对经济、金融信息的关注度来判断居民对金融信息的了解度，一共有五个选择，分别为非常关注、很关注、一般、很少关注和从不关注，以此来判断农村居民对经济、金融信息的了解情况。通过数据发现农户普遍对股票、保险、银行理财产品等金融产品不十分了解，由图 7 - 3 可以看出，在日常生活中有 32% 的农村居民对经济、金融类的信息从不关注，有 28% 和 27% 的农村居民日常生活中对金融信息了

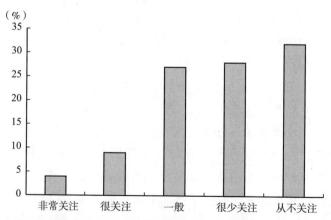

图 7 - 3　居民对经济金融信息的关注度与农村家庭金融资产选择（CHFS2017）

解一般，而在日常生活中对金融信息非常关注和很关注的居民分别占4%和9%，一般、很少关注和从不关注的人占到了总样本的近90%。由此可见，大部分的农村居民缺乏对金融知识的了解，金融知识的关注度对家庭金融资产的影响细节，还应该进一步进行实证研究。

7.3 农村家庭金融资产选择行为结构方程模型分析

7.3.1 研究假设

通过前人已有的相关成果和描述性统计分析发现，户主年龄、经济和金融信息了解度、婚姻状况、受教育程度、收入等都会影响农村家庭金融资产选择行为，而且农村家庭金融资产的选择决策是由多种原因共同作用的结果，因此，本章提出以下假设：

假设1：性别会影响家庭金融资产选择行为，并且男性是风险偏好者。

一般情况下天生性别差异会影响个人的投资倾向和风险偏好。男性大多是风险偏好者，在金融资产选择时，对股票、债券、基金等风险金融资产的选择会多。女性在金融资产选择较男性更加谨慎保守，对储蓄等低风险低收益的金融资产持有较多，由于风险偏好的不同，家庭在金融资产投资方面也会出现很大的差异。关于性别与家庭金融资产选择行为之间关系的研究，刘降斌、张洪建和杜思宇（2016）基于2011年中国家庭金融调查（CHFS）数据，采用二元Logit模型，实证分析家庭金融风险资产的影响因素，发现性别能够影响家庭金融风险资产选择。

假设2：家庭基本特征影响家庭金融资产种类。

家庭基本特征不同会产生不同的选择行为，户主婚姻状态与年龄影响家庭金融资产，并且，单人户家庭比多人口家庭对保险需求较低，风险资产持有比例高，主要在于多人口家庭需要赡养老年人，照顾子女，更倾向低风险资产。另外，年龄是影响家庭金融资产的一个因素，基于生命周期理论，家庭金融资产组成随着居民年龄的变化而不断改变，一般情况下，随着年龄的增长，对风险承受能力会逐渐降低。

假设3：居民风险承受能力高的家庭，家庭金融资产选择更加多样。

风险承受能力越强，就会加大风险资产的持有比例，风险承受能力高的居民家庭，在股票、基金、债券持有比例要高于风险承受力低的家庭，这种情况会促进家庭金融资产配置更加多样化。

假设 4：居民对经济、金融知识了解度影响金融资产选择行为。

居民对经济、金融了解度越高，家庭金融资产选择行为越多样。一般情况下，对经济、金融信息了解度高的居民能够合理投资，不会出现储蓄过多、风险资产为零的情况，对经济、金融知识关注较少的居民，家庭金融资产选择更为单一。

假设 5：居民对经济、金融信息的了解度，影响农村家庭风险承受能力。

农村居民普遍受教育程度不高，再加上许多类似于证券类金融产品在农村地区的普及度低，农村居民缺乏对经济、金融等知识的了解，呈现出在一般情况下，对金融信息关注较多的居民，对各种金融产品了解更深入，资产选择类别较其他居民就会更多。

7.3.2　变量选择

基于本章的相关假设，加之农村家庭金融资产的不确定性以及风险承受能力、经济、金融信息了解度难以准确测量，鉴于结构方程模型能够允许多个潜变量的存在并同时处理多个潜变量的能力，本研究将采用结构方程模型进行分析。

家庭基本特征。主要包括受访者的性别、婚姻状况、年龄，剔除受访人年龄在 16 岁以下的数据。

风险承受能力。通过参考预期效用理论得知，风险能力能够影响居民的行为决策，风险承受能力强的居民，金融资产选择行为更加多样。另外，考虑到受教育背景会影响风险承受能力，一般情况下，文化程度高的居民更倾向于高风险高收益的投资方式。

经济、金融信息了解水平。由于金融市场上金融产品种类较多，居民能够根据自己对经济、金融信息的了解程度来选择合适的金融产品投资，对于家庭金融的选择行为有很强的主观判断性，在一定程度上，居民对经济、金融的了解度能够影响居民家庭的行为决策。

根据相关假定，本章研究所需变量如表 7 - 8 所示。

表 7 - 8　　　　　　　结构方程模型的潜变量与观测变量

潜变量	观测变量及符号
家庭基本特征	性别（*Gender*） 婚否（*Marriage*） 年龄（*Age*）

潜变量	观测变量及符号
风险承受能力	投资意愿（*Willingness*） 受教育背景（*Education*） 对股票和基金的了解度（*Understand*）
经济、金融信息了解度	对经济、金融信息的关注度（*Attention*） 是否主动参加过金融课程培训（*Study*）
选择决策	银行储蓄（*Deposit*） 现金（*Cash*） 银行理财产品（*Financial*） 股票（*Stock*） 债券（*Bond*） 基金（*Fund*） 保险（*Insurance*）

7.3.3 实证检验

在利用结构方程模型进行计算时要对模型进行识别。一般情况下，要判断模型整体识别性要求如下：

$$t = \frac{(p+q)(p+q+1)}{2}, \quad df = \frac{(p+q)(p+q+1)}{2} - t > 0 \qquad (7-1)$$

其中 p 代表外生观测变量数，q 代表内生观测变量数，t 指待估参数的数量，df 代表自由度。当 $t = df$ 时模型恰好被识别；当 $t < df$ 时，模型过度识别；当 $t > df$ 时，模型不足识别。在本章这个模型中，$t = 35$，$df = 85$，$t < df$，符合模型识别要求，因此该模型是可以被识别的。

本章采用 amos21.0 版软件对 CHFS 数据库 2013 年、2015 年、2017 年的数据分别进行结构方程模型运算，鉴于先前，大部分学者在可观测变量对农村家庭金融资产选择的影响方面有众多研究成果，加之本章主要研究潜在变量之间的关系，重点分析内在因素对农村家庭金融资产选择行为的影响，因此，在剔除异常值和缺失值之后对变量取平均值处理。本节只对潜在变量之间的标准路径系数分析，通过对运行结果进行整理，得出三个年份的模型标准路径系数表。

表 7 - 9　　　　　　　　　　2013 年数据模型标准路径系数表

路径关系	标准路径系数	标准误差	C.R.	显著性 P
选择行为←家庭基本特征	0.005	0.009	0.542	0.588
选择行为←风险承受能力	0.155	0.01	17.647	***
选择行为←对经济、金融信息的关注度	0.051	0.011	5.456	***

注：*** 表示 P 值小于 0.001；显著性水平为 0.05。

在 2013 年变量影响情况中，如表 7 - 9 所示，家庭基本特征对选择行为的标准路径影响系数为 0.005，对应的显著性 P 值为 0.588，大于 0.05，没有达到显著性水平，说明家庭基本特征对选择行为没有显著的影响，假设 2 不成立。

居民的风险承受能力和居民对经济、金融信息的了解度对选择行为的标准路径影响系数分别为 0.155 和 0.051，它们所对应的显著性 P 值均小于 0.001，达到显著性水平，说明风险承受能力对选择行为有显著的正向影响，金融了解度对选择行为也有显著的正向影响，假设 3 与假设 4 成立。

因此从 2013 年的数据分析可得，居民的风险承受能力，对经济、金融信息的关注度对选择行为均有显著的正向影响作用，而家庭基本特征的影响不明显。

由 2015 年数据模型标准路径系数表 7 - 10 可知，家庭基本特征对选择行为的标准路径影响系数为 - 0.006，对应的显著性 P 值为 0.643，远大于 0.05 没有达到显著性水平，说明家庭基本特征对选择行为没有显著的影响，因此假设 2 家庭基本特征影响选择行为不成立。

表 7 - 10　　　　　　　　　2015 年数据模型标准路径系数表

路径关系	标准路径系数	标准误差	C.R.	显著性 P
选择行为←家庭基本特征	- 0.006	0.008	- 0.463	0.643
选择行为←风险承受能力	0.038	0.006	2.975	0.003
选择行为←对经济、金融信息的关注度	0.051	0.01	4.004	***

注：*** 表示 P 值小于 0.001；显著性水平为 0.05。

风险承受能力对选择行为的标准路径影响系数为 0.038，对应的显著性 P 值为 0.003，小于 0.05 达到显著性水平，说明风险承受能力对选择行为有显著的正向影响，因此假设 3 风险承受能力影响选择行为，风险承受能力越强选择行为越多样成立。

对经济、金融信息的关注度对选择行为的标准路径影响系数为 0.051，对应的显著性 P 值小于 0.001，达到显著性水平，说明经济、金融信息的关注度对选择行为有显著的正向影响，因此假设 4 居民对经济、金融信息关注度影响选择行为，金融关注度越高选择行为越多样成立。

因此，从 2015 年的数据来看，居民的风险承受能力，对经济、金融信息的关注度对选择行为均有显著的正向影响作用，而家庭基本特征的影响不确定。

如表 7 - 11 所示，2017 年变量影响情况中，家庭基本特征对选择行为的标准路径影响系数为 0.006，对应的显著性 P 值为 0.572，大于 0.05 没有达到显著性水平，说明家庭基本特征对选择行为没有显著的影响，分析结果与假设 1 和假设 2 相反，因此假设 1 和假设 2 不成立。

表 7 - 11   2017 年数据模型标准路径系数表

路径关系	标准路径系数	标准误差	C.R.	显著性 P
选择行为←家庭基本特征	0.006	0.009	- 0.543	0.572
选择行为←风险承受能力	0.041	0.007	3.546	***
选择行为←对经济、金融信息的关注度	0.053	0.012	6.421	***

注：*** 表示 P 值小于 0.001；显著性水平为 0.05。

风险承受能力对选择行为的标准路径影响系数为 0.041，对应的显著性 P 值小于 0.001，达到显著性水平，说明风险承受能力对选择行为有显著的正向影响，这与假设 3 "居民风险承受能力高的家庭金融资产选择更加多样"相符合。

经济、金融信息的关注度对选择行为的标准路径影响系数为 0.053，对应的显著性 P 值小于 0.001，达到显著性水平，说明金融了解度对选择行为有显著正向影响，这与假设 4 "居民对经济、金融知识了解度影响金融资产选择行为"相吻合。

因此，从 2017 年的数据来看，风险承受能力、金融了解度对选择行为均有显著的正向影响作用，而家庭基本特征对农村家庭金融选择决策的影响尚不明显。

由 2013 年、2015 年和 2017 年不同年份的数据进行结构模型的分析可知，家庭基本特征均对选择行为没有显著的影响，性别对家庭金融资产配置的影响尚不明确；风险承受能力、金融了解度均对选择行为有显著的正向影响，风险承受能力越强的家庭，家庭金融资产选择越多样，反之，风险承受能力低的家庭，其金融资产选择行为较为单一。从居民家庭对经济、金融信息了解度来看，当居民对经济、金融类的信息了解增多，对各种金融产品特点的了解就越深入，家庭金融资产类别越多。

通过以上三个年份标准路径系数分析得出的结果，能够说明模型的结论具有一定的稳健性，数据结论比较可靠，模型科学有效。

7.3.4　结果分析

1. 效应分析

"单一化效应"：根据分析观察，农村家庭金融资产选择行为较为单一，家庭金融资产中银行存款占比较大，其次是现金，对银行理财产品投资较少，可能是因为农村居民对银行理财产品了解不够深入，不敢加大投资。在货币类金融资产方面，资产选择主要集中在银行存款；证券类金融资产持有量偏低，而保险类大部分是政府要求购买，差别并不突出。另外，根据数据分析可知，农村家庭股票资产持有量不高，只有少部分人持有债券，在基金方面几乎没有购买。由此看出，农村家庭金融资产投资较为集中同一种产品，同时，从农村家庭投资特点来看，农户更加偏向于投资低风险低收益的金融产品。

"财富效应"：农村居民在家庭金融资产选择时存在一定的财富效应，即随着收入的增加会加大对部分金融资产的持有量，在银行存款和股票这两种资产的持有量上较为明显。由上文分析可知，随着农村居民收入的增加，农村家庭的银行存款会随之增多，同时，也逐渐加大对股票等风险类金融资产的投资。但是，从数据分析来看，对股票等金融资产的投资并不明显，主要原因在于，我国农村地区的居民受教育水平较低，缺乏基本的金融知识，从而对各种金融产品了解不够深入，只是主观片面性地认识金融投资，尤其是对证券类等高风险、高收益的产品，因此，即使农村家庭年收入增多，但对证券类金融产品的投资增加并不明显，其财富效应与银行存款持有量相比更为微弱。

"联动效应"：农村家庭金融资产选择行为会受到一些宏观因素的影响。例如，当股票市场出现波动或者处在低迷状态时，居民家庭对股票资产的持有量会明显降低。同时，当黄金价格下降时，可以发现农村家庭对贵金属的持有量会大幅度增加，这说明，农村居民在家庭金融资产选择时会受到外界因素的影响，同时由于不同家庭的风险抵抗能力和心理预期不同，形成对货币类、证券类、保障类家庭金融资产选择的变动，尤其是对前两类资产持有量的变动更加明显。

"结构异质化效应"：根据上文分析可知，农村家庭金融资产选择之间存在结构异质化效应。由上文数据来看，2013 年、2015 年和 2017 年三个年份各个类别的金融资产占比之间差距并不大，但是由标准路径系数来看各年份数据正负不同，这说明虽然家庭金融资产总量相对持平，差别不大，但是对于每一个家庭而言，各类金融资产的选择结构和比例存在差别，每个家庭之间的投资具有相对独立性。

2. 假设结果验证

通过结构方程模型分析反映出影响农村家庭金融资产选择行为的内在因素，因此，结合前人研究经验和结构方程模型的分析实证结果，对相关假设情况进行说明（见表 7 - 12）。

表 7 - 12   假设检验结果

假设	检验结果	说明
假设 1	○	性别会影响家庭金融资产选择行为，并且男性是风险偏好者
假设 2	×	家庭基本特征显著影响家庭金融资产种类
假设 3	√	居民风险承受能力高的家庭，其金融资产选择更加多样
假设 4	√	居民对经济、金融知识了解度，影响农村家庭金融资产选择行为
假设 5	○	居民对经济、金融信息的了解度，影响农村家庭风险承受能力

注："√"表示验证了假设，"×"表示否定了假设，"○"表示结论不明确。

通过实证分析，发现上文的假设中有两个假设不明确，有一个假设与实证结果相矛盾。关于假设 1，性别对于农村家庭金融资产选择的影响，结论尚不明确。相关因素的统计分析可以看出，男性和女性在金融资产选择时出现很大的差别，男性对于风险系数较高的金融资产选择意愿较强，更加偏向于风险性金融资产，而女性出于谨慎保守的态度更倾向于选择低风险低收益的金融资产。主要表现为男性在股票资产的持有量上要高于女性，在整个风险性金融资产的选择中，女性持有量要少于男性，因此提出假说性别也会影响家庭金融资产选择行为。但是性别这一变量在利用结构方程模型进行实证分析时，是作为家庭基本特征的可观测变量来测量对选择决策的影响，而非农村家庭金融的资产投资选择的直接观测变量，所以虽然理论研究发现性别使得风险承受能力不同，但在农村家庭的投资决策者多为男性，而调查中的女性受访者很少能代表整个家庭的投资意愿。因此，性别对农村家庭金融资产选择的影响结论仍然是不明确的。对于假设 2，分析表明家庭基本特征并不能很好地影响农村家庭金融资产选择行为，在上文统计分析部分可以看出家庭基本特征不能够很好地影响家庭金融的选择行为，即使从三个年份整体来看相差不大，结构相似的家庭之间在家庭金融资产投资的类别也存在很多不同，农村家庭户主性别、婚姻状况和年龄这三个观测变量只能说明户主的选择决策，也未能反映出家庭金融整体选择行为，因此，实证分析表明家庭基本特征不能显著影响农村家庭金融资产选择行为。对于假设5的检验，居民对经济、金融信息的了解度，影响农村家庭风险承受能力，分析结果表明，居民对经济、金融信息的了解度会对风险承受能力有一定影响，但并不是主要影响因素，居民的风险承受能力这一变量受到很多因素的影响，例如家庭年收入、家庭人口等，因此单一的对经济、金融信息的了解度并不能完全体现对整个家庭风险承受能力的影响。

实证分析结果表明：我国农村地区依然以保障类金融资产持有居多，大多集中在储蓄，在证券类金融资产的投资方面几乎为零，而关于保障类金融资产的投资，大部分居民投资差别并不明显，考虑到保障类金融资产主要以保险为主，而在农村地区大部分社会保险一般是政府要求购买，因此对于保障类金融资产农户之间差别不大。而且农村家庭金融资产选择行为受到许多因素的影响，结构方程模型分析得出，家庭基本特征对农村家庭金融资产选择的影响尚不明确，农村居民的风险承受能力与家庭金融资产选择行为显著正相关，居民对经济、金融知识的了解度与家庭金融资产选择呈显著正相关。家庭风险承受能力越高，居民对经济、金融等信息了解度越深入，家庭金融资产选择越多样。

7.4　本章小结

经过40多年的改革开放，我国农村地区的经济发展水平有所提升，但与城市相比仍然存在较大差距。现代社会，家庭已经成为一个重要的生产单位，农村家庭金融也是发展农村金融的重点内容。只有关注中国农村地区家庭金融的具体情况，才能真正从根本上促进农村家庭金融资产的合理配置。

本章基于微观层面，利用2013年、2015年以及2017年的CHFS数据，从全国范围农村地区出发，通过描述性统计分析，从整体上把握影响我国农村家庭金融资产的相关因素，发现我国农村居民家庭金融资产的投资特点，农村居民家庭资产配置较为单一，在家庭金融资产选择时，大部分选择货币类金融资产，而且主要集中在银行存款，证券类金融资产几乎没有，保障类金融资产的持有量相差不大。

采用结构方程模型分析，发现三个主要不可观测变量对我国农村家庭金融资产选择的影响，结论如下：即农村家庭基本特征对其金融资产选择行为的影响尚不明确，而居民的风险承受能力能够显著影响农村家庭金融资产选择，居民风险承受能力强的家庭，往往在家庭金融资产选择方面更加多样化；家庭风险承受能力低往往选择的金融资产较为单一。另外，农村居民对经济、金融信息的了解度也会显著影响家庭金融资产选择行为，呈正相关，农民对金融知识了解度越高，就会增加对各种金融资产的持有量；反之，家庭金融资产选择倾向于单一化。最后，本章结合实证结果对农村家庭金融资产选择行为进行效应分析，进一步发现农村地区金融资产选择存在四大特征，即"单一化效应""财富效应""联动效应"和"结构异质化效应"，政府和金融机构可以引导农村居民积极参与金融市场，学习基本金融知识，选择适合自己的家庭金融资产，优化家庭金融资产配置。

第 8 章　户主主观行为特征对农村家庭财产水平的影响研究

第 4 章从全国范围内对城乡家庭金融资产持有的规模和结构进行了差异分析；第 5 章研究了农村家庭金融资产选择行为的影响因素；第 6 章探讨了家庭结构对农村家庭金融资产选择行为的影响；第 7 章更深一步分析了农村家庭金融资产的选择行为，采用结构方程模型（SEM）探讨潜在变量对农村家庭金融资产选择行为的影响。

本章是基于行为视角研究农村家庭财产水平的差距问题。分析农村家庭户主的投资参与度、风险偏好度、社会满意度和社会信任度等主观行为特征对财产水平的影响路径，并运用分位数回归分析（QRM）和邓氏灰色关联模型（DGRM）等方法进行实证研究。通过分析发现：我国农村家庭财产水平呈现区域性差异，户主的主观行为特征能够影响其家庭财产水平。本章为研究贫富差距问题提供了一个新的视角。

8.1　农村家庭主观行为特征的研究概述

8.1.1　农村家庭主观行为特征研究的必要性分析

改革开放以来，我国农村地区经济发展迅速，人们生活条件改善，家庭财产有所积累。与此同时，财产分配不平等程度也越来越高。在互联网快速发展的今天，居民的主观意识逐渐增强，家庭参与金融市场的程度不断提高，家庭财产水平差距明显，而家庭财产水平是衡量贫富差距的一个重要指标，贫富差距过大能够影响社会的公平和稳定，因此，有必要对影响家庭财产水平的因素进行研究，提升农村家庭财产水平，努力缩小贫富差距。

根据现有的研究成果，家庭财产水平的影响因素主要包括家庭外部环境因素、家庭内部环境因素、户主的客观特征影响因素以及户主主观行为特征。其中，家庭外部环境因素包括家庭住址所在省份的经济情况、人均GDP等；家庭内部环境因素为家庭人口结构、家庭人均收入等；户主的客观特征因素主要包括家庭户主的年龄、婚姻状况、受教育程度等；户主的主观行为特征主要包括户主的风险偏好程度、社会满意度、社会参与度以及社会信任度等，在其他因素都相似的条件下，户主的主观行为特征是影响家庭财产水平的重要因素。家庭在进行投资决策时，由于户主的风险态度、社会信任度等不同，产生不同的家庭金融选择，因此，进一步分析户主主观行为对家庭财产的影响具有深远意义。从实践意义上讲，通过研究户主的主观行为特征与家庭财产水平的关系，引导农村居民合理选择家庭财产，对促进农村家庭金融资产配置多元化具有重要意义。另外，通过分区域研究户主主观特征对家庭财产的影响，了解农村居民参与金融市场的动机，相关金融机构能够据此制定创新型金融产品，扩大金融机构的客户群，做到精准营销，并且，对农村家庭财产水平的研究也具有一定的宏观意义，能为国家相关部门制定惠农政策提供依据，进一步促进农村的发展，缩小贫富差距。

本章在研究时，一方面考虑到区域发展的不平衡，将农村数据分为东、中、西部三个地区分别研究，通过描述性统计分析的方法对2017年的CHFS数据进行分析，得出现阶段农村家庭财产水平分布的地区差异以及户主的主观行为特点。另一方面，在此基础上，采用分位数回归模型分地区研究户主主观行为特征对不同分位家庭财产的影响，从同一区域内部和不同区域两个角度进行分析，从而得出更加有说服力的结论。最后，为深入研究户主主观行为特征与家庭财产之间的关系，本章基于邓氏灰色关联分析法，在已有分析的基础上分区域探究户主主观态度与家庭财产的关联度，重点研究户主主观特征与家庭财产之间的关系。并以家庭户主的客观特征为依据手工分组研究，通过研究发现影响家庭财产的主观因素，并提出合理化的政策建议。

8.1.2　农村家庭财产水平的研究综述

随着社会经济的发展，农村经济得到了很大的提升，农村家庭金融发展迅速。在家庭中，家庭投资行为是多种因素共同作用的结果，在这些因素中，户主的主观态度是其中一个重要的因素，对于户主主观行为对家庭财产水平影响的研究，学者们已经取得丰富的研究成果。现阶段随着乡村振兴战略的提出，农村经济快速发展，但是城乡居民的家庭财产水平仍然存在差距，我国财产分布的不平等程度比较严重，特别是农村财产分布的基尼系数已经超过城市（梁运文等，2010），这种差距主要表现在：城镇居民家庭财产过于集中在净房产上，净房产对家庭净财产差距扩大的影响程度较大（朱金霞等，2019），而农村居民家庭财产过度集中在银行存款和自有房屋上，在财产构成区域上没有特别明显的区别，但是，不同财产水平存在差距，例如，家庭财产在15万元以上的家庭，其资产组成与其他家庭差别明显（严琼芳等，2013）。有许多因素会影响并造成这些差异，居民的职业、受教育程度、党员身份（梁运文等，2010）、外出务工经历、社会政治资本、专业技能（严琼芳等，2013）、关系（何金财等，2016）都会对家庭财产水平产生重要影响。主要表现为户主的受教育程度、外出务工经历、社会政治资本、专业技能等对农村居民家庭财产积累有正面影响，关系能够显著提高家庭财产持有量，也会造成家庭财产差异的进一步扩大（何金财等，2016）。除此之外，学者们不仅仅研究发现家庭特征对财产水平的影响，同时也有学者发现技术进步方向（董直庆等，2016）、国内通货膨胀（陈彦斌等，2013）等一些外部环境的改变也会对家庭财产水平产生重要影响。其中，技术进步方向对财产流动性和分布状况有重要影响。资本增进型技术水平提升能够影响家庭财产水平的上升，尤其是部分学习能力较强的家庭，当其技术水平提高时，家庭财产将出现大幅提高。而此时社交能力占优的家庭财产位次下降，并且通过影响劳动者能力，改变财产分布的不均等状况。如果通货膨胀率从0上升到5%，那么总体财产不平等程度将会加剧，农村家庭将遭受到较城镇家庭更高的福利损失（陈彦斌等，2013）。

综上所述，在对农村家庭财产水平的研究上，学术界已有相当丰富的研究成果，这些都为本文的研究提供了有益的启示。本章基于2017年中国家庭金融调查中心（CHFS）数据，从行为的角度，采用分位数回归模型和邓氏灰色关联分析，深入研究户主的主观特征对农村家庭财产水平的影响。

8.2　农村家庭财产水平分析

8.2.1　农村家庭财产水平的特征分析

农村家庭财产状况的研究，对于了解我国农村经济社会发展的基本情况有重要的参考价值，此方面的研究一直都受到学界的重视。本节将收集到的资料进行整理和归纳，从总量和结构两个方面分析农村家庭财产水平。

1. 农村家庭财产人均增速较快，但城乡差距仍然存在

根据《经济日报》2017年和2018年的调查显示，2017年农村家庭人均财产为83 969元，2018年农村家庭人均财产为87 744元，增长速度为4.5%，虽然低于当年GDP的增长幅度，但是较之以往有所提高。究其原因，主要有两个方面：一方面是由于中国的整体经济形势的影响。自从改革开放之后，我国经济一直保持着平稳较快发展，虽然近几年面临结构升级、产业转型等问题，经济增长幅度有所放缓，但是在各微观经济体的努力下，在国家平稳的宏观调控下，我国的经济增速一直保持在6%以上，国家整体增长平稳，自然也能保证农村家庭财产的平稳增长。另一方面是乡村振兴战略的实施，众所周知，在新中国成立之初以及改革开放的初期，为了保障工业的发展，以及加快进行资本的原始积累，我国以工农剪刀差的方式剥夺了大量的农村资金，使其进入工业领域促进工业发展，以此形成的城乡二元结构一直是我国经济发展面临的重要问题。2018年的中央一号文件，全面部署实施乡村振兴战略，为了缩短城乡之间的差距，推动城乡经济协调发展，在此背景下，出台了众多有利于乡村发展的政策，也投入了大量资金支持乡村的建设和发展。很多农村地区都在这一轮的乡村振兴战略中获得了红利，实现了收入的稳步增长。

虽然农村家庭财产增长平稳，但是与城市家庭相比依然有着比较明显的差距。根据《中国家庭财富调查报告2019》，2018年城镇家庭人均财产为292 920元，是农村家庭人均财产的3.34倍。除了长期存在的城乡二元结构之外，还有一个比较重要的原因则在于房产价格的不同。在进行统计时，房产是作为重要的家庭财产纳入其中，但是当前我国存在农村房产价值被低估的情况。我国的土地性质中明确规定，城市土地归国有，农村土地为集体所有，在这种情况下，城市居民的房产价值是十分容易估算的，按照市场价值衡量即可，但是农村的房屋是不能直接进入市场买卖的，其价值就被大大地低估了。2019年的家庭财富调查报告显示，房产净值增长额占家庭人均财富增长额的91%。因此，房产净值较高的城镇居民家庭从房产净值大幅增长过程中获得更多的财富积累，这也印证了我们的观点。

2. 农村家庭财产结构较为单一

由于我国在漫长的历史阶段中，都是以农业为主，尤其是以小农经济为主，人民的忧患意识较强，从而导致储蓄的意愿较高。相关资料显示，农村家庭财产的结构比较单一，除了储蓄存款之外，就只有自建房屋以及汽车，农民家庭购买汽车一方面是出于自己生产生活的需要，另一方面也是出于精神层面的需求。不过农村家庭购买的汽车，大部分为普通型汽车，以国产为主，进口的高档汽车较少。而农民自建房屋一方面是为了改善自己的生活环境，另一方面也是为子女考虑。很多农村家庭在婚嫁过程中都要求房屋，所以有能力的家庭会建新房或翻新旧屋，而储蓄存款则是最古老的财产保有方式。

3. 农村家庭金融资产选择较少

在农村家庭财产稳定增长之后，其使用问题便凸显出来，经济日报2017年的调查显示，农村家庭的新增投资几乎都在储蓄存款上，其他资产上的投资非常少。通过调查数据可以发现，在家庭储蓄的主要原因中，位居前几名的分别是"应付突发事件及医疗支出"，占41.9%；"为养老做准备"，占34.19%；"为子女教育做准备"，占33.56%；"不愿承担投资风险"，占24.27%。这背后也有着比较深刻的社会原因，首先我国农村的养老观念处于新旧衔接的状态，传统的养儿防老并未完全脱离农村社会，而国家的养老体系尚未完善。在此情况下，农民不得不考虑自己丧失劳动能力之后的生活，储蓄便成了他们的首选。同样的，医疗保障体系和教育体系尚未完全普惠乡村，农民要想寻求更高级别的医疗救护或者更好的学校，都必须付出较高的费用，从而强化了农民的储蓄意愿。

不仅如此，相较于城市而言，农村家庭进行储蓄投资的金融机构选择也有限。《中国家庭财富调查报告2019》显示，农村地区家庭经常去的银行主要是农村商业银行，占38.28%；中国农业银行，占19.73%；邮政储蓄银行，占14.99%；中国建设银行，占5.25%。对于农民而言，这些农村商业银行的可信度更高，利息也相对较高，对他们而言是比较好的选择。当然这也与分布率有关，国有银行大部分都建于城市或者乡镇，很少有在农村设营业厅或自助取款点的。而农村商业银行由农村信用社改制而来，长期扎根农村基层，某些农村商业银行会在村内的小店或集结点建立代办处，努力提供便民服务。

8.2.2 农村家庭金融资产选择行为的成因分析

1. 基于我国不完善的社会福利制度

根据马斯洛的需求金字塔，生理需求是人们生活的最基础需求。这些需求如果不能得到最低程度的满足，人类就无法继续生存和繁衍。对于普通的成年人而言，满足生理需要并不难，而对于老人、未成年人、残疾人，或者是患有某种疾病的人，他们的基本生理需求是需要依靠亲人或国家给予支持的。当前，我国的各种保障体系尚不完善，因此农民需要统筹考虑自己的财产分配。为了自己年老或丧失劳动能力以后的生活需要，不得不更多地储蓄，以备不时之需。

2. 受限于农村地区的教育水平和认知水平

金融资产的选择并不简单，很多金融资产的投资需要考虑长期和短期因素，也需要考虑收入的稳定性，甚至会涉及折现率等比较专业的概念。这些都不是普通的农民能够一下子明白或了解的，需要一定的受教育水平和较高的认知能力。而在长期的二元结构之下，我国农村教育与城市教育呈现出明显的两极格局，农民的受教育年限以及受教育水平普遍低于城市居民，因而难以理解不同的金融投资项目，更加不易选择。

3. 长期形成的保守心态

由于在改革开放初期，我们采用了功能剪刀差的形式帮助城市的发展，导致农村长期处于经济洼地。农村的经济发展一直以来都是滞后于城市的，农村家庭想要在高速发展的工业化中寻找生路，需要付出比城市居民更高的代价。对于中国农村地区的家庭而言，他们明白财富积累的不易，在进行金融投资选择时会更加慎重，这种慎重一方面表现在他们进行金融投资时，并不是以收益率为衡量标准的，而是以保值作为基本投资目标。因为他们十分明白高风险、高收益的道理，他们并不想以自己现有的财产为手段去博取经济利益，而是单纯地想跑赢通货膨胀。因此他们根本不会去考虑收益较高的其他金融投资渠道，甚至会比较排斥其他金融投资渠道。另一方面，他们在进行储蓄时，一般都会选择定期且长期储蓄，这样就极大地降低了财产的流动性。

当然，农村家庭的保守心态不仅体现在他们面对金融产品的选择时，还体现在其他方面。从行为心理学的角度而言，这种保守心态在短期是难以消除的。

4. 金融投资产品的偏城市化

当前除了极个别银行的极个别金融投资产品之外，很少有专门针对农村家庭的金融投资产品，这也是我国城乡二元结构的一个表现。通过查看资料我们发现，在之前针对农村金融的调查中，众多的金融从业者都认为在农村深入开展金融工作是不合适的，最起码在经济角度是不划算的。正因如此，金融投资产品出现了偏城市化现象。

学界众多专家探讨过此内容，并且进行了一定的实验，比较著名的就是在东南亚进行的小额贷款试验，它在一定范围和一定程度上取得了成功。而当我国学者把它引入到中国农村地区时，又出现了违约等各种情况。因此，需要更加深入而详细的调查才能够设计出符合中国农村地区的金融产品。

5. 信息传递受阻

城市与农村还存在着信息传递渠道的不同。伴随着城市信息化率的不断提升，城市信息的获取更主要是通过互联网的形式。借助互联网的快车，很多金融投资项目都可以在网上进行操作，极大地减少了交易成本，加快了流通速度。而农村则不同，由于众多的乡村都处于人口流出状态，越来越少的年轻人在乡村，留守的老年人及其他人群，对互联网的接受能力有限，抑或受到接受设备的限制，不能从互联网上获取相关的信息，更不用说在网上办理相关的业务了。根据《中国家庭财富调查报告 2019》的发现，在城镇有超过 70% 的受访者都曾经使用过互联网进行金融投资，而在农村这一比例不超过 30%。随着我国信息化社会建设的推进，金融投资的操作越来越多地在网上进行，会进一步加剧城乡差距。

8.2.3 农村家庭财产水平的比较分析

居民的家庭财产是反映人民生活水平的重要指标，也是衡量国家经济实力的主要依据。随着改革开放的不断深入，我国经济体制逐渐从计划经济向市场经济转变，生产力得到了长足发展，综合国力不断增强，人民生活水平迅速提高，居民的家庭财产也从无到有、从少到多，在经济生活中扮演着越来越重要的角色。

为了能够深入分析家庭财产特征，本章结合国家统计局 2015～2019 年的数据和相关资料，对居民家庭财产数据作了简要的分析。

1. 家庭经济状况分析

改革开放以来，我国 GDP 年均增长达到 9.5%，是世界上增长最快的国家，这个速度是同期世界经济年均增速的 3 倍。农村居民纯工资性收入由 1978 年的 88.3 元增加到 2019 年的 14 389 元，提高了 162 倍（名义增长）。而家庭财产最主要的部分是家庭收入，随着人均家庭收入的不断增加，农村地区家庭财产逐渐积累。根据国家统计局资料显示，截止到 2019 年底，农民人均可支配收入为 16 021 元（见表 8 - 1）。

表 8 - 1　　　　　　　　　　　　全国居民可支配收入

指标	2015 年	2016 年	2017 年	2018 年	2019 年
居民人均可支配收入（元）	21 966.19	23 820.98	25 973.79	28 228.05	30 733
居民人均可支配收入同比增长（%）	8.9	8.4	9	8.7	8.9
城镇居民人均可支配收入（元）	31 194.83	33 616.25	36 396.19	39 250.84	42 359
城镇居民人均可支配收入同比增长（%）	8.2	7.8	8.3	7.8	7.9
农村居民人均可支配收入（元）	11 421.71	12 363.41	13 432.43	14 617.03	16 021
农村居民人均可支配收入同比增长（%）	8.9	8.2	8.6	8.8	9.6
居民人均消费支出（元）	15 712.41	17 110.75	18 322.15	19 853.14	21 559
居民人均消费支出同比增长（%）	8.4	8.9	7.1	8.4	8.6
城镇居民人均消费支出（元）	21 392.36	23 078.9	24 444.95	26 112.31	28 063
城镇居民人均消费支出同比增长（%）	7.1	7.9	5.9	6.8	7.5
农村居民人均消费支出（元）	9 222.59	10 129.78	10 954.53	12 124.27	13 328
农村居民人均消费支出同比增长（%）	10	9.8	8.1	10.7	9.9

资料来源：《中国统计年鉴》。

从表 8 - 1 可以看出，2015~2019 年，我国城乡居民人均可支配收入均呈增长态势。到 2019 年底，我国居民人均可支配收入为 30 733 元，城镇居民人均可支配收入为 42 359 元，农村居民人均可支配收入为 16 021元。可以看出，尽管农村居民人均可支配收入快速增长，城乡之间差距仍然明显。另外，从人均消费支出可以看到，我国人均消费支出为 21 559元，其中，城镇居民人均消费支出为 28 063 元，农村居民人均消费支出为13 328 元，考虑到农村地区家庭资金有限，人均消费支出较低属于正常情况。除此之外，从 2019 年中国住户调查年鉴得到 2013~2018 年农村居民按收入五等份分组的人均可支配收入情况，如表 8 - 2 所示。

表 8 - 2　　　　农村居民按收入五等份分组的人均可支配收入　　　　单位：元/人

组别	2013 年	2014 年	2015 年	2016 年	2017 年	2018 年
低收入户（20%）	2 877.9	2 768.1	3 085.6	3 006.5	3 301.9	3 666.2
中间偏下户（20%）	5 965.6	6 604.4	7 220.9	7 827.7	8 348.6	8 508.5
中间收入户（20%）	8 438.3	9 503.9	10 310.6	11 159.1	11 978	12 530.2
中间偏上户（20%）	11 816	13 449.2	14 537.3	15 727.4	16 943.6	18 051.5
高收入户（20%）	21 323.7	23 947.4	26 013.9	28 448	31 299.3	34 042.6

资料来源：《中国住户调查年鉴（2019）》。

根据表 8 - 2 发现，2013～2018 年，各个收入等份的农村居民人均可支配收入呈递增趋势。农村居民低收入组人均可支配收入在 6 年内由 2 877.9 元增加至 3 666.2 元；中间偏下户由 2013 年 5 965.6 元增长至 2018 年 8 508.5 元；中间收入户和中间偏上收入户分别由 8 438.3 元、11 816 元增加至 12 530.2 元和 18 051.5 元；而高收入户的人均可支配收入由 21 323.7 元增加至 34 042.6 元。2013 年，农村居民高收入户的人均可支配收入是低收入户人均可支配收入的 7.4 倍，而 2018 年则为 9.3 倍，这说明农村地区贫富差距越来越明显。

　　具体来看，低收入户的人均可支配收入从 2013 年至 2018 年增长 27.39%；中间偏下户 6 年间人均可支配收入增长 42.63%；中间收入户、中间偏上收入户和最高收入户分别增长 48.49%、52.77% 和 59.65%，由此可见，经济的快速发展对高收入家庭收入的增加贡献更大。与此同时，本章考虑到我国农村地区众多，各个区域在资源禀赋、经济条件、人文环境等方面差异巨大，而经济条件又是影响区域发展的重要因素之一，因此，本章根据《中国住户调查年鉴（2019）》，在原来农村居民人均可支配收入的基础上按照国家四大经济区进行统计，结果如表 8 - 3 所示。

表 8 - 3　　　　　　　农村居民按照东、中、西部及东北地区
分组人均可支配收入　　　　　　单位：元/人

组别	2013 年	2014 年	2015 年	2016 年	2017 年	2018 年
东部地区	11 856.8	13 144.6	14 297.4	15 498.3	16 822.1	18 285.7
中部地区	8 983.2	10 011.1	10 919	11 794.3	12 805.8	13 954.1
西部地区	7 436.6	8 295	9 093.4	9 918.4	10 828.6	11 831.4
东北地区	9 761.5	10 802.1	11 490.1	12 274.6	13 115.8	14 080.4

　　自 2013～2018 年，我国东部地区农村居民人均可支配收入从 11 856.8 元增至 18 285.7 元；中部地区农村居民人均可支配收入从 8 983.2 元增至 13 954.1 元；西部地区农村居民人均可支配收入从 7 436.6 元增至 11 831.4 元；东北地区农村居民人均可支配收入自 9 761.5 元增至 14 080.4 元，且四大经济区每年农村居民人均可支配收入涨幅在不断增加。

　　由表 8 - 3 可以发现自 2013～2018 年，我国四大经济区农村居民人均可支配收入不断提高，截至 2018 年底，我国东部地区农村居民人均可支配收入有 18 285.7 元，居四大经济区农村居民人均收入之首；同时近年来

西部地区不断开发，经济不断增长，2018 年底农村居民人均可支配收入达到了 11 831.4 元。从中可以看出，尽管西部发展迅速，但是东西部地区差距仍然明显，且两者差距有增大的趋势。另外，为细致分析农村居民的可支配收入构成，研究农村家庭投资行为，根据《中国住户调查年鉴（2019）》得到 2013~2018 年农村居民可支配收入及构成如表 8-4 所示。

表 8-4 　　　　　　　　　　农村居民可支配收入构成 　　　　　　　单位：元/人

指标	2013 年	2014 年	2015 年	2016 年	2017 年	2018 年
可支配收入	9 429.6	10 488.9	11 421.7	12 363.4	13 432.4	14 617
一、工资性收入	38.7	39.6	40.3	40.6	40.9	41
二、经营净收入	41.7	40.4	39.4	38.3	37.4	36.7
（一）第一产业经营净收入	30.1	28.6	27.6	26.4	25.2	23.9
1. 农业	22.9	22	21.1	19.7	18.8	17.8
2. 林业	1.7	1.7	1.5	1.3	1.3	1.3
3. 牧业	4.9	4.2	4.3	4.6	4.4	3.9
4. 渔业	0.6	0.7	0.7	0.7	0.8	0.8
（二）第二产业经营净收入	2.7	2.5	2.4	2.3	2.4	2.6
（三）第三产业经营净收入	8.9	93	9.4	9.6	9.8	10.2
三、财产净收入	2.1	2.1	2.2	2.2	2.3	2.3
四、转移净收入	17.5	17.9	18.1	18.8	19.4	20
（一）转移性收入	20.3	20.8	21.4	22.2	22.8	23.8
（二）转移性支出	2.8	2.9	3.3	3.4	3.4	3.8

由表 8-4 不难看出，在 2013~2018 年期间，农村居民工资性收入提高，而经营性收入下降，财产性净收入和转移净收入均成增长趋势。可能的原因在于，近几年经济的快速发展，乡村振兴战略的提出，农村居民就业机会逐渐增加。另外，越来越多的农民进入城市工作，一方面使得城市的建设愈加完善；另一方面农民工资性收入则随之提高。随着国家的惠农政策对农业和农民补贴加大，许多农资企业和金融机构进入农村，与此同时，在农村地区，一些农村居民成立新型专业种植合作社，兴起了一批专业种植大户、农业龙头企业，甚至有部分农村地区因地制宜开办农家乐等旅游业，这些均使农村闲置的劳动力被充分挖掘，工资收入也随之增加。并且，在经济快速发展的大环境下，农村居民的职业教育逐步增加，农村地区对教育的重视程度也在不断加大，这种情况下农民掌握的技能愈加成

熟，这些都是在这六年里农民工资性收入不断提高的重要原因。具体分产业来看，由表8-4可以发现，第一产业中农业和牧业人均可支配收入波动虽然不大但是呈轻微下降趋势，林业人均可支配收入在2016~2018年间保持不变，渔业的人均可支配收入较以往有所提高。

2. 家庭财产状况分析

近十年来，我国经济快速发展，是世界第二大经济体，人均GDP也大幅提升。在我国经济迅速发展的同时，我国居民的收入水平和生活质量也在不断提升，不仅人均居住面积逐步提高，且贫困发生率与之前相比大幅下降。收入和财产分配状况不仅是衡量福祉的重要指标，且直接关系到改革发展成果能否更多公平惠及广大民众。而财产差距作为收入积累的存量，往往与收入差距呈现出一定的正相关性，同时财产差距一般会大于收入差距，这是由于财产累积效应的存在而导致的。我们可以通过研究居民财产，打破仅依靠收入来判断家庭经济生活的局限性，进而能够进一步全面地了解家庭经济特征，为缩小社会收入差距相关政策的改革与完善提供数据基础。

根据经济日报社中国经济趋势研究院编制的2018年和2019年的《中国家庭财富调查报告》可以发现，2016年和2017年我国家庭人均财产分别为169 077元、194 332元，2018年增长至208 883元。其中，2018年城镇家庭人均财产分别为292 920元，农村居民人均财产为87 744元，前者是后者的3.34倍。具体从家庭财产的构成来看，房产、日常耐用品的消费等城乡之间区别依然明显。以房产为例，受国内固有观念的影响，房产是国内大部分家庭财产的主要构成部分，对于大多数家庭而言，往往是举全家之力购买房屋。此外，城乡居民的住房构成也存在明显差异，农村家庭主要是自己建房，占比53.18%，只有21.81%的农村家庭购买了新商品房，6.73%的农村家庭购买了二手房。城镇居民以购买新商品房为主，占比36.26%，自建住房仅占24.43%，二手房比例为10.97%，城镇居民的购房比例明显高于农村居民。

除此之外，金融资产也是我国居民家庭财产的重要组成部分，尤其是家庭存款，主要表现为我国家庭储蓄率偏高。定期存款、活期存款和现金是国内家庭最主要的人民币金融资产，根据《中国家庭财富调查报告(2018)》指出，定期存款、活期存款和现金这三类金融资产之和在城乡家庭的金融资产总数中占比接近80%，尤其是农村地区的家庭，更倾向于低风险低收益的金融投资。尽管现阶段资本市场快速发展，金融产品多种多样，投资渠道也逐渐丰富，但是银行存款仍然是家庭的主要投资方式，国内家庭金融资产单一化的特征更加明显。经过上文分析发现，即使是农村地区其收入差距也非常明显，因此可以推断出高的储蓄率中，富裕家庭贡献度更大，城乡之间甚至地区内部差距依然存在。所以提高农村地区经济发展水平、缩小城乡差距依然是当前重要的课题。

党的十九大报告提出，我国社会主要矛盾已经转化为人民日益增长的美好生活需要和不平衡不充分的发展之间的矛盾。通过分析城乡之间的财产水平，有助于我们深入理解这种发展的不平衡和不充分及其带来的问题，并采取科学合理的措施不断改善。

8.3 户主客观特征对家庭财产水平影响的理论分析

8.3.1 婚姻周期对家庭财产水平的影响

通过对婚姻周期的研究表明，不同的婚姻阶段，家庭的财产水平均有所不同。这主要是由于在不同的婚姻阶段，需要承受不同的生活压力，负担生活成本。关于婚姻周期的研究，主要集中于行为学研究和心理学研究。目前各方对此莫衷一是，并没有形成统一的观点。本节在已有研究的基础上，选取了几个时间节点作为研究对象，在理论分析部分，以已婚为例，将婚姻周期概括为已婚未育阶段、已婚已育（未成年子女）、已婚已育（成年子女未婚）、已婚已育（成年子女已婚）阶段等。

在已婚未育阶段，家庭财产较少。一方面，年轻人刚刚踏入社会，参加工作的时间较短，尚未完成财富积累。另一方面，对于很多普通家庭而言，结婚都要筹备较多的物质财富，很多年轻人为了结婚倾尽所有。排除一部分父母支持的财产以外，已婚未育的年轻小夫妻家庭财产水平较低。并且，由于夫妻双方进入社会时间较短，尚没有理财观念。在无孩的情况下，如果双方不背负任何贷款，没有财务负担，生活水平尚可。如果双方中的某一方或双方均背负贷款，那么生活水平就会受到影响。在已婚已育（未成年子女）阶段，家庭的负担逐渐增加。未成年子女的教育医疗养育的费用，都需要父母承担。如果未成年子女的养育有祖辈的支持，无论是物质上的还是行动上的，都可以适当减轻家庭的压力。如果没有祖辈的支持，那么在此阶段整个家庭的支出是不断增加的。支出增加的部分与收入增长的部分会有所抵消，只有当收入增长的部分超出支出增加的部分时，整个家庭才能够提高财产水平，从而提升生活品质，否则就会陷入恶性循环。另外在此阶段，赡养老人的问题也会逐渐突出，某些没有保险保障的老人是需要子女赡养的，子女的经济压力会突然增加。除了要负担未成年子女的学费生活费，以及负担一部分赡养老人的费用以外，还需要节约金钱为子女的婚嫁做准备。对于能力普通的大部分人而言，此阶段收入水平虽有提高，但支出水平也在提升，家庭财产属于积累阶段。在子女完成教育但尚未成婚之前，应该是家庭财产水平的最高阶段。完成教育阶段的子女，也进入社会参加工作。不仅不需要家庭负担，甚至可以为家庭分担一部分支出。而此时子女尚未婚配，还不用花费很多金钱为其筹备小家庭。一旦子女进入到婚姻准备的过程，原先的家庭就不得不为其准备一定的物质财富，原先家庭的财产水平势必会有所下降（在男女双方共同负担婚姻费用的前提下）。当家庭财产完成代际传承之后，就会处于比较稳定的状态。

8.3.2　教育对不同群体收入及家庭财产的影响

教育程度对不同群体收入和家庭财产有重要影响，教育的发展会使高学历群体的规模不断加大，改变收入的结构，从而加剧收入不平等的程度。但是高学历劳动供给的增加，同样会使得高学历水平群体的平均工资下降，又在一定程度上减缓了收入不平等的程度，最终达到能让所有人满意的均衡状态。在国内的一些研究中，教育的回报率呈现出性别不平衡的态势，女性的教育回报率要高于男性，并且呈现先快后慢的增长趋势。无论是从国内研究还是从国外研究，都能够发现在正常情况下，教育水平和个人收入呈现正相关关系。根据北京大学教育学院副院长岳昌君教授调查发现，2017 年时我国城镇居民的个人教育收益率已经超过了 10%，普通最小二乘法的回归系数为 12.3%，中位数回归系数为 10.8%。由此可见，提升教育水平确实能够有效地提升个人收入。不仅如此，从岳昌君的研究中可以看出，弱收入能力群体的教育收益率显著高于强收入能力群体的教育收益率。

教育对家庭财产的影响，除了表现在对个人收入的影响之外，还表现在对财产观念的影响。改革开放之前，我国普遍家庭财产较少，维持温饱是基本需要，尚未达到需要理财的程度。伴随着改革开放的不断深入，经济发展总量逐步提升，居民家庭财产也在逐渐增加。但是，受到国民普遍教育程度的影响以及传统观念的影响，理财尚未成为大众普遍接受的概念。一般而言，受教育程度越高，对理财越重视，越能够发挥财产的金融作用，从而获取比较可观的回报，而对于教育程度较低的人而言，他们会相对保守。出于对金融产品的不信任，他们很少投资除银行定期存款以外的金融产品。但是伴随着时间的推移，人民币的购买力又呈现出普遍下降的状态，在这种情况下，不能通过投资理财产品获益的人实际上是在承担亏损的。需要明确的一点是，市场上所存在的多种金融产品是有风险的，因此在考虑上述情况时，也需要考虑风险因素。对于一些受教育程度较低、不愿意进行投资理财的家庭而言，其所面临的风险也是较低的。

很多学者认为单纯地从教育水平来衡量其与家庭财产的关系是比较片面的，需要一个更加细化的指标。经过多年的研究和探索，学者最终确定了金融素养这一指标。金融素养与受教育水平并不完全呈正相关关系，也不能完全等同于财产观念。金融素养不但包括对金融基本常识和概念的了解，还包括对金融变动信息的搜集以及最终做出金融决策。此外有些专家还认为，对宏观基本经济的认识也属于此类范畴。这就不仅仅要求个人的受教育程度，更主要的是对金融和经济的敏感性。关于此方面的研究，大部分是用量化分析的方法进行的，由于学界所采用的分析方式尚未统一，数据统计口径也尚未统一，但都认为这是一种十分重要的人力资本，对家庭财产有重要影响。金融素养对家庭财产影响深远，主要集中于对家庭资产配置和资产规模的影响，金融素养越高，所接触和理解的金融产品也就越多，越能实现家庭投资组合的分散化，从而降低家庭投资风险，有益于家庭财产的积累。

但是我国目前个人金融素养的情况并不乐观，中国人民银行发布的《2019 年消费者金融素养调查简要报告》显示，除了对风险收益认知以外，贷款知识、投资知识、保险知识、金融产品风险认知等问题的平均正确率都未超过 60%。全国消费者金融素养指数平均分为 64.77，中位数为 67.96，标准差为 17.01，处于较低的状态，我国居民的金融素养还有待提升。

8.3.3　不同性质的收入对家庭财产的影响

不同性质的收入意味着不同的获取方式，自然会对家庭财产产生影响。当前对于不同性质收入的划分尚不统一，本节选取了几个比较典型的收入进行考察。首先是商品销售收入，主要是指个人或企业通过销售产品而获得的收益。由于销售的产品不同，所获得的收入也不相同。一般而言，房产、高科技产品、奢侈品等商品的价格较高，通过销售此类商品所获得的收入也较高，在经过一段时间后能够达到较为可观的财产积累。其次是劳务收入，是通过付出劳动而获得的收入。比如说，为客户开发应用软件、为客户建造房屋等，均为劳务收入。劳务收入的差距较大，一般而言，体力劳动获得的收入相对较低，脑力劳动获得的收入相对较高。从事体力劳动的人，家庭财产的积累相对有限，从事脑力劳动的人则更可能积累相对丰厚的家庭财产。还有一部分收入是资产收入，也就是普通人所理解的钱生钱的收入，这部分收入要求有资本积累，通过资本获得报酬。

以上对不同性质收入的划分是很粗略的，只能作为参考，从中可以看出，不同的收入获取形式对家庭财产所造成的影响。对于个人而言，收入获取的形式在较长的一段时间内是相对稳定的，想迅速通过改变收入性质而增加家庭财产是非常困难的。

8.3.4 健康状况对家庭财产的影响

健康对家庭资产配置的意义在于人们可以从当前或未来的良好健康状况中获取收益。家庭居民的健康状况能够直接或者间接影响居民家庭的资产配置情况，其影响主要通过以下几个方面表现出来。

一是健康状况影响家庭流动性偏好和风险偏好。流动性偏好是凯恩斯提出的三大货币心理规律之一，指投资者宁愿放弃手中现金的时间价值，以持有现金或活期存款等资产来维持流动性优势。对于健康状况不佳，或对家庭成员未来的健康预期并不乐观的家庭，更倾向于认为自己面临健康风险的影响，这种影响意味着不可预测的健康成本，因此这类家庭需要储备更多的流动性，用于风险投资的资金将会减少，所以健康状况实际上改变了家庭投资者的风险偏好。

二是健康状况影响家庭可支配收入。健康因素的另一个重要影响机制是它会影响家庭的可支配收入，从家庭成员参与的所有生产经营活动和所有投资、财务管理活动中获得的所有资金的流入即为家庭收入。扣除家庭成员缴纳的税金和规定要求的基本保险费后，其余收入为家庭的可支配收入，它可以理解为家庭可以直接用于消费或分配的资金。

三是健康状况影响家庭参与医保情况。健康状况也通过影响家庭参与医疗保健来中和这种力量，面临较大健康风险的家庭更有可能参加健康保险，因为参加健康保险是家庭减少健康风险影响的有益途径。

四是健康状况影响财产遗赠动机。为老年人提供家庭资产配置的目标不仅是维护和增加财富的价值，以满足自己的消费，还有一个非常重要的动机是实现其资产或财富的代际馈赠。面临较大健康风险的老年户主家庭更倾向于将自己的资产安全地交给子女，从而减少风险资产配置占比或不参与风险资产投资。

8.4　户主主观行为特征对家庭财产水平影响的实证研究

8.4.1　数据来源与变量设置

1. 数据来源

本节所使用的数据来源于中国家庭金融调查中心，从 2017 年的 CHFS 数据库中选用了家庭基本情况、社会保障等部分相关数据，在剔除无效样本后，一共提取了 3 056 个农村地区的样本数据进行本节的研究分析。

2. 变量设置

本章旨在研究户主主观行为对家庭财产水平的影响。参考肖争艳（2012）的研究成果选择家庭财产水平为被解释变量，用家庭总资产与家庭总债务的差额来衡量家庭财产水平，其中家庭总资产包括非金融资产和金融资产，具体包括农业经营资产、工商业经营资产、土地资产、房产、车辆资产、银行存款、股票、基金、债券、衍生品等 18 个分项之和。家庭总负债包括农业负债、工商业负债、房产负债、车辆负债等 10 个分项之和，以往研究中，大部分学者采用家庭财产的对数进行家庭财产水平的计算，公式如下：

$$W = \sum_{i=1}^{18} A_i - \sum_{j=1}^{10} D_j \qquad (8-1)$$

其中，W 为家庭财产水平，A_i 为第 i 项资产，D_j 为第 j 项负债。首先，本章在已有研究的基础上选择年龄（age）、受教育程度（$educ$）、婚姻状况（未婚 $m1$、已婚 $m2$、离异 $m3$、丧偶 $m4$）、工作单位（机关/事业单位 $jn1$、国企 $jn2$、私企 $jn3$、其他 $jn4$）、健康状况（$health$）、家庭总收入（$income$）、家庭人口数（$family\ size$）、抚养系数（$dependency\ ratio$）作为控制变量。在本章中，实证模型中的人口统计学变量均为户主的特征。其中，关于受教育背景（$educ$）这一变量，本节根据 CHFS 中关于教育的问题，将受教育背景转化为相应的受教育年限，分别进行赋值："没上过学"为"0"、"小学"为"6"、"初中"为"9"、"高中"为"12"、"中专和职高"为"12"、"大专和高职"为"15"、"大学本科"为"16"、"硕士研究生"为"19"、"博士研究生"为"23"。并结合问卷计算家庭总收入，家庭总收入包括工资性收入、农业经营收入、工商业经营收入、转移性收入和投资性收入。

关于"健康状况"这一变量，问卷中有问题"与同龄人相比现在的身体状况如何"回答是"1. 非常好，2. 好，3. 一般，4. 不好，5. 非常不好"。我们根据问卷中受访者的回答进行赋值，当受访者的回答为1、2或3时均赋值为0，反之为1。

关于户主主观行为特征的衡量，本章选择投资参与度、风险偏好度、社会满意度和社会信任度作为主要指标。"投资参与度"这一指标由受访者这一年里在银行存款、股票、基金、金融理财产品等9个投资项目中间做出选择。投资参与度被定义为目前正在投资的项目个数除以18，若该系数越大表明投资渠道越广泛。

"风险偏好程度"由受访者对问卷中的问题回答而确定。该问题为"如果您有一笔资金用于投资，您愿意选择哪种投资项目?"回答选项为"(1) 高风险高回报的项目 (2) 略高风险略高回报的项目 (3) 平均风险平均回报的项目 (4) 略低风险略低回报的项目 (5) 不愿意承担任何风险 (6) 不知道"。如果答案选择 (1)(2)，则表明受访者为风险偏好，选择 (3) 表明受访者为风险中性，选择 (4)(5)(6) 表明受访者为风险厌恶，以上情况分别赋值，则风险偏好为1、0.5和0。

"社会满意度"这一指标主要由受访者对"银行服务""非现金支付服务""贷款服务""保险服务"这四项主要金融服务的满意程度决定，回答问题选项有5种，分别为非常满意、比较满意、一般、比较不满意和非常不满意，对以上5种答案分别进行赋值为1~5，则社会满意度指标被定义为4项答案，受访者选择的答案赋值之和除以20，该系数越大表明其满意度越低。

"社会信任度"由受访者对"不认识的人"和"中国上市公司披露的信息"这两项信任程度决定，可供选择的答案有5种，分别为非常信任、比较信任、一般、不太信任和非常不信任，对以上5种答案分别进行赋值为1~5，则社会信任度指标被定义为2项答案所对应的赋值之和除以10，该系数越大表明其对社会越不信任。

其次，对于城乡的分类，对"农村家庭"的定义按照中国家庭金融调查 (CHFS) 中的调查问题确定，问题是"受访户目前居住的房子在哪种地方?"回答选项分别是"1. 城市城区，2. 城市郊区，3. 大城镇，4. 小城镇，5. 乡镇，6. 农村"。本节选择1、2当作"城市家庭"，3、4、5、6当作"农村家庭"。

最后，本章依照国家统计局以及CHFS数据库调研的划分标准，将农村样本数据划分为东部、中部和西部三个区域，其中东部地区包括北京、天津、上海、江苏、浙江、广东、山东、河北、福建、辽宁、广西、海南共12个省、自治区、直辖市；中部地区包括安徽、江西、湖北、湖南、内蒙古、山西、吉林、黑龙江、河南共9个省、自治区、直辖市；西部地区包括四川、陕西、青海、宁夏、重庆、云南、贵州、甘肃共8个省、自治区、直辖市。

8.4.2 户主主观行为特征对农村家庭财产水平影响的实证研究

本章主要研究户主的主观行为特征对家庭财产水平的影响，下文分别通过描述性统计分析、分位数回归分析和邓氏灰色关联度分析来进行研究。

1. 描述性统计分析

表8-5给出了本章所有农村数据各个变量的均值，在诸多变量中，我们主要深入研究户主的主观行为特征变量。

表8-5　　　　　　　　　　　描述性统计分析

变量	观察值	最小值	最大值	平均值	标准差
年龄	3 056	21	89	54.290	11.945
受教育程度	3 056	0	19	8.352	3.646
未婚	3 056	0	1	0.034	0.182
已婚	3 056	0	1	0.903	0.296
离异	3 056	0	1	0.017	0.131
丧偶	3 056	0	1	0.044	0.206
机关事业单位	3 056	0	1	0.079	0.270
国企	3 056	0	1	0.036	0.186
私企	3 056	0	1	0.161	0.368
其他工作	3 056	0	1	0.724	0.447
健康状况	3 056	0	1	0.179	0.383
家庭人口数	3 056	1	13	3.520	1.585
抚养系数	3 056	0	1	0.386	0.345
人均收入（万元）	3 056	-19.275	158.667	1.321	4.417
投资参与度	3 056	0	6	1.093	0.546
风险偏好	3 056	0	1	0.182	0.321
社会满意度	3 056	0	0.733	0.233	0.130
社会信任度	3 056	0.1	1	0.411	0.104
家庭财产水平（万元）	3 056	-302.700	2 421.500	50.775	110.121
有效个案数（成列）	3 056				

投资参与度的平均值为 1.093，表明在 9 个资产中，一般的家庭选择参与 2 个资产进行投资，由于几乎每个家庭在银行都有存款，由表 8 - 5 可以看出，现阶段许多农村家庭的投资项目仍然很单一，还没有将家庭资产投资到股票、债券、金融理财产品、外汇等金融资产上，农村家庭金融市场的参与度很低，投资并不广泛。风险偏好这一指标的平均值是 0.182，说明在面对收益时，平均来看，许多农村家庭是风险规避者。受访者社会满意度指标的平均值为 0.233，这表明受访者对金融服务的满意度较高，更加偏向"非常满意"。社会信任度的平均值为 0.411，接近"一般"水平，说明有略低于一般的受访者对社会的信任度较低。

在实证分析之前，我们对各个地区的家庭财产水平做了分位数描述性分析，表 8 - 6 列示了在不同分位点上东部、中部、西部地区农村家庭以及全国农村家庭的财产水平情况。通过表 8 - 6，我们能够直观地看到，在 0.25 分位点上，东、中、西部农村家庭财产水平分别为 8.270、3.630 以及 3.659，东部地区的家庭财产水平要明显高于其他两个地区，并且，在 0.9 这一分位点上，东、中、西部地区家庭财产水平分别为 157.700、72.513、79.980，无论是从分位数来看，还是从地区来看，东中西部农村家庭的财产水平差距都巨大，说明从家庭层面分析，我国农村家庭财产水平仍存在区域性的差异。

表 8 - 6 分位数描述性统计分析

地区	东	中	西	全部地区
p25	8.270	3.630	3.659	5.096
p50	29.890	16.203	17.750	22.655
p75	73.050	40.000	40.200	53.196
p90	157.700	72.513	79.980	113.453

2. 家庭财产水平整体分析

本节选用了二元 logistic 进行分析，将家庭财产分为财产水平为负和其他，将家庭财产水平为负的和 0 的赋值为 0，反之为 1，模型的基本形式如下：

$$P_i = \frac{1}{1 + \exp\left[-\left(\alpha + \sum_{j=1}^{m} \beta_i X_{ij} \right) \right]} \qquad (8-2)$$

式（8-2）中 P_i 表示家庭财产水平，X_{ij} 表示解释变量。

本章运用二元 logistic 模型，从整体角度分区域对农村家庭财产水平进行分析，在实证分析前，为了确保实证结果的可靠性，对模型中的各个解释变量进行多重共线性检验，检验结果显示各个变量的方差膨胀因子值（VIF）远远小于 10，说明变量之间不存在多重共线性问题。表 8 – 7 展示了各个区域实证分析的结果。

表 8 – 7　　　　　　　东、中、西部地区实证分析的结果

变量	东		中		西	
	回归系数	标准误差	回归系数	标准误差	回归系数	标准误差
invest	0. 712 **	0. 293	0. 787 **	0. 35	1. 253 ***	0. 375
risk	0. 856 *	0. 51	0. 228	0. 534	0. 51	0. 521
satisfaction	− 0. 838	1. 107	− 0. 623	1. 136	− 2. 425 **	1. 044
trust	1. 277	1. 408	− 2. 98 *	1. 707	− 0. 129	1. 594
age	0. 032 **	0. 015	0. 049 ***	0. 018	0. 028 *	0. 017
educ	0. 058	0. 046	0. 063	0. 048	− 0. 061	0. 05
m1	1. 05	1. 246	1. 204	1. 218	− 0. 825	1. 517
m2	0. 29	0. 669	0. 518	0. 588	− 1. 122	1. 093
m3	0. 726	1. 228	0. 919	1. 241	− 1. 093	1. 514
jn1	0. 06	0. 57	0. 013	0. 664	0. 679	0. 804
jn2	0. 917	1. 035	− 0. 068	0. 8	18. 724	7 456. 784
jn3	0. 799 *	0. 452	1. 693 **	0. 742	0. 368	0. 518
health	− 0. 969 ***	0. 332	− 1. 067 ***	0. 323	− 1. 418 ***	0. 335
family size	− 0. 053	0. 09	0. 009	0. 101	− 0. 068	0. 103
dependency ratio	1. 031 **	0. 49	0. 14	0. 5	0. 126	0. 544
income	0. 034	0. 065	0. 002	0. 036	0. 159 *	0. 082
常量	− 0. 724	1. 367	− 0. 271	1. 53	2. 535	1. 664

注：表中 *** 、 ** 、 * 分别表示在 1%、5%、10% 的水平上显著。

实证结果显示，对于东部地区的家庭来说，户主主观行为特征中户主的投资参与度和风险偏好程度对家庭财产水平有显著性的影响。主要表现为户主的投资参与度越高并且越是偏好风险，其家庭财产水平越高。考虑到投资经验丰富的户主，对金融市场的了解度更高，对金融知识的认识较为全面，在已有的经验基础上对金融投资的选择更为熟悉，因此，其家庭财产水平会更高甚至更加多样化。另外，由实证结果可以看出，户主的投

资参与度和社会信任度对中部地区家庭财产水平影响较为显著，相比较经济发达的东部地区，中部地区家庭在资金有限的情况下，在已有投资经验的基础上，对家庭财产的选择更多依靠户主本身对社会的信任度。而对于西部地区的家庭，户主的投资参与度和社会满意度是影响家庭财产水平的重要因素，考虑到西部地区经济发展水平有限，家庭在财产选择上更为谨慎。

从家庭的客观特征来看，表8-7列示其他影响家庭财产水平的因素，对于东中西部家庭来讲，户主的年龄和健康程度都是影响家庭财产水平正负的重要因素。并且，户主年龄与家庭财产水平呈正相关，健康情况与家庭财产水平呈负相关。考虑到不同年龄阶段的人对家庭财产的选择不同，年轻人选择金融财产上表现得更为胆大冒进，而年龄较大的人则更为稳重保守。另外，户主的工作性质对于东部地区和中部地区的家庭影响较大。尤其表现为户主是否在私企工作，通过分析发现可能由于私企工作福利和工资较高，如果户主在私企工作，工资、福利待遇等较好的状态下，他们对家庭财产的选择会存在不同。同时，根据表8-7显示，家庭人均收入也是影响西部地区家庭财产水平的主要因素，考虑到西部地区经济条件有限，而家庭收入是家庭投资的主要基础，当家庭收入增加时，家庭投资才会随之增加。

3. 分位数回归分析

为了能够深入研究户主主观行为特征对家庭财产的影响，分析在不同财产水平上户主主观行为特征的影响程度，由于最小二乘回归模型只能从总体上提供对数据分布的平均信息的分析，而家庭具有异质性，为了获得数据不同层次的细节信息，本章选择分位数回归模型进行分析。分位数回归模型研究自变量与因变量条件分位数之间的关系，正态性要求较低，通过该模型分析能够得到在各个分位点上户主主观行为特征变量对家庭财产水平的影响，由此能够观察其分布规律，研究户主主观行为特征对家庭财产水平的影响程度。在已有的研究中，许多学者将家庭财产取对数进行研究，这就默认了家庭财产为正数，然而，现实情况中，家庭财产作为总资产和总负债的差额可以为正数，也可以为负数和零。为了将负财产和零财产的家庭考虑进来，本章直接将财产水平作为被解释变量。本章建立的分位数回归模型如下：

$$Property\ level = \alpha Subject\ attitude + \beta_1 y + \beta_2 z + v \qquad (8-3)$$

其中 *Property level* 为家庭财产水平，是被解释变量；*Subject attitude* 是户主主观行为特征变量，主要包括投资参与度、风险偏好、社会满意度和社会信任度。y 和 z 为控制变量，其中 y 为衡量家庭内部环境的变量，z 为户主客观特征变量。α 代表户主的主观行为特征的变化引起的家庭财产水平变化量；β_1 为家庭内部环境变量的系数向量，为家庭内部环境对家庭财产的影响程度；β_2 为户主客观特征变量对家庭财产的影响程度。v 指的是遗漏变量对家庭财产的影响。为了防止区域差异对实证结果的影响，本章在剔除缺失值和异常数据之后，分东、中、西三个区域共选择 3 056 个数据进行实证分析。表 8 - 8 ~ 表 8 - 10 列示了东、中、西部的回归结果。

表 8 - 8　　　　　　　　　　　东部地区数据回归结果

家庭财产水平	QR_25	QR_50	QR_75	QR_90
invest	7. 434 *** (-1. 578)	13. 57 *** (-2. 721)	25. 63 *** (-7. 161)	42. 29 ** (-16. 010)
risk	1. 694 (-2. 862)	-2. 238 (-4. 933)	10. 320 (-12. 980)	46. 680 (-29. 030)
satisfaction	24. 00 ** (-7. 774)	63. 31 *** (-13. 400)	81. 79 * (-35. 270)	138. 800 (-78. 860)
trust	-9. 773 (-8. 308)	-17. 300 (-14. 320)	27. 270 (-37. 690)	17. 210 (-84. 270)
income	2. 723 *** (-0. 223)	4. 175 *** (-0. 384)	16. 33 *** (-1. 010)	35. 41 *** (-2. 258)
family size	1. 408 * (-0. 619)	2. 602 * (-1. 067)	3. 974 (-2. 808)	11. 040 (-6. 277)
dependency ratio	-1. 351 (-3. 053)	0. 618 (-5. 263)	-1. 632 (-13. 850)	-13. 310 (-30. 970)
age	0. 208 * (-0. 100)	0. 318 (-0. 173)	0. 383 (-0. 454)	1. 081 (-1. 016)
educ	1. 006 ** (-0. 306)	1. 510 ** (-0. 528)	1. 644 (-1. 389)	4. 461 (-3. 106)
m1	-16. 84 * (-6. 900)	-22. 420 (-11. 890)	-8. 825 (-31. 300)	-53. 180 (-69. 990)
m2	1. 224 (-4. 785)	1. 814 (-8. 247)	18. 040 (-21. 710)	-21. 280 (-48. 530)
m3	-1. 112 (-8. 361)	0. 349 (-14. 410)	9. 841 (-37. 930)	-37. 420 (-84. 800)
*jn*1	12. 44 *** (-3. 519)	7. 698 (-6. 066)	1. 877 (-15. 960)	-15. 570 (-35. 690)

家庭财产水平	QR_25	QR_50	QR_75	QR_90
jn2	3.006 (−4.617)	17.00* (−7.958)	22.600 (−20.950)	18.110 (−46.830)
jn3	4.496 (−2.371)	8.464* (−4.087)	18.570 (−10.760)	55.55* (−24.050)
health	−4.904 (−2.786)	−12.68** (−4.802)	−22.770 (−12.640)	−30.770 (−28.250)
N	1 435.000	1 435.000	1 435.000	1 435.000

注：括号内为对应的 *t* 值，***、**、*分别表示1%、5%、10%的水平上显著。

表8−9　　　　　　　　中部地区数据回归结果

家庭财产水平	QR_25	QR_50	QR_75	QR_90
invest	5.907*** (−1.598)	11.13*** (−2.394)	13.26*** (−3.368)	14.53 (−11.66)
risk	3.509 (−2.384)	8.376* (−3.573)	12.57* (−5.027)	26.2 (−17.41)
satisfaction	4.536 (−5.675)	13.01 (−8.505)	15.55 (−11.96)	45.37 (−41.43)
trust	−5.708 (−7.369)	−2.158 (−11.04)	19.53 (−15.53)	−35.18 (−53.79)
income	2.343*** (−0.113)	6.756*** (−0.17)	6.622*** (−0.239)	8.268*** (−0.828)
family size	1.459** (−0.46)	2.893*** (−0.689)	4.831*** (−0.969)	10.12** (−3.355)
dependency ratio	−2.651 (−2.377)	−3.049 (−3.563)	−1.528 (−5.012)	−23.59 (−17.35)
age	0.141 (−0.0825)	0.113 (−0.124)	−0.167 (−0.174)	0.541 (−0.602)
educ	0.483* (−0.227)	0.605 (−0.34)	0.959* (−0.479)	1.77 (−1.657)
m1	−1.435 (−5.57)	−1.317 (−8.348)	10.6 (−11.74)	68.88 (−40.67)
m2	0.0546 (−3.182)	2.199 (−4.768)	4.968 (−6.708)	6.25 (−23.23)

家庭财产水平	QR_25	QR_50	QR_75	QR_90
m3	1.164 (−6.859)	−4.506 (−10.28)	−6.732 (−14.46)	−11.99 (−50.08)
jn1	7.765 ** (−2.794)	7.723 (−4.187)	4.019 (−5.89)	−6.587 (−20.4)
jn2	0.748 (−4.323)	5.253 (−6.479)	12.57 (−9.114)	−0.11 (−31.56)
jn3	−1.023 (−2.057)	0.166 (−3.083)	−2.371 (−4.337)	−8.517 (−15.02)
health	−2.76 (−1.756)	−4.877 (−2.632)	−6.321 (−3.703)	−15.15 (−12.82)
N	850	850	850	850

注：括号内为对应的 *t* 值，***、**、* 分别表示1%、5%、10%的水平上显著。

表 8-10　　　　　　　　　　西部地区数据回归结果

家庭财产水平	QR_25	QR_50	QR_75	QR_90
invest	4.623 ** (−1.643)	10.67 *** (−2.239)	14.36 ** (−4.889)	24.86 * (−11.47)
risk	4.242 (−2.51)	7.887 * (−3.419)	7.105 (−7.468)	25.67 (−17.52)
satisfaction	4.624 (−5.957)	9.092 (−8.115)	21.02 (−17.72)	26.84 (−41.59)
trust	−2.726 (−7.904)	−14.74 (−10.77)	−18.68 (−23.52)	12.79 (−55.18)
income	3.391 *** (−0.462)	5.393 *** (−0.629)	9.971 *** (−1.373)	10.53 ** (−3.223)
family size	1.380 ** (−0.519)	2.949 *** (−0.708)	3.194 * (−1.546)	6.799 (−3.627)
dependency ratio	−1.053 (−2.694)	0.553 (−3.67)	−8.799 (−8.015)	−15.02 (−18.81)
age	0.0635 (−0.0798)	0.0681 (−0.109)	0.0928 (−0.237)	0.61 (−0.557)
educ	0.169 (−0.245)	0.829 * (−0.333)	1.439 * (−0.728)	2.697 (−1.708)

家庭财产水平	QR_25	QR_50	QR_75	QR_90
*m*1	-3.243 (-5.36)	-10.28 (-7.301)	-15.59 (-15.95)	-25.41 (-37.42)
*m*2	-1.986 (-3.785)	-3.134 (-5.155)	-0.771 (-11.26)	-12.37 (-26.42)
*m*3	1.968 (-6.244)	-5.073 (-8.506)	-6.283 (-18.58)	-19.98 (-43.59)
*jn*1	13.69*** (-3.296)	14.75** (-4.49)	18.32 (-9.807)	45.47* (-23.01)
*jn*2	5.492 (-4.337)	4.202 (-5.908)	1.727 (-12.9)	5.08 (-30.28)
*jn*3	-0.926 (-2.382)	3.702 (-3.245)	-3.026 (-7.087)	-17.61 (-16.63)
health	-2.492 (-1.866)	-4.346 (-2.542)	-11.13* (-5.551)	-13.79 (-13.03)
N	771	771	771	771

注：括号内为对应的 *t* 值，***、**、*分别表示1%、5%、10%的水平上显著。

由上表的回归结果表明户主的主观行为特征在不同的家庭财产水平上影响不同。具体来看，从0.25到0.9分位点上，户主的投资参与度对东、中、西部家庭财产的影响系数依次为7.43、13.57、25.63、42.29、5.91、11.13、13.26、14.53、4.62、10.67、14.36、24.86。首先，可以看出户主的投资参与度提高能够显著增加家庭财产水平，尤其在0.9这一分位点上，这说明户主投资参与度的提高对财产水平较高的家庭财产增加贡献最大，当90%财产水平较高家庭的户主投资参与度每增加1个单位时，家庭财产增加42.29万元。其次，从不同地区来看，东部地区，户主投资参与度对家庭财产水平的影响最大，并且，从东部至西部可以发现影响系数呈逐渐缩小的趋势，这就意味着，随着户主投资参与度的增加，由经济发达地区到经济欠发达地区，投资参与度对家庭财产水平的影响逐渐减少。

从上表也可以看出，户主投资参与度对家庭财产差距的影响。以东部地区为例，当25%的拥有较低财产的家庭，户主投资参与度提高一个单位，家庭财产提高7.43万元。当90%的财产水平较高的家庭，户主投资参与度每提高一个单位，家庭财产将增加42.29万元。这就意味着，户主投资参与度增加一个单位，财富最多的90%的家庭平均增加的家庭财产将会比财富最少的 25% 的家庭平均增加的财产高出 34.86 万元。另外，由上表可以发现，户主的风险偏好、社会满意度和社会信任度的不同对家庭财产水平也会有不同程度的影响。对于风险偏好这个指标，只有中部地区和西部地区的户主风险偏好程度会对家庭财产水平影响显著，而主要集中在 0.25、0.5 和 0.75 这三个分位点上，这意味着，对于 90% 的富裕的家庭来讲，户主的风险偏好对家庭财产影响不大。而关于户主的社会满意度，由上表可知，其只对东部地区的家庭有显著影响，对中、西部家庭影响不大。其中，在东部地区 0.5 分位点上，户主满意度对家庭财产水平的影响最为显著，此时，户主社会满意度每增加一个单位，家庭财产增加 63.31 万元。对于社会信任度来讲，户主的社会信任度对家庭财产水平影响不大。根据分析发现，随着分位数的提升，除社会信任度外，户主主观行为特征对家庭财产的影响呈现区域性差异，尤其是东部地区，这表明户主主观行为特征的改变能够改善家庭财产水平的区域性差距。

在家庭内部环境变量中，家庭人均收入、家庭人数在回归中均显著，说明这些都是影响家庭财产的重要因素，而家庭抚养系数对家庭财产的影响不大。具体来看，从东、中、西部不同地区在各个分位点上，家庭人均收入对家庭财产的影响最为显著。在区域内部，在 0.9 分位点上，东、中、西部地区的回归系数分别是 35.41、8.27、10.53，这说明家庭人均收入对财产水平较高的家庭影响更加明显，并且人均收入每增加一个单位，家庭财产水平的提高幅度从东至西逐渐缩小。家庭人口数量对家庭财产的影响在中、西部地区较为显著，并且，在同一区域，家庭人口数每增加一个单位，财富水平较高的家庭，其财产增加的幅度大于财富水平低的家庭。最后，对于户主客观特征变量，由上表看出户主受教育程度及其是否在事业单位工作也是影响家庭财产水平的重要因素。经过分析发现，在同一区域，户主年龄、受教育程度、工作性质对财产水平较低的家庭影响显著，对富裕家庭影响不大。

4. 邓氏灰色关联分析

为了进一步研究户主主观行为特征对家庭财产水平的影响，本章在分位数回归的基础上结合数据特点，选择邓氏灰色关联度进行分析。灰色系统理论的提出者是我国著名学者邓聚龙先生。灰色系统理论包含许多内容，考虑到本章的数据特点，选择了邓氏灰色关联分析。与其他分析方法相比较，灰色关联分析由于适用于样本小、数据少的研究对象，相较于其他的数理统计条件，灰色关联分析的前提条件并不烦琐，同时其计算量小，准确性高，这些特点使得灰色关联法成为目前分析和衡量序列间影响程度和相关程度的重要方法。

以下是本章灰色关联分析的研究步骤：

（1）原始数据的初始化。

由于各个指标在含义、内容、取值标准等方面都存在差异，难以直接带入模型进行计算，数据的量纲不同，不便于统一比较。因此为了使其具有可比性，在用灰色关联法进行分析时，一般将进行数据的无量纲化处理，消除各个数据的各自有效因素，使之化为统一衡量尺度下的标准化数量级无量纲数据。本章在进行后续的分析前，需要对影响因子数据和参考数列进行无量纲化。其主要计算公式如下：

$$x'_{ij} = \frac{x_{ij} - x_j^{\min}}{x_j^{\max} - x_j^{\min}} \tag{8-4}$$

（2）计算比较数列和参考数列的绝对差值。

$$\Delta X_i(k) = |x_0(k) - x_i(k)| \tag{8-5}$$

比较数列是指影响系统行为的因素组成的数据序列，根据每个被评价对象的评价指标取值进行构建。灰色理论中的关联性是通过灰色关联数表现，实质上指的是曲线之间几何形状的差别程度，因而可以将曲线之间的差值大小作为衡量关联程度的尺寸。在灰色关联分析法中，关联系数就是参考数列和比较序列在各个时点之间的几何距离，它的值越大，表示两个指标数列在对应的指标上的相互关联程度越大。本章中，其计算公式如下：

$$\gamma(x_0(k), x_i(k)) = \frac{\min_j \min_k \Delta X_i(k) + \xi \max_j \max_k \Delta X_i(k)}{\Delta X_i(k) + \xi \max_j \max_k \Delta X_i(k)} \quad 0 < \xi < 1 \tag{8-6}$$

其中 ξ 为常数，通常情况下，ξ 取 0.5，本节中 ξ 等于 0.5。

（3）计算灰色关联度并排列关联序。

关联系数是参考数列和比较序列的关联程度，且是不同时点上的关联程度，因此关联系数不止一个，且分布分散，无法进行统一的比较。灰色关联度就是把这些关联系数集中起来，通过一定的方法求得的值，它可以从总体上反映参考序列与其他指标的关联程度，灰色关联度的值越大，相关性就越强。本章综合灰色关联度的计算公式为：

$$\gamma(x_0, x_i) = \frac{1}{n} \sum_{k=1}^{n} \gamma(x_0(k), x_i(k)) \tag{8-7}$$

在此基础上，本章重点关注户主主观行为特征对家庭财产水平的影响，因此分别对东、中、西部三个地区的数据进行邓氏灰色关联分析，根据原有的数据通过 Matlab 编程得到各指标与整体的关联度，如表 8 – 11 所示。

表 8 –11　　　　　　　　　　灰色关联度分析结果

变量	灰色关联度		
	东	中	西
invest	0. 8065	0. 7253	0. 8400
risk	0. 7496	0. 7920	0. 6249
satisfaction	0. 6985	0. 6746	0. 7917
trust	0. 6661	0. 6136	0. 7920

由上表可以看出，在灰色关联评估模型下，我们发现不同地区户主的主观行为特征对家庭财产的影响关联度不同。东部地区户主投资参与度对家庭财产的关联高达 0. 8065，这说明，对于东部地区家庭来讲，户主的投资参与度是所有主观行为变量对家庭财产关联最大的一个。结合上文分析，得知户主投资参与度越高，家庭财产越多。另外，由灰色关联分析的结果发现，东部地区家庭，各个变量关联度从大到小排序为：投资参与度、风险偏好程度、社会满意度以及社会信任度。而与东部地区不同，对于中部地区的家庭，风险偏好程度对家庭财产的关联度较高，为 0. 7920。各个指标关联度从大至小依次排序为：风险偏好程度、投资参与度、社会满意度和社会信任度。由此可见，中部地区的家庭户主风险偏好程度对家庭财产的影响较大。西部地区各个指标关联度从大至小依次排序为：投资参与度、社会信任度、社会满意度和风险偏好程度。根据分析发现，与其他地区相比，西部地区社会信任程度对家庭财产的影响较大。

5. 按照农村家庭户主的客观特征视角分析

本章在已有研究的基础上，主要按照户主婚姻状况、工作性质、受教育程度等因素进行分组，研究户主的主观特征对家庭财产水平的影响。

（1）从婚姻状况进行分组研究。

结合问卷以及国家相关规定，本章将婚姻状态分为已婚、未婚、离异、丧偶四个状态，分组之后分别采用分位数回归模型进行研究。实证结果，如表 8 –12 和表 8 –13 所示。

表 8 – 12

表 8 – 12　　　　　　　　婚姻状态分组实证结果（1）

变量	未婚				已婚			
	QR_25	QR_50	QR_75	QR_90	QR_25	QR_50	QR_75	QR_90
invest	12.28*** (−1.738)	12.94* (−6.066)	21.07 (−18.63)	20.73 (−54.48)	9.567*** (−0.962)	16.43*** (−1.483)	29.82*** (−3.427)	53.24*** (−9.364)
risk	4.648 (−3.163)	2.605 (−11.04)	2.881 (−33.9)	−46.46 (−99.16)	4.420** (−1.586)	7.499** (−2.445)	15.98** (−5.65)	42.50** (−15.44)
satisfaction	4.605 (−8.244)	40.05 (−28.78)	50.35 (−88.36)	381.4 (−258.4)	24.07*** (−3.926)	51.05*** (−6.054)	88.22*** (−13.99)	181.3*** (−38.21)
trust	0.063 (−9.27)	24.25 (−32.36)	121.3 (−99.35)	5.683 (−290.6)	−8.75 (−4.871)	−15.57* (−7.511)	−23.79 (−17.35)	−32.48 (−47.41)
_cons	−11.94** (−4.444)	−21.16 (−15.51)	−46.62 (−47.63)	−0.363 (−139.3)	−4.942* (−2.288)	0.485 (−3.528)	9.591 (−8.152)	20.55 (−22.27)
N	105	105	105	105	2 760	2 760	2 760	2 760

表 8 – 13　　　　　　　　婚姻状态分组实证结果（2）

变量	离异				丧偶			
	QR_25	QR_50	QR_75	QR_90	QR_25	QR_50	QR_75	QR_90
invest	2.395 (−4.251)	14.09 (−9.108)	1.148 (−26.02)	31 (−71.05)	2.04 (−1.39)	7.365* (−3.49)	21.97* (−8.658)	40.75 (−39.49)
risk	−4.569 (−7.761)	−3.049 (−16.63)	4.725 (−47.5)	−42.42 (−129.7)	8.888* (−3.415)	20.74* (−8.572)	32.79 (−21.27)	91.89 (−97.01)
satisfaction	24.72 (−17.38)	26.85 (−37.24)	132.3 (−106.4)	70.06 (−290.5)	9.409 (−6.834)	6.632 (−17.15)	−1.9 (−42.55)	4.05 (−194.1)
trust	17.63 (−22.77)	40.1 (−48.78)	−41.27 (−139.3)	−118.6 (−380.5)	0.176 (−9.14)	10.64 (−22.94)	−3.066 (−56.91)	−49.33 (−259.6)
_cons	−10.93 (−11.6)	−19.02 (−24.85)	21.66 (−70.97)	82.73 (−193.8)	−1.953 (−4.437)	−5.133 (−11.14)	3.741 (−27.63)	33.58 (−126)
N	53	53	53	53	135	135	135	135

由上表分位数回归的结果可以看出，婚姻状态不同的情况下，户主的主观特征对家庭财产水平的影响不同。具体来看，未婚的户主，家庭财产主要受其投资参与度的影响，并且这种情况在低财产水平的家庭表现更加明显。考虑到未婚的家庭在子女照顾、孩子教育支出等费用上没有花费，再加上财产水平低的家庭，资金有限，因此在进行家庭财产投资的时候更

加注重投资经验。对于已婚的户主，根据实证结果发现，婚姻状态为已婚的户主，其投资参与度、风险偏好程度以及社会满意度对家庭财产水平的影响较为显著，并且对家庭财产水平的影响都为正相关，具体表现为投资参与度越高，投资经验越丰富，越是偏好风险对社会满意度高的户主其家庭财产水平就越高。以户主的投资参与度为例，从家庭财产水平的角度来看，在家庭财产的 0.25 分位到 0.9 分位点上，其影响系数分别为 9.567、16.43、29.82、53.24，据此能够看出，对于已婚户主，无论其家庭财产水平高低，投资参与度的提高均能够增加家庭的财产水平，尤其是在 0.9 这一分位点上，可以发现，户主的投资参与度越高对于财产水平高的家庭财产的增加贡献越大。类似，户主的风险偏好程度和社会满意度对财产水平高的家庭财产增长影响最大。然而，对于离异的户主，根据上表我们可以发现，户主的主观特征对家庭财产影响不大，而对于丧偶的家庭，其户主的投资参与度以及风险偏好程度能够对家庭财产水平产生影响，但仅限于财产水平低的家庭。可能的原因是这两类家庭大多数会存在一个成年人带着孩子生活的情况，这就大大增加了其生活开销，因此，在这种状况下，户主的主观行为对家庭财产影响不大。

通过对不同婚姻状况的户主分析后，发现在四类婚姻状况中，已婚户主的主观行为特征对家庭财产的影响最为显著。其中，户主的投资参与度、风险偏好程度和社会满意度是影响家庭财产最重要的主观行为特征，均与家庭财产水平呈正相关。另外，根据研究发现，无论户主的婚姻状况如何，户主的社会信任度对家庭财产水平的影响微乎其微。

（2）从户主的工作性质进行分组研究。

结合调查问卷，本章将户主的工作性质分为四类，分别是事业单位、国企、私企、其他工作这四类，其中其他工作包括自由职业、个体户等，在此基础上将全部数据按照工作性质进行手动分组，并对每组的数据实证分析，得出结果如表 8-14 和表 8-15 所示。

表 8-14　　　　　　　　工作性质分组实证结果（1）

变量	事业单位				国企			
	QR_25	QR_50	QR_75	QR_90	QR_25	QR_50	QR_75	QR_90
invest	21.80 *** (−5.064)	25.58 *** (−5.58)	21.5 (−21.6)	46.86 (−62.82)	33.47 *** (−6.532)	48.54 *** (−12.56)	66.47 * (−32.65)	92.48 (−125)
risk	−3.785 (−7.826)	−3.08 (−8.623)	52.97 (−33.38)	117 (−97.07)	−12.17 (−12.41)	−3.475 (−23.87)	−35.02 (−62.04)	24.99 (−237.6)

变量	事业单位				国企			
	QR_25	QR_50	QR_75	QR_90	QR_25	QR_50	QR_75	QR_90
satisfaction	79.61*** (−22.81)	81.14** (−25.14)	183.9 (−97.3)	457 (−283)	15.5 (−30.05)	16.34 (−57.79)	41.14 (−150.2)	−216.3 (−575.1)
trust	−4.871 (−24.79)	−36.33 (−27.31)	−1.667 (−105.7)	199 (−307.5)	−108.1** (−37.04)	−62.76 (−71.24)	−16.67 (−185.1)	465.3 (−708.9)
_cons	−19.18 (−11.36)	8.767 (−12.52)	2.566 (−48.47)	−96.68 (−140.9)	21.87 (−16.37)	13.16 (−31.49)	19.7 (−81.82)	−58.46 (−313.3)
N	242	242	242	242	109	109	109	109

表 8 – 15　　　　　　　　　　工作性质分组实证结果（2）

变量	私企				其他			
	QR_25	QR_50	QR_75	QR_90	QR_25	QR_50	QR_75	QR_90
invest	11.58*** (−2.451)	19.74*** (−4.019)	42.18*** (−9.961)	85.95** (−32.1)	5.121*** (−0.756)	12.59*** (−1.518)	20.81*** (−3.277)	32.58*** (−8.561)
risk	−6.149 (−4.681)	1.888 (−7.676)	−0.37 (−19.02)	−24.59 (−61.32)	5.349*** (−1.217)	8.732*** (−2.443)	17.12** (−5.275)	40.11** (−13.78)
satisfaction	2.939 (−11.19)	0.129 (−18.34)	19.36 (−45.47)	142.8 (−146.5)	15.58*** (−2.964)	43.23*** (−5.949)	84.78*** (−12.85)	176.5*** (−33.56)
trust	2.025 (−13.47)	5.808 (−22.08)	16.16 (−54.73)	53.4 (−176.4)	−2.704 (−3.776)	−21.32** (−7.577)	−30.41 (−16.36)	−53.59 (−42.74)
_cons	−1.88 (−6.593)	6.56 (−10.81)	12.36 (−26.79)	12.45 (−86.36)	−3.235 (−1.791)	4.181 (−3.595)	13.79 (−7.763)	37.66 (−20.28)
N	492	492	492	492	2 213	2 213	2 213	2 213

由上表的回归结果可以看出，户主的工作性质对家庭财产水平有重要影响。具体来看，在事业单位工作的户主，其投资参与度和社会满意度能够对家庭财产水平产生重要影响，尤其是财产水平较低的家庭，影响更为显著。经过分析可以发现，事业单位的福利待遇较好，低财产水平的家庭资金有限，户主在进行投资时会更依靠投资经验，而对于工作福利较好、财产水平本身就高的家庭，户主的主观行为特征对其影响较低。对于在国企上班的户主，由上表可知，户主的投资参与度对家庭财产水平的影响最大但对高财产水平的家庭影响不明显，而户主的社会信任度对家庭财产的影响仅表现在财产水平较低的家庭中。考虑到财产水平低的家庭财产有限，对金融资产的投资会表现得更加谨慎。而对于在私企工作的户主，在

户主的诸多行为特征中，其投资参与度对家庭财产的影响最大，并且，从0.25分位到0.9分位来看，其对富裕家庭财产的增加贡献最大。考虑到户主在私企工作上升空间较大，工资较高，户主在金融市场上的投资行为表现得更为激进，此时户主的投资参与度对家庭财产的影响更加明显。对于工作不属于以上三类的户主，其投资参与度、风险偏好程度和社会满意度对家庭财产水平影响较为显著，这在贫穷家庭和富裕家庭上均有表现。以户主的社会满意度为例，根据上表可以发现，从0.25分位到0.9分位点上，其影响系数分别为15.58、43.23、84.78、176.5。可以看出，不同分位点上，户主满意度对家庭财产均有重要影响，具体为户主的社会满意度越高，其家庭财产水平越高，并且其对富裕家庭财产水平的增长贡献度更大，具体来看，对于富裕家庭，户主的社会满意度每增加一个单位，其家庭财产增加176.5万元。考虑到其他工作包括自由职业者、个体商户等自由度较高的工作，这类工作大多以中青年为主，大多集中在经济发达地区，自由度较高，使得这类家庭在进行投资时会受主观特征影响更大。

综上所述，经过上文对户主的工作性质分类后，发现户主主观特征对家庭财产的影响在不同工作下影响程度不同。对于在事业单位和国企工作的户主，其主观行为特征对财产的影响主要集中在财产水平较低的家庭；对于在私企工作的户主，投资参与度是影响家庭财产的重要因素；而对于工作不属于以上三类的户主，其投资参与度、风险偏好程度和社会满意度对家庭财产的影响最为显著，社会信任度对家庭财产影响不大。

（3）从户主的受教育程度进行分组研究。

在已有研究的基础上，本章结合调查问卷，将户主的学历特征分为三大类，分别是：初中以下、初中至大学（包括初中）、大学及以上三个部分，通过手动分组将数据按照受教育程度分组研究，讨论不同受教育程度下，户主的投资行为与家庭财产之间的关系，实证分析结果如表8-16～表8-18所示。

表 8-16　　　　　　　　受教育程度分组实证结果（1）

变量	初中以下			
	QR_25	QR_50	QR_75	QR_90
invest	2.777 *** （-0.578）	10.50 *** （-1.785）	15.75 *** （-4.171）	26.30 * （-11.31）
risk	1.215 （-1.007）	8.146 ** （-3.109）	10.86 （-7.265）	12.66 （-19.71）

变量	初中以下			
	QR_25	QR_50	QR_75	QR_90
satisfaction	4.843 * (−2.236)	9.877 (−6.905)	47.34 ** (−16.14)	128.5 ** (−43.77)
trust	−0.976 (−2.929)	−10 (−9.046)	−34.91 (−21.14)	−19.12 (−57.34)
_cons	−0.5 (−1.411)	3.845 (−4.357)	21.52 * (−10.18)	34.81 (−27.62)
N	1 173	1 173	1 173	1 173

表8-17 受教育程度分组实证结果（2）

变量	初中到大学			
	QR_25	QR_50	QR_75	QR_90
invest	9.469 *** (−1.377)	19.35 *** (−2.018)	34.78 *** (−4.653)	52.27 *** (−12.2)
risk	3.067 (−2.184)	2.801 (−3.201)	14.21 (−7.381)	22.66 (−19.36)
satisfaction	26.95 *** (−5.63)	46.91 *** (−8.252)	67.22 *** (−19.03)	184.8 *** (−49.89)
trust	−8.279 (−6.925)	−8.387 (−10.15)	−31.18 (−23.4)	−55.42 (−61.37)
_cons	−3.821 (−3.306)	−1.441 (−4.845)	16.62 (−11.17)	40.94 (−29.3)
N	1 758	1 758	1 758	1 758

表8-18 受教育程度分组实证结果（3）

变量	大学及以上			
	QR_25	QR_50	QR_75	QR_90
invest	22.87 ** (−6.957)	35.50 *** (−9.478)	72.21 * (−29.33)	42.04 (−80.56)
risk	−12.25 (−14.51)	14.6 (−19.77)	40.59 (−61.17)	282.6 (−168)
satisfaction	77.91 (−40.84)	127.1 * (−55.64)	313.1 (−172.2)	480.7 (−472.9)

变量	大学及以上			
	QR_25	QR_50	QR_75	QR_90
trust	−17.06 (−37.09)	28.81 (−50.53)	−50.86 (−156.4)	245.2 (−429.5)
_cons	−6.477 (−18.46)	−33.84 (−25.15)	−57.68 (−77.85)	−124.2 (−213.8)
N	125	125	125	125

本部分将学历分组，具体研究户主的行为特征对家庭财产水平的影响。根据实证结果我们发现，当户主的受教育程度在初中以下时，其投资参与度对家庭财产水平具有重要影响，风险偏好程度对低财产水平的家庭影响较大，而户主的社会满意度对富裕家庭具有重要影响，户主的社会信任度对家庭财产的影响不大。考虑到受教育程度较低的户主由于学历的限制，缺乏对金融市场的了解，使得其在进行金融投资时会更多地依靠投资经验。而对于富裕家庭，除了投资参与度之外，其社会满意度的提高，也会增加家庭的财产水平。可能的原因是，对于富裕的家庭来说，在投资时除了更看重投资回报外，其自身的感受也更为重要，因此对于富裕家庭来讲，社会满意度也是影响家庭财产的重要因素。另外，户主学历在初中至大学之间的家庭，其投资参与度和社会满意度对家庭财产的影响最为显著。以投资参与度为例，从 0.25 分位至 0.9 分位，影响系数依次为 9.469、19.35、34.78 和 52.27。可以发现在家庭财产的 0.25 分位点上，户主的投资参与度每增加一个单位，其家庭财产增加 9.496 万元。随着户主投资参与度的提高，其对家庭财产的影响也在不断提高，在 0.9 分位点上，户主的投资参与度每增加一个单位，家庭财产增加 52.27 万元，这说明，投资参与度的提升对富裕家庭的财产提高的贡献度最大。与此类似，户主社会满意度的提高对富裕家庭的财产提升更为重要，在 0.9 分位点上影响系数为 184.8，可以认为富裕家庭更加注重精神上的满足。最后，对于学历在大学以上的户主，其投资参与度只会对中低财产的家庭产生影响，对富裕家庭影响不大，并且户主的社会满意度对家庭财产的影响只在 0.5 分位点上影响较大。可能的原因为随着户主学历的提升，金融知识的了解度增加，其对家庭金融的投资更加依靠于理性分析，因此主观特征对其家庭财产的影响并不明显。

通过对不同学历的户主特征进行分析，发现随着户主学历的提升，其主观特征对家庭财产的影响程度呈现倒 U 型特征，主要表现为：学历处于初中至大学阶段的户主，其投资参与度、风险偏好程度、社会满意度对家庭财产水平影响较大，而学历较低（初中以下）和学历较高（大学及以上）的户主，其主观特征对家庭财产的影响不明显。另外，根据实证结果可以发现，无论学历高低，社会信任度对家庭财产的影响几乎没有。

（4）从户主的健康状况进行分组研究。

与上文方法类似，本章在调查问卷的基础上，根据受访人的回答，将户主的身体健康状况分为两类，其中身体状况非常好、好、一般为一类，反之为另一类，分组之后，本部分依然按照分位数回归法进行实证分析，结果如表 8 – 19 和表 8 – 20 所示。

表 8 – 19　　　　　　　　　健康状况分组实证结果（1）

变量	健康状况差			
	QR_25	QR_50	QR_75	QR_90
invest	1.963 ** （ -0.674）	7.464 *** （ -2.098）	20.44 *** （ -4.596）	33.89 * （ -16.76）
risk	1.876 （ -1.11）	4.053 （ -3.457）	7.275 （ -7.574）	20.28 （ -27.62）
satisfaction	4.773 （ -2.508）	21.90 ** （ -7.809）	43.93 * （ -17.11）	87.99 （ -62.39）
trust	1.395 （ -3.319）	-9.398 （ -10.33）	8.159 （ -22.64）	71.12 （ -82.56）
_cons	-1.866 （ -1.583）	1.045 （ -4.93）	-6.625 （ -10.8）	-18.8 （ -39.38）
N	547	547	547	547

表 8 – 20　　　　　　　　　健康状况分组实证结果（2）

变量	健康状况好			
	QR_25	QR_50	QR_75	QR_90
invest	9.968 *** （ -1.091）	16.01 *** （ -1.629）	30.10 *** （ -3.756）	52.72 *** （ -9.804）
risk	4.483 * （ -1.839）	7.259 ** （ -2.745）	16.60 ** （ -6.329）	36.78 * （ -16.52）
satisfaction	23.77 *** （ -4.594）	54.69 *** （ -6.859）	91.09 *** （ -15.81）	172.2 *** （ -41.27）

变量	健康状况好			
	QR_25	QR_50	QR_75	QR_90
trust	−8.763 (−5.636)	−12.37 (−8.415)	−15.26 (−19.4)	−46.95 (−50.63)
_cons	−4.319 (−2.645)	0.662 (−3.949)	7.761 (−9.104)	37.49 (−23.76)
N	2 509	2 509	2 509	2 509

实证结果表明，健康状况较差的户主，其投资参与度对家庭财产水平的影响较大，并且随着家庭富裕程度的提高，投资参与度每提高一单位对家庭财产水平增加的影响也不断提升。并且，根据观察，健康状况较差的户主，其社会满意度对家庭财产的影响只集中在中等富裕家庭，考虑到当户主健康状况较差的时候，家庭大部分的资金花销在个人身体健康方面，所以金融资产投资就相对较少，在这种情况下，户主的主观特征对家庭财产水平的影响不明显。而对于健康状况较好的户主，根据实证结果可以看出，户主的投资参与度、风险偏好程度、社会满意度对家庭财产水平均有显著影响。具体分析，以户主的投资参与度为例，无论是贫困家庭还是富裕家庭，户主的投资参与度与家庭财产水平呈正相关，当户主的投资参与度提高时，家庭财产水平也在不断增加。并且，从不同分位数来看，在0.25分位至0.9分位不同的分位点上，户主投资参与度对家庭财产的影响系数分别为9.968、16.01、30.10和52.72，由此可以发现，在0.9分位点上，户主投资参与度每增加一个单位，其家庭财产水平增加52.72万元，而对于健康状况较差的户主，在0.9分位点上，其投资参与度的系数仅为33.89，可能的原因是前者这类家庭在身体健康上花费的资金较少，在金融市场的投资受主观特征影响较大。

通过对健康程度进行分组研究，发现健康状况良好的户主，其主观特征对家庭财产水平的影响更加明显，并且在影响都是正相关的基础上，健康状况良好的户主其对家庭财产增加的贡献度最大。

（5）研究结论。

研究结果表明：①在四类婚姻状况中，已婚户主的主观行为特征对家庭财产的影响最为显著。其中，户主的投资参与度、风险偏好程度和社会满意度是影响家庭财产最重要的主观行为特征，均与家庭财产水平呈正相关。并且，无论户主的婚姻状况如何，户主的社会信任度对家庭财产水平的影响微乎其微。②对于在事业单位和国企工作的户主，其主观行为特征对财产的影响主要集中在财产水平较低的家庭；对于在私企工作的户主，投资参与度是影响家庭财产的重要因素；而对于工作不属于以上三类的户主，其投资参与度、风险偏好程度和社会满意度对家庭财产的影响最为显著，社会信任度对家庭财产影响不大。③对不同学历的户主特征进行分析发现，随着户主学历的提高，户主主观特征对家庭财产的影响程度呈现倒U型特征。④在对户主的健康程度进行分组后研究，发现健康状况良好的户主，其主观特征对家庭财产水平的影响更加明显，并且在影响都是正相关的基础上，健康状况良好的户主其对家庭财产增加的贡献度最大。

8.5　本章小结

我国是农业大国，"三农"问题一直是重点关注的问题。我国农村土地辽阔，情况复杂，并且东、中、西三大区域资源禀赋、经济状况、自然环境等存在巨大差异，使得我国不同区域农村家庭的财产水平差距明显。虽然家庭金融受到诸多学者的关注，并且在近几年已经成长为和公司金融、区域金融等并列的学科，国际上已有学者取得丰富的研究成果，但是由于我国家庭自身的特点与西方国家存在差别，国际上的研究结论并不完全适用于我国。并且，家庭财产分布不平衡也是一个重要的问题，因此，本章探究户主主观行为特征对农村家庭财产水平的影响，有助于提高农村家庭参与金融市场的积极性，改善财产分布的不平衡，缩小贫富差距。

本章利用2017年的CHFS数据，将农村数据分东、中、西三个区域进行研究，通过描述性统计分析和分位数回归模型研究近几年来我国农村家庭财产水平的持有现状，深入探究户主主观行为特征对农村家庭财产水平的影响。并利用邓氏灰色关联分析法对户主投资参与度、风险偏好程度、社会满意度和社会信任度进行实证分析。结果发现，我国农村家庭财产水平呈现区域性差异，东部地区农村家庭财产水平较高，中部和西部地区农村家庭财产水平较低。在农村地区，户主的主观行为特征能够影响其家庭财产水平，户主的投资参与度越高，越是偏好风险，家庭财产水平越高，对于东部农村地区的家庭来讲，投资参与度是影响财产水平的最重要因素，并且与其关联度最高；而中部农村地区的家庭，投资参与度和风险偏好度对家庭财产的影响最大，关于家庭内部因素，收入和家庭人口数也是影响家庭财产的重要原因。另外，对于西部地区的家庭，在所有主观行为特征中投资参与度、社会信任度的关联度最大，而家庭人口数和工作性质也是影响财产水平的重要原因。

同时，为深入分析户主主观行为特征对家庭财产选择的影响，本章通过对户主客观特征的手动分组进行研究，分析在不同婚姻状况、工作性质、不同受教育程度和健康状况的条件下，户主的主观行为对农村家庭财产水平的影响。

第9章 研究结论与政策建议

本章在总结研究结论的基础上，从政府、农村家庭、金融机构三个不同的角度提出具体的合理化建议，以此引导农村居民深入了解金融知识，合理选择家庭金融资产，优化家庭金融资产配置。

9.1 研究结论

本书在借鉴相关理论的基础上，运用计量经济学方法，分析国家统计局宏观数据及 2013 年、2015 年和 2017 年中国家庭金融调查数据，以探究中国家庭金融资产选择的行为特征、影响因素等，并得出以下结论：

1. 中国居民持有金融资产的总量及结构情况

具体来看我国居民家庭持有金融资产的总量，从宏观数据上看，我国家庭金融资产规模逐年上升，且增长较为快速，尤其是 2009 年之后增长速度比原来更快。每家每户所拥有的现金数量并没有太大波动，增长速度并没有大的提升，储蓄有上升的趋势，债券的增长速度正常，波动不大。随着股票市场的不断成熟，居民对于股票的关注越来越多，股票投资呈现逐渐上升趋势，对于外币储蓄则呈现先增长后下降的波动趋势。从微观数据上看，平均每户的资产数量在不断增长。总体来说，我国居民资产的数量呈现倒 U 型趋势，由于户主年龄的不同，资产的增长也不相同。教育水平同样会影响家庭资产的投资，学历越高工资水平相对较高，投资能力也就相对较强。因而，教育的普及对于投资具有重要的影响，教育水平越高对于投资的了解也就越多，资产投资也就更具多样性与层次性。

关于家庭金融资产的构成，从数量上来看，储蓄占家庭金融资产的很大部分，手头现金份额减少，债券份额逐渐增加，但仍处在较低水平；股票持有比重波动较大，基金与外币储蓄近年来持续下降，保险资产比重稳定上升，从中可以看出我国居民家庭金融资产选择较为单一。从微观数据上看，家庭金融资产中存款依然占主导地位，中国家庭越来越青睐金融理财产品，金融资产中风险资产占比较低。参与风险市场也呈现出倒 U 型趋势，户主年龄为 31~45 周岁的家庭，更喜欢参与风险市场。随着户主学历的提高，家庭风险市场的总体参与比例不断上升。户主为党员、上过经济金融类课程、风险偏好、非常关注经济信息的家庭，其风险市场总体参与比例较高。居民在金融资产的配置上偏向于持有安全性较高的资产，主要有以下三点原因：一是家庭收入水平偏低；二是家庭面临的不确定性增加导致家庭预防性储蓄增强；三是资本市场发展不够完善。

当前，我国家庭资产分布不均衡，家庭总资产中房产占比超过 60%，有几个因素使得金融资产的选择不同：从年龄角度来看，各年龄段居民的储蓄率都有不同。从受教育程度上来看，储蓄与教育水平成反比。教育水平高的户主了解投资的程度较高，家庭投资更倾向于多样化，也更倾向于高风险高回报的股票。从收入水平来看，一些高风险的投资随着收入的提高而有所增加。从对待风险的态度来看，风险偏好的家庭更多投资于高风险领域，风险厌恶家庭也更多选择稳健的投资，比如储蓄存款。从地区来看，中东部地区投资较为均衡。从心理预期来看，对未来预期多的家庭，更倾向于投资股票、债券等高风险的资产。此外，上过金融相关课程的家庭、非常关注日常经济信息的家庭对风险资产的投资较多。

从风险角度可以看出家庭金融资产组合呈现出两极化趋势。低风险、极低风险家庭的比例很高，其原因在于：一是金融资产的份额差异很大；二是中国家庭在证券交易所中较少参与其他金融投资；三是投资金融市场的一般门槛排斥低收入家庭。

2. 中国城乡居民家庭持有金融资产的差异情况

我们想要比较城乡居民家庭资产的持有差异，首先要对资产的总量与结构进行分析。从总量上来看，证券类与货币类金融资产一直在上升，保障类金融资产在下降，这说明我国居民家庭始终注重追求投资的低风险，但在满足储蓄需求的同时，也已经开始增加风险性投资。从结构上来看，我国居民家庭金融资产的总体发展特征仍然以货币类金融资产为主，随着社会医疗保险的普及，拥有保障类金融资产的家庭占比也很高。与货币类和保障类金融资产持有占比趋向饱和的状态相比，我国证券类市场还有很大的发展空间。从全国居民家庭持有金融资产的情况中可以看出其中存在的问题是：货币类金融资产的占比过高；证券类金融资产持有比例较低，但持有均值较高；保险类金融资产持有比例高，但持有均值偏低。究其原因，总的来说，资本市场不够完善，投资风险大。我国社会保障制度建设欠缺，商业保险行为不规范。从家庭内部来看，金融意识薄弱，投资过于保守。

通过比较，发现中国城乡居民家庭持有金融资产存在如下差异：第一，城市家庭金融资产数量远大于农村家庭，各单一分类的金融资产也远多于农村。第二，我国城乡地区拥有金融资产的家庭比例差距不大，基本实现了金融普惠，但分类来看，城乡地区在拥有证券类金融资产的家庭比例上差距最大，农村地区持有家庭占比远低于城市地区。第三，农村家庭更多地持有储蓄类存款，城市家庭在资产选择时更加注意多元化合理配置，分散投资，从而达到降低风险增加收益的目标。

采用 2017 年的中国家庭金融调查数据，进一步分析城乡家庭持有资产选择的差异。在家庭内在因素中，我们发现家庭的许多因素都会影响家庭资产的选择，比如基本特征、经济情况、主观态度等。相对于城市家庭，我国农村家庭户主的特征为男性较多、年龄较大、受教育程度较低、已婚较多、就业较多、健康状况较差、家庭人口数较多、家庭收入较低、家庭负债较低、家庭支出较少、自住房屋租赁较少、风险偏好度较低、社会信任度较低、金融信息关注度较低，城乡家庭在这些因素上的不同都会影响其持有金融资产的差异。在市场外在因素中，我们发现城市居民对金融服务的需求更大、要求更高；城市地区金融市场发展较快，金融产品种类繁多，给城市居民提供了更多的选择；城乡居民对基金、互联网金融理财等部分金融产品的认知度差距较大；家庭基本特征差异在金融资产选择时表现明显。

3. 农村家庭金融资产行为的影响因素

我国农村家庭在投资方面更多地选择储蓄，将钱存入银行，说明家庭更倾向于投资无风险资产，进行稳健性投资。

我国农村家庭金融资产选择行为存在结构性差异，因为他们具有不同的收入水平、年龄段、受教育程度和风险态度：（1）在收入水平方面，低收入家庭对风险资产的参与率较低，更倾向于选择稳健的资产进行投资，他们的投资更多集中于储蓄存款、国债等一些低风险的资产，对于股票等一些高风险的资产选择较少，资产的选择性也相对较少，风险投资较为单一。但是随着国家经济的不断发展，居民的可支配收入逐渐增加，居民对风险资产的投入额也会不断提高，资产投资更加丰富。（2）不同年龄结构的家庭资产选择偏好存在差异，年轻家庭更倾向于风险资产，老人更加倾向于稳健性资产投资。（3）从受教育程度的差异来看，教育程度越高的家庭对风险资产的偏好程度越高。（4）从不同的风险态度来看，风险偏好家庭对风险资产的参与程度超过风险厌恶家庭投资者。

家庭基本特征能够显著反映一个家庭对于金融资产的选择。（1）户主年龄对家庭金融资产参与深度的效应总体呈现出 U 型，即随着年龄的增加，家庭持有金融资产的比重逐渐降低，但达到一定程度，便会逐渐上升。（2）户主受教育程度的提高能够明显增加对金融资产的参与度，受教育程度越高，对于金融资产的参与程度也就越高，对于金融资产的选择也更具有多样性，家庭参与金融资产或风险资产投资的积极性就越高。（3）户主的健康状况对金融资产的投资也有影响，户主健康的家庭金融资产的投资也更为深入，投资也更加大胆。户主身体状况较差时，金融资产的参与度较低。（4）家庭人口数越少，越倾向于参与金融资产或风险资产，参与深度越高。（5）已婚家庭参与金融资产的可能性较未婚家庭更高。

家庭的经济情况更是直接影响家庭金融资产的选择。家庭收入越多，对于金融资产的投资也更多，种类也趋于多样性。家庭负债对家庭金融资产或风险资产的参与广度、深度有显著的负向影响。家庭对于教育培训费用的增加也能提高家庭参与金融资产或风险资产的可能性。

社交互动显著增加了家庭参与风险资产的可能性。本节用收入与支出来衡量金融资产的选择，投资方式越多，家庭参与率也就越高，进而参与风险资产的可能性就越高，参与深度也越高。从实证结果中可以看到，通信支出对我国农村家庭金融资产参与也有显著影响，说明通信支出在社会互动中发挥了重要作用。包括风险偏好度和金融信息关注度在内的其他因素也是影响家庭金融资产参与的重要因素。家庭对金融信息越关注，其越倾向于参与金融资产或风险资产，参与深度越高。

4. 农村家庭结构对金融资产选择行为的影响

当前，中国老龄人口在不断增加，老年抚养比也在不断上升，中国正面临越来越严重的老龄化问题，与此同时，家庭规模缩小，中国家庭的小型化趋势不断加强。由于计划生育政策的落实，加上年轻夫妻生育观念转变，导致中国的人口出生率降低，少儿抚养比不断下降。随着"全面二孩"政策实施，中国的人口出生率开始上升，少儿抚养比已经明显呈上升趋势，家庭中子女数量增加。总的来说，人口的总抚养比已经由持续下降变为快速上升。

家庭中各代际人数差异对金融资产选择的影响是多样的。老年人数量差异对家庭金融资产选择行为的影响取决于家庭中其他代际成员的数量。老年人数量的增多加大了家庭的赡养压力，所以家庭在资产选择时一般会更加保守，风险性金融资产的持有通常会减少，但是当家庭中已有较大的子女抚养压力时，也会使得家庭倾向于投资风险资产来获得更高的收益。家庭购买金融资产的结构会随着老年人数量的增减而变化，但当家庭同时面临更高的抚养和赡养压力时，会减少对股票的持有。

中年人数量差异对家庭金融资产选择的影响受限于家庭中其他代际成员的数量。中年人带来的收入效应直接影响金融资产选择行为，收入效应增加了金融资产的持有量与多样性，但家庭中老年人和青年人的数量会影响家庭的消费需求，甚至出现收入效应小于消费需求的情形，引起家庭减少金融资产的持有。中年人的数量对于金融资产的选择也有一定的影响，中年人多的家庭更倾向于投资风险较低的理财，或选择风险更高的股票和基金，取决于其他代际成员的数量。

青年人数量差异对家庭金融资产选择的影响受限于家庭中其他代际成员的数量。青年人数量的增多加大了家庭的抚养压力，家庭在金融资产选择时会出现两种情况，一是家庭收入效应小于消费需求时，家庭会减少各类金融资产的持有，二是家庭更加追求高收益高风险的金融资产投资来获得更高的收益，所以会增加各项金融资产的持有，而这两种情形都取决于家庭中其他代际成员的数量。青年人数量的增加会影响家庭风险性金融资产的持有，选择风险相对较低的理财产品，或选择风险更高的基金和股票，取决于其他代际成员的数量。

5. 基于结构方程模型的农村家庭金融资产选择行为研究

从金融资产结构来看，在家庭金融资产总量中储蓄占比最高，股票资产排第二。从金融资产类别来看，货币类金融资产因其低风险的特点，仍然是农户家庭金融资产的主要组成部分，而储蓄占比在货币类金融资产中位列第一，借出款和现金排第二，两者所占比例相差不大，但农村家庭保障类金融资产持有量在下滑。从家庭金融资产选择的影响因素角度来看，在风险较高的金融产品选择上有一定的性别差异，男性更加倾向于选择风险更高的金融产品，女性则相对比较保守，会选择风险较低的金融产品。随着年龄的增加，家庭成员更倾向于将钱存于银行，年轻家庭则更倾向于投资风险较大的金融资产，将钱存入银行的比例明显低于其余年龄阶段的家庭。老年农户的保险持有量要高于其他年龄段的家庭，更加注重保障类金融资产的投资。农村居民的受教育程度与金融资产投资的种类也有关系，受教育程度越高对于金融资产的投资也更加谨慎。对金融知识了解度越高的居民家庭金融资产选择越是多样。

由 2013 年、2015 年和 2017 年不同年份的数据进行结构方程模型的分析可知，家庭基本特征均对金融资产选择行为没有显著的影响，性别对家庭金融资产配置的影响尚不明确；风险承受能力、金融了解度均对选择行为有显著的正向影响，风险承受能力越强的家庭，家庭金融资产选择越多样；反之，风险承受能力低的家庭，其资产选择行为较为单一。从居民家庭对经济、金融信息了解度来看，当居民对经济、金融类的信息了解增多，对各种金融产品的特点就越深入，从而家庭金融资产类别越多。

农村家庭金融资产选择行为较为单一，农村居民选择较为集中，大多在家庭金融资产中银行存款占比较大，其次是现金，对银行理财产品投资较少。在货币类金融资产方面，资产选择主要集中在银行存款；农村家庭对证券类金融资产持有量偏低，也集中在股票资产上，而保险类大部分是政府要求购买，差别并不明显。另外，根据数据分析可知，农村家庭股票资产持有量不高，只有少部分人持有债券，基金购买更少。由此看出，农村居民风险承受能力过低，因而更加偏向于低风险、低收益的金融产品，家庭金融资产选择比较单一，即为"单一化效应"。农村居民在家庭金融资产选择时存在一定的"财富效应"，即随着收入的增加会加大对部分金融资产的持有量，在银行存款和股票这两种资产的持有量上较为明显。农村居民在家庭金融资产选择时会受到外界因素的影响，同时加之不同家庭的风险抵抗能力和心理预期不同，形成对货币类、证券类和保障类家庭金融资产选择的变动，尤其是对前两类资产持有量的变动更加明显，即为"联动效应"。2013 年、2015 年和 2017 年三个年份各个类别的金融资产占比差距不大，但是由标准路径系数来看各年份数据正负不同，这说明虽然家庭金融资产总量相对持平，差别不大，但是对于每一个家庭而言，各类金融资产的选择结构和比例存在差别，每个家庭之间的投资具有相对独立性，即为"结构异质化效应"。

6. 户主主观行为特征对农村家庭财产水平的影响

我国农村家庭财产水平呈现区域性差异，东部地区农村家庭财产水平较高，中部和西部地区农村家庭财产水平较低。在农村地区，户主的主观行为特征能够影响其家庭财产水平，户主的投资参与度越高，越是偏好风险，家庭财产水平越高。对于东部农村地区的家庭来讲，投资参与度是影响财产水平的最重要因素，并且与其关联度最高；而中部农村地区的家庭，投资参与度和风险偏好度对家庭财产的影响最大，关于家庭内部因素，收入和家庭人口数也是影响家庭财产的重要因素。另外，对于西部地区的家庭，在所有主观行为特征中投资参与度、社会信任度的关联度最大，而家庭人口数和工作性质也是影响财产水平的重要因素。

按照户主婚姻状况、工作性质、受教育程度和健康程度等因素进行分组，研究户主的主观特征对家庭财产水平的影响，结果发现：在已婚、未婚、离异和丧偶四类婚姻状况中，已婚户主的主观行为特征对家庭财产的影响最为显著。对于不同工作的户主，其主观行为特征对家庭财产的影响也很显著。对不同学历的户主特征进行分析发现，随着户主学历的提升，户主主观特征对家庭财产的影响程度呈现倒 U 型特征。在对户主的健康程度进行分组后研究，发现健康状况良好的户主，其主观特征对家庭财产水平的影响更加明显。

9.2 政策建议

鉴于以上结论，为了引导居民家庭合理选择金融资产，政府、金融机构和居民自身都应采取必要的措施。首先要普及金融知识教育，提升居民家庭的金融素养；其次要完善金融服务体系，加强对金融市场的监管，在提高居民家庭参与金融市场积极性的同时，降低金融资产投资风险发生的可能性；最后要加强社会保障力度，提高居民收入水平，为居民家庭参与金融市场提供稳定的物质基础。

9.2.1 普及金融知识教育，提高农村居民金融认知

1. 从政府的角度

政府要采取相关政策提升农村地区教育水平，加强义务教育。以上分析表明，农村教育水平普遍较低，教育水平也是影响农户金融资产选择的重要因素。目前，中国不断强调民族文化的质量，先后出台了各种教育政策，包括九年制义务教育，大大提高了人们的整体文化素质。但是，农村经济发展水平低，偏远地区的许多农村家庭对教育不够重视，导致国家教育政策执行效果不够理想。因此，政府必须提高认识，在加强农民教育观念的基础上，大力推进义务教育，全面提高农村居民文化水平。

加强义务教育，政府可以采取以下具体行动，首先建立农村义务教育质量监控体系，提高农村义务教育质量。义务教育普及后，优质义务教育的实施已成为新的战略目标。质量管理，最重要的是建立义务教育质量评估体系，为农村学生提供高质量的义务教育。其次是依法管理教育，加大义务教育宣传力度，促进该地区的教育发展，确保青少年在九年义务教育

期间不被中止。最后，政府可制定一些优惠或者补贴政策鼓励优秀师资进入农村地区教学，加强农村地区学校师资队伍的建设。

针对农村家庭过度听信亲戚朋友的理财投资经验介绍，跟风参与集资借贷活动等行为，需加强典型案例教育，提升居民对金融风险红线的警惕性。在普及金融知识活动中，可以与公检司法有关部门结合，选择有代表性的典型案例，通过文字介绍、漫画、展览等形式对公众开展教育。要协调公、检、法行政执法部门，发挥职业优势，利用执法、巡回办案、巡回法庭等形式开展"以案释法"。以反面典型为镜，提醒公众保持清醒头脑，避免上当受骗。

针对农村地区大多数公众金融知识、投资理财知识匮乏的情况，广泛开展金融宣传，普及金融知识，提高农村居民金融素养。要充分运用多种媒体平台开展金融知识普及和金融风险防范的宣传。及时将国家最新的金融政策法规传递给广大公众。地方政府官网要设立金融政策专栏，介绍金融法规政策和金融风险防范知识，开展咨询与服务等，方便公众对金融风险知识的了解和掌握。要多载体发力，充分利用文化广场、公园、长廊和法治宣传教育中心等阵地，让金融宣传进乡村、进社区、进家庭，运用多种方式、手段，开展通俗易懂、群众喜闻乐见的金融宣传教育活动，提高公众金融风险防范意识。

2. 从金融机构的角度

金融机构要承担起普及金融知识的主要责任。鉴于农村地区本身消息的滞后性，农民对金融知识的了解并不多，建议金融机构加大对金融知识的宣传，帮助农村居民实现家庭金融资产选择最优化。

目前，金融机构主要通过发放传单、放置横幅标语、知识讲座和创建临时点来促进农村金融教育。广告形式单一，过于死板，这些宣传形式仅限于知识的直接输入，时间短，受众少，有效的广告和教育效果非常有限。在金融机构宣传金融知识的过程中，大多数都关注爆炸性金融信息，制定"宣传周"和"月度宣传"，而经常性和计划性工作相对较少。此外，由于缺乏长期的教育规划，知识传播缺乏规律性，大多数旨在普及基本金融知识的教育和宣传活动。

要改变这种状况，首先需增加广告的频率，当地的银行是与农民群众接触最直接、最有效的组织，每次推广知识时，分发相关宣传广告，发布相关宣传册，扩大广告和教育的受众面。其次，要引入长效传播机制，提高农村居民的经济意识。再次，还可以选择一些金融知识水平较高的居民作为岗位培训宣传员，渗透到人民群众中，普及日常生活中的金融知识，帮助居民树立风险防范意识。最后，普及手机和网络等新型通信工具的使用，实现金融知识传播渠道的多元化。

金融机构可以参考以下四种方法来普及金融知识。第一是在金融机构的网站上开辟"金融知识普及宣传专栏"，上传金融基础知识资料，报道宣传活动的开展情况；第二是各网点 LED 滚动播放宣传标语，营业大厅液晶电视不间断播放金融知识宣传片；第三是金融机构统一印制宣传册页发放到各网点，供消费者阅览；第四是金融机构可以先后组织开展进村入校等集中宣传活动，解答农民的疑惑，帮助农民更好地了解金融知识和相关金融政策。

针对人们追求理财高收益偏好、忽视投资风险问题，强化金融投资知识和金融风险防范的宣传，提高人们对金融风险的识别能力。强化金融政策要点宣传，作为普及金融知识宣传重点内容，如人民银行存贷基准利率水平、法定上浮幅度、最高人民法院关于民间借贷利率有关规定及解释、参与非法集资承担的法律责任等。将这些金融政策规定以"明白卡"形式，向公众宣传解释，使公众对金融风险有量的尺度判断，树立红线边界理念。

为确保金融知识教育的效果，还要建立必要的科学评估和监测机制，加强金融知识教育，完成有效性评估报告，改进培训计划，改善培训效果。

3. 从居民家庭的角度

首先，居民家庭要提高自身对经济、金融信息的关注度。根据上文分析，农村居民对经济、金融信息的了解度会显著影响其金融资产选择行为。农民对金融产品越了解，越容易增加在金融资产的投入，选择行为就更加多样。一般情况下，农村地区条件有限，农民文化程度不高，信息闭塞，为得到更多有效的金融知识，农民应该更加主动获取，例如：第一，在日常生活中，建议多从网络、电视等其他媒体获得金融信息；第二，我国农村地区众多，农村之间的情况不同，不同地区的具体政策也会有差别，有些农村地区还没有普及互联网，那么对于农民自身可以通过积极主动关注政府或者金融机构的相关金融政策等行为来获取金融信息，加大对金融产品的了解，结合不同金融产品的特点，合理选择适合自己家庭的金融资产分配方案。

其次，居民家庭应当加大对子女教育投入。根据上文数据分析，农村地区的受教育程度普遍不高，只有从各方面帮助农民转变观念，才有可能转变当前的农户金融资产选择结构。为提升农村居民的教育水平，仅仅依靠政府普及义务教育是不够的，但是要求所有农村地区的居民放弃工作去学习来提升文化程度，又很不现实，因此，建议农村居民自身转变观念，在家庭金融资产中，加大对子女的教育投入，注重子女教育，不仅仅是子女的学习成绩，还包含心理健康、父母关爱等方面，关注子女成长。提升农村地区整体的受教育水平是一个缓慢的过程，农村地区孩子的教育离不开农村居民自身的支持，只有农民转变观念，重视教育，才能使得农村家庭子女文化水平有所提升，身心得到全面发展，以此提升农民的教育水平和综合素养。

最后，农村居民要树立合理资产选择的观念，选择适合自己家庭金融资产分配策略。通过上文的分析可以发现，大部分农村居民的金融资产选择集中在银行存款，而且，经数据分析农民的风险承受能力、受教育程度都会对农村家庭金融资产选择产生影响，因此，如何选择一套适合自身特点的家庭金融资产分配策略是农村居民所面临的一大难题。建议农村居民从以下三个方面努力：一是对自身家庭的资产比例进行合理的估计，对自身家庭的支出等有一个正确的认识；二是加大对不同金融产品的了解，以便做出合理的判断；三是评估自身的风险承受能力和风险态度，选择适合自身家庭的投资工具和投资比例。

9.2.2　加强社会保障，增加居民收入

针对目前部分地区农民收入低的问题，政府部门应继续加大对"三农"的支持力度。首先，加大对农村地区教育、医疗和社会保障的投入，降低农民的医疗费用，减轻教育负担，提高农民的安全感。其次，通过增加财政补贴、税收优惠等资源，直接在农村开展工业化活动，促进农业生产、农民增收和农村经济发展。

1. 加强社会保障

中国的社会保障制度现已基本确定的同时，也面临着社会老龄化等严峻挑战。社会保障必须遵循基本的连续性，建立稳定性体系，在更大投资的基础上，加快改善我国的社会保障体系。

随着我国人口老龄化的逐步深入，一系列问题开始凸显，对我国社会发展提出了挑战。人口老龄化最直接的影响是家庭结构的变化。随着老年人成为家庭的主体，将有更多的家庭以老年人为主。此外，一个家庭中老年人数量的增加会加大家庭赡养的压力，降低家庭生活质量。目前我国农村存在着大量的空巢老人，如何保障他们的生活成为急需解决的问题，因此，要完善社会保障制度，一方面要解决他们的经济生活来源和医疗保

障，主要是要完善保险制度，提高老年人基本养老保险和医疗保险的参保率，保障老年人退休后有稳定的经济来源，加强对老年人的健康管理，帮助解决老年人的医疗费用等；另一方面，要从心理上提高老年人的幸福指数。

政府应当不断完善农村居民的社会保障制度，使农村居民的生活得到保障，减少农村居民的"后顾之忧"，鼓励农民将资金投入到多样的金融产品上，促进农村地区家庭金融选择行为更加多样化。政府可以加大对农村基础设施建设力度，完善保障机制。另外政府在保障农村居民生活的同时，也应当加强农村地区市场监管。农村居民与城市居民相比，法律意识差，消费者权益意识和自我保护意识薄弱，加上农村市场监督不力，使得农村成为"假冒伪劣产品"的集散地，因此，促进农村经济发展的同时也必须加强对农村地区的市场监管，使农民的利益切实得到保障。

2. 提高居民收入水平，缩小城乡收入差距

家庭财富是居民金融资产投资的基础，家庭收入是家庭财富的重要源泉。当家庭收入在满足消费需求后仍有盈余时，家庭会加大金融资产投资力度。近年来，虽然农村居民家庭收入稳步增长，但家庭持有的金融资产规模存在巨大差异，这也反映出贫富差距较大。因此，要使家庭更多地参与金融市场投资，就必须增加家庭收入，增强家庭经济实力。

抓住扩大就业这个关键。政府规范农村就业市场，为居民提供更多就业机会，通过促进就业增加农村家庭收入。扩大就业是增加居民收入、缩小居民收入差距的关键。

完善再分配制度。这是增加居民收入、缩小居民收入差距的重要保证。社会主义市场经济体制必须重视重新分配，限制初始分配与保护贫困人口，缩小收入之间的差异；当地政府要把增加农村居民的收入作为工作重点。

3. 结合区域差异，采取有针对性的措施支持农业

至于经济领域的差异，需要改善基础设施，促进区域经济协调发展。在经济发展水平较高的地区，由于引进了先进的农业生产技术，农业的工业化水平正在提高；在经济欠发达地区，不仅以促进农业发展为基本目标，而且需要提高农民的金融意识，促进农业生产和资金管理。

政府在支农问题上承担着主要责任，第一是"巩固"，即支持农业和国家利益的现有政策必须得到落实。巩固现有的支持农业和农民利益的政策就是巩固农业的基本地位。按照公开、诚实、公正的原则，要确保粮农补贴直接支付给农民，让农民得到实惠。各市有关部门要监督资金，加强补贴，制止各种形式的劫持、扣押和挪用。第二是"完善"，根据农民的需要调整和完善政策。目前，中国农业基础设施仍然不够完善，为了增强抵御农业自然灾害和市场风险的能力，各级党委和政府必须遵守自然规律，加强监管，推出改善农业发展的政策措施。第三是"强化"，即增加补贴规模。作为一个相对薄弱的行业，农业发展与政府的投资和支持密不可分。同时，当各级政府增加新的农业生产补贴形式时，现有标准的补贴需要进一步完善，农业政策支持和效益可以产生更大的影响。

可以从以下角度实施具体的政府支持措施。首先，直接补贴农民。补贴包括购买农业机械补贴、农作物生产补贴等，努力扩大补贴计划，简化补贴条件和增加补贴金额。其次，支持新农场的发展。在发展农业龙头、特色产业和优势产业的基础上，加快建设具有文化、技术、管理、创新培育方式的新型专业农业集团。同时，建立农民合作社和家庭企业，支持绿色农业、生态农业的发展，实施标准化生产，进一步增强其管理能力、市场竞争力和服务能力。并建立农业社会化服务体系，采用中等规模的农业补贴，加快建立农业社会化系统，如粮食生产管理服务等，支持农业结构的优化。三是支持农村产业一体化。创建现代农业产业园区，创造积累效应，构建农业与二、三产业相结合的现代产业体系，完善农业信息服务体系，创新信息共享机制。四是支持环保高效的技术推广服务，创造环保、经济、高效的技术模式，支持农业资源生态保护，加强耕地保护，提高耕地质量，发展农业技术，维护国家合理资源；支持农业防灾和援助。

基于我国农村家庭信贷需求大、农村地区信贷供给严重不足的现状，金融机构应实施有关信贷服务的"三农"措施。一要以地下水保护、清洁能源、农药、燃气水循环等行业为切入点，加强水利项目建设和农业基础设施建设的金融服务，特别是信贷额度，加强农村的建设，促进城市和农村的产业融合。二要推进城乡产业一体化，促进经济一体化，加大对重点国家建设区域的信贷支持力度，支持农村市场体系的完善，重点培育与城乡相关的众多企业，支持农村地区改善农业、交通状况和生活的环境。三要增加惠农资金的分配，有效提高农民贷款额度，增加农民贷款优惠资金。四要支持农村各类企业发展和保障性住房项目建设，打造贫困区改造项目、优质粮食项目，提高农民财政补贴，为农产品质量控制提供更多资金支持。五要不断寻找服务"三农"的新途径，稳定和发展农村市场和企业，建立和完善政策，积极研究和投资农村金融机构的创建，如农村银行和国民保险。加强农业金融租赁公司和"三农"发展基金等的建立，多渠道筹措"三农"服务资金。

9.2.3　完善金融服务体系，加强金融市场监管

1. 从政府的角度

第一要鼓励金融创新，丰富金融产品。由于金融市场发展迅速，金融需求也更趋多样化、多层次化。针对这一变化，地方政府应该加大对金融机构的扶持，加快制定贷款准入标准，加快贷款程序的创新力度，积极推动产业扶贫，增加信贷资金承载主体。政府要建立对金融机构的支持机制，引导金融机构加大对中小企业和农村居民的信贷投入。

第二要改善融资环境。政府需要建立多层次企业担保系统，落实担保机构税收优惠支持政策，加强对担保行业的管理和服务，积极为中小企业融资提供平台和支撑。针对贷款难的问题，政府在各个机构之间需要搭建沟通平台，比如在银行、企业之间设立沟通平台，加强双方的沟通与联系，定期举办多方面的融资洽谈会，鼓励金融机构放宽对中小企业的贷款门槛，创新各种新型金融产品，促进银行、担保机构和中小企业之间的积极互动。

第三要加强和改善金融监管，切实增强防范风险的能力。简化行政审批，提高监管透明度，加强对金融机构的监管，规范公司治理，加强对上市公司信息披露的监管，减少欺诈、利益转移、违法违规行为，严惩内幕交易。制定实施中国版《巴塞尔协议Ⅲ》，实现相关储备资本金和重复资本金要求，完善监管体系，建立金融机构监管和机构偿付能力监管体系，有力推动保险公司的监管和改革。同时要加强金融消费者权益保护，采取措施保护中小投资者在金融市场的合法权益。

第四要加强对影子银行和互联网的金融监管。近年来，日益完善的影子银行体系满足了经济社会多样化需求，同时出现了非标准和管理不善等问题。为了应对这些问题，应明确监管机构的责任，加强投资管理。按照"促进创新、防范风险、追求效益、避免劣势和健康发展"的要求，加强资产监管。

2. 从金融机构的角度

金融机构增加农村地区的机构数量。中国农村地区土地辽阔，但仍有金融机构不足的地方，因此，金融机构可以增加在农村地区的网点设置，将网点渗透到农村的每个角落，方便农民咨询，深入了解该地区农民的特点，做好针对性的金融服务。

金融机构要加大创新力度，但在创新时要有不同的着力点。第一，要着力于满足日趋多样化的金融需求。在金融产品上需要基于客户的需求，

设定适合农村居民的金融产品，尽可能发挥其比较优势。对多数农村地区来讲，适销对路的金融产品很少、金融服务的方式单一、金融服务质量与农民多样化金融需求不匹配的问题仍然很突出，金融产品与农村居民的现实需求仍然存在一定的差距。由于农村居民对各种金融产品的了解度不高，自身又缺乏金融知识，因此，建议金融机构在进入农村开设网点时充分把握当地农村居民的特点，并为不同地区农民定制金融产品，为农民提供个性化服务。例如，在农民不能够合理估计自身家庭的风险承受能力时，通过问卷的填报来确定投资人的风险承受能力及风险偏好，为其合理规划金融资产分配策略。此外，可以根据农村家庭的不同特点配置金融资产，帮助农民找到自己合适的资源配置方式，制定严密的金融资产配置计划和投资计划。第二，要着力于促进金融经济发展方式的转变，助力于发展科技金融、绿色金融和消费金融等新兴金融产品。科技金融，从字面上可以理解为科技加金融，就是在金融领域加入科技元素，使科技成果快速转化成生产力。政府可以大力发展风险基金等，为科技金融的发展提供强大的后盾，也能鼓励科技金融租赁，以满足社会需求。绿色金融是指建立一些绿色经济发展的金融体系，可以设立专项绿色金融基金，制定绿色金融信贷保护政策等，以保护绿色金融的发展。消费金融通常指由于消费而产生的一系列的贷款行为，包括住房抵押贷款等一些贷款行为，要实现经济发展方式从投资拉动向消费拉动的转变，必须进一步发展消费金融。

金融机构在发展中应该更加注重防范金融风险，减少由于过度创新带来的损失。首先要遵守法律法规，依法防范风险。金融机构必须依法经营，监管部门也要发挥自己的作用，依法监督，杜绝风险的发生。其次，要重视科技的运用，利用科技及时防范风险的发生。金融机构需要建立完善的财务风险管理体制，包括金融风险预警制度、风险化解与防范机制、风险处理机制等，完善的财务风险管理机制可以减少风险的发生，减轻损失，有效实现各类风险的早期发现、预警、处置和补救。最后，必须把重点放在预防风险上。金融风险的表现形式多种多样，要把工作重点放在风险预防上，在业务创新的同时注意金融风险的防范，避免因过度创新而产生损失。

网点建设、业务创新给居民参与金融市场创造了条件，但金融机构的服务质量也是影响居民参与的重要因素。只有好的服务才能吸引优质客户，因此为提升金融机构服务质量可以采取如下措施：首先要营造和谐的企业文化，增强客户服务的责任意识。其次要建设具有高品位和吸引力的服务网点，调整营业网点结构和布局，规范并提升网点装修格调，并加强网点环境的综合整治。最后，要进行系统的专业技能培训，专业的掌握程度是提高员工整体服务的关键，金融机构可以通过加大培训力度、建立职业教育培训体系等方式提高员工素质。

加强对金融市场的监管，不仅需要外部机构的监督，还需要金融机构内部进行自查。第一，加快健全内部监管体系。为了控制内部风险，在监管上应该更加谨慎，建立必要的监管体系，以加强对风险的监控，使投资更加谨慎，以保障投资人的权益。第二，业务部门内部要自我约束，实现自律，进一步设立预警体系，提高工作效率。第三，进一步完善内部控制制度，通过调研充分制定银行的内部制度、程序和方法，对出现的风险进行提前监控，实现事前、事中、事后全方位的控制。

参 考 文 献

[1] 曹明华. 员工满意度影响因素实证研究 [J]. 现代商贸工业，2013，25 (6)：88 - 89.

[2] 柴效武，王淑贤. 家庭金融理论与实务 [M]. 北京：经济管理出版社，2003.

[3] 陈斌开，李涛. 中国城镇居民家庭资产——负债状况与成因研究 [J]. 经济研究，2011.

[4] 陈丹妮. 人口老龄化对家庭金融资产配置的影响——基于 CHFS 家庭调查数据的研究 [J]. 中央财经大学学报，2018 (7)：40 - 50.

[5] 陈雨丽，罗荷花. 金融教育、金融素养与家庭风险金融资产配置 [J]. 金融发展研究，2020 (6)：57 - 64.

[6] 陈琪，刘卫. 健康支出对居民资产选择行为的影响——基于同质性与异质性争论的探讨 [J]. 上海经济研究，2014 (6)：111 - 118.

[7] 陈琦. 我国农村土地流转的模式比较 [J]. 学习与实践，2010 (10)：126 - 130.

[8] 陈学彬，杨凌，方松. 货币政策效应的微观基础研究——我国居民消费储蓄行为的实证分析 [J]. 复旦学报（社会科学版），2005 (1)：42 - 54.

[9] 陈学彬，章妍. 医疗保障制度对家庭消费储蓄行为的影响——一个动态模拟研究 [J]. 上海财经大学学报，2007 (6)：55 - 62.

[10] 陈彦斌，陈伟泽，陈军，邱哲圣. 中国通货膨胀对财产不平等的影响 [J]. 经济研究，2013 (8)：4 - 15 + 130.

[11] 陈彦斌. 中国城乡财富分布的比较分析 [J]. 金融研究，2008 (12)：87 - 100.

[12] 陈彦斌. 行为资产定价理论 [M]. 北京：中国人民大学出版社，2006.

[13] 陈永伟，史宇鹏，权五燮. 住房财富、金融市场参与和家庭资

产组合选择——来自中国城市的证据 [J]. 金融研究, 2015 (4): 1-18.

[14] 陈霞, 刘斌. 高等教育投资对经济增长的影响分析——基于投资异质性视角 [J]. 当代教育论坛, 2019 (4): 41-49.

[15] 程兰芳. 中国城镇居民家庭的消费模式分析 [J]. 统计与决策, 2004 (4): 53-54.

[16] 窦婷婷, 杨立社. 城镇居民家庭金融资产选择行为的实证研究——来自陕西省西安市的调查 [J]. 会计之友, 2013 (26): 47-52.

[17] 董直庆, 蔡啸, 王林辉. 财产流动性与分布不均等: 源于技术进步方向的解释 [J]. 2016 (10): 72-92+203.

[18] 樊纲治, 王宏扬. 家庭人口结构与家庭商业人身保险需求——基于中国家庭金融调查 (CHFS) 数据的实证研究 [J]. 金融研究, 2015 (7): 170-189.

[19] 范学俊. 金融体系与经济增长: 来自中国的实证检验 [J]. 金融研究, 2006 (3): 57-66.

[20] 冯涛, 刘湘勤. 不确定性情况下的居民资产组合行为与中国金融结构变迁 [J]. 经济经纬, 2007 (06): 143-146.

[21] 管伟峰等. 基于结构方程模型的城市竞争力评价 [J]. 经济与管理, 2010, 24 (11): 41-45.

[22] 郭琳. 家庭结构对金融资产影响的实证研究 [J]. 改革与战略, 2013, 29 (12): 65-68+104.

[23] 郭士祺, 梁平汉. 社会互动、信息渠道与家庭股市参与——基于2011年中国家庭金融调查的实证研究 [J]. 经济研究, 2014 (1): 116-131.

[24] 韩洁. 我国城镇家庭生命周期资产组合选择行为的动态模拟 [D]. 复旦大学, 2008.

[25] 胡尧. 金融知识、投资能力对我国家庭金融市场参与及资产配置的影响 [J]. 中国市场, 2019 (1): 13-18.

[26] 胡振, 王春燕, 臧日宏. 家庭异质性与金融资产配置行为——基于中国城镇家庭的实证研究 [J]. 管理现代化, 2015 (4): 16-18.

[27] 胡振, 臧日宏. 风险态度, 金融教育与家庭金融资产选择 [J]. 商业经济与管理, 2016 (8): 64-76.

[28] 黄德森, 杨朝峰. 基于结构方程模型的动漫产业影响因素分析 [J]. 中国软科学, 2011 (5): 148-153.

[29] 黄倩, 尹志超. 信贷约束对家庭消费的影响——基于中国家庭

金融调查数据的实证分析［J］．云南财经大学学报，2015，31（2）：126－134.

［30］蹇滨徽，徐婷婷．家庭人口年龄结构、养老保险与家庭金融资产配置［J］．金融发展研究，2019（6）：32－39.

［31］纪园园，朱平芳，宁磊．家庭债务、区域差异与经济增长［J］．南京社会科学，2020（10）：25－33.

［32］姜维俊．中国金融结构分析（下）［J］．财贸经济，1999（6）：37－41.

［33］姜维俊．中国金融资产结构分析（上）［J］．财贸经济，1999（5）：22－28.

［34］雷晓燕，周月刚．中国家庭的资产组合选择：健康状况与风险偏好［J］．金融研究，2010（1）：31－45.

［35］缪钦．我国居民金融资产问题分析研究［D］．对外经济贸易大学，2006.

［36］李丁，何春燕，马双，邵帅．住房公积金制度保障功能的"纺锤"效应——基于 CHFS 数据的实证研究［J］．财经研究，2020，46（11）：108－122.

［37］李焕荣，苏敷胜．人力资源管理与企业绩效关系的实证研究——基于结构方程模型理论［J］．华东经济管理，2009，23（4）：102－108.

［38］李嘉欣．养老保险参与模式对我国居民家庭金融资产配置的影响——基于 2013 年中国家庭金融调查（CHFS）数据的实证分析［J］．时代金融，2017（24）：246－254.

［39］李婧，许晨辰．家庭规划对储蓄的影响："生命周期"效应还是"预防性储蓄"效应？［J］．经济学动态，2020（8）：20－36.

［40］李蕾，吴斌珍．家庭结构与储蓄率 U 型之谜［J］．经济研究，2014（1）：44－54.

［41］李实，魏众，丁赛．中国居民财产分布不均等及其原因的经验分析［J］．经济研究，2005，（6）：4－15.

［42］李涛．社会互动、信任与股市参与［J］．经济研究，2006（1）：34－45.

［43］李心丹，王冀宁，傅浩．中国个体证券投资者交易行为的实证研究［J］．经济研究．2002（11）.

［44］林盛，刘金兰，韩文秀．基于 PLS－结构方程的顾客满意度评价方法［J］．系统工程学报，2005，20（6）：653－656.

［45］林博, 吴卫星. 政策变动同家庭金融资产配置意愿关联性研究——基于 SVAR 的实证分析 ［J］. 会计与经济研究, 2019, 33 (4): 92 - 109.

［46］林昌华. 金融发展对中国经济高质量发展的影响路径机制 ［J］. 征信, 2020 (2): 77 - 84

［47］刘炳胜, 王雪青, 李冰. 中国建筑产业竞争力形成机理分析——基于 PLS 结构方程模型的实证研究 ［J］. 数理统计与管理, 2011, 30 (1): 12 - 22.

［48］廖婧琳, 王聪. 制度环境差异与居民金融市场参与——基于各国经济制度环境差异的比较 ［J］. 经济体制改革, 2017 (3): 176 - 182.

［49］刘降斌, 张洪建, 杜思宇. 家庭金融风险资产的影响因素研究——基于中国家庭金融调查 (CHFS) 的实证分析 ［J］. 哈尔滨商业大学学报 (社会科学版), 2016 (5): 3 - 10.

［50］刘进军. 中国城镇居民家庭异质性与风险金融资产投资 ［J］. 经济问题, 2015 (3): 51 - 60.

［51］刘欣欣. 我国居民金融资产选择行为演变的制度分析 ［J］. 南方金融, 2009 (3): 15 - 18.

［52］刘志成, 钱怡伶. 基于 SEM 模型武陵源生态旅游景区游客满意度研究 ［J］. 湖南社会科学, 2019 (3): 121 - 127.

［53］龙志和, 周浩明. 中国城镇居民预防性储蓄实证研究 ［J］. 经济研究, 2000 (11): 33 - 38 + 79.

［54］卢家昌, 顾金宏. 城镇家庭金融资产选择研究: 基于结构方程模型的分析 ［J］. 金融理论与实践, 2010 (3): 77 - 83.

［55］卢建新. 农村家庭资产与消费: 来自微观调查数据的证据 ［J］. 农业技术经济, 2015.

［56］卢凌霄, 周德, 吕超, 等. 中国蔬菜产地集中的影响因素分析——基于山东寿光批发商数据的结构方程模型研究 ［J］. 财贸经济, 2010 (6): 113 - 120.

［57］卢亚娟, 刘澍. 家庭结构对家庭金融资产配置影响的实证研究——基于 "全面二孩" 政策的视角 ［J］. 金融发展研究, 2017 (9): 3 - 9.

［58］卢亚娟, 张雯涵. 家庭结构对家庭参与保险市场的影响研究 ［J］. 现代经济探讨, 2020 (5): 25 - 35.

［59］梁运文, 霍震, 刘凯. 中国城乡居民财产分布的实证研究 ［J］.

经济研究，2010（10）：33 - 47.

[60] 罗旋. 我国房地产高价的成因分析 [J]. 商业经济，2004（11）：99 - 101.

[61] 骆祚炎. 城镇居民金融资产与不动产财富效应的比较分析 [J]. 数量经济技术经济研究，2007（11）：56 - 65.

[62] 马海刚，耿晔强. 中部地区乡镇企业绩效的影响因素分析——基于结构方程模型的实证研究 [J]. 中国农村经济，2008（5）：56 - 64.

[63] 马征程，杨朝军，蔡明超. 住房资产对风险型金融资产投资的影响——基于我国家庭的实证研究 [J]. 上海金融，2019（1）：1 - 8.

[64] 莫骄. 人口老龄化背景下的家庭金融资产选择 [D]. 天津：南开大学，2014.

[65] 潘选明，张炜. 金融知识有利于农村减贫吗？——来自中国的微观证据 [J]. 农村经济，2020（9）：99 - 109.

[66] 彭志龙. 居民金融资产与国民经济发展——当前居民金融资产增长对国民经济发展影响的分析 [J]. 统计研究，1998（2）：35 - 39.

[67] 钱璐璐. 基于结构方程模型的宜居城市满意度影响因素实证研究 [D]. 重庆大学，2010.

[68] 秦丽. 利率自由化背景下我国居民金融资产结构的选择 [J]. 财经科学，2007（4）：15 - 21.

[69] 史代敏，宋艳. 居民家庭金融资产选择的实证研究 [J]. 统计研究，2005（10）：43 - 49.

[70] 宋光辉，彭新育. 中国居民金融资产增长趋势分析 [J]. 华南理工大学学报（社会科学版），2003（3）：41 - 43.

[71] 宋光辉，徐青松. 股市投资功能与居民金融资产多元化发展 [J]. 经济经纬，2006，（1）：144 - 146.

[72] 孙凤. 主观幸福感的结构方程模型 [J]. 统计研究，2007，24（2）：27 - 32.

[73] 孙克任，谢俊士. 居民储蓄、储蓄分流与金融资产发展 [J]. 经济体制改革，2006（1）：89 - 93.

[74] 孙元欣. 美国家庭资产统计方法和分析 [J]. 统计研究，2006（2）：45 - 49.

[75] 唐珺，朱启贵. 家庭金融理论研究范式评论 [J]. 经济学动态，2008（5）：115 - 119.

[76] 田岗. 不确定性、融资约束与我国农村高储蓄现象的实证分

析——一个包含融资约束的预防性储蓄模型及检验 [J]. 经济科学, 2005 (1): 5 - 17.

[77] 万广华, 史清华, 汤树梅. 转型经济中农户储蓄行为: 中国农村的实证研究 [J]. 经济研究, 2003.

[78] 汪红驹, 张慧莲. 资产选择、风险偏好与储蓄存款需求 [J]. 经济研究, 2006 (6): 48 - 58.

[79] 汪伟. 中国居民储蓄率的决定因素——基于 1995 - 2005 年省际动态面板数据的分析 [J]. 财经研究, 2008 (2): 53 - 64.

[80] 王聪, 田存志. 股市参与、参与程度及其影响因素 [J]. 经济研究, 2012 (10): 97 - 107.

[81] 王广谦. 中国金融发展中的结构问题分析 [J]. 金融研究, 2002 (5): 47 - 56.

[82] 王家庭, 张兆君, 张国云. 现代家庭金融: 把握全新现代生活的智慧 [M]. 北京: 中国金融出版社, 2000.

[83] 王琎, 吴卫星. 婚姻对家庭风险资产选择的影响 [J]. 南开经济研究, 2014 (3): 100 - 112.

[84] 王清. 我国居民金融资产多元化的趋势及对策 [D]. 西南财经大学, 2006.

[85] 王稳等. 社会医疗保险对家庭金融资产配置的影响机制 [J]. 首都经济贸易大学学报, 2020, 22 (01): 21 - 34.

[86] 王晓青. 社会网络、民间借出款与农村家庭金融资产选择——基于中国家庭金融调查数据的实证分析 [J]. 财贸研究, 2017 (5): 47 - 54.

[87] 王宇, 周丽. 农村家庭金融市场参与影响因素的比较研究 [J]. 金融理论与实践, 2009 (4).

[88] 王彦伟. 家庭资产选择、地区经济特征与居民消费水平 [J]. 北京工商大学学报 (社会科学版), 2020, 35 (3): 113 - 126.

[89] 王子城. 人口抚养负担、金融市场参与和家庭资产配置 [J]. 金融与经济, 2016 (6): 21 - 27.

[90] 魏先华, 张越艳, 吴卫星, 肖帅. 我国居民家庭金融资产配置影响因素研究 [J]. 管理评论, 2014 (7): 20 - 28.

[91] 吴蓓蓓, 陈永福, 易福金. 城镇家庭收入分布变动对其食物消费的影响——兼论与静态模拟结果的比较 [J]. 农业现代化研究, 2019, 40 (2): 264 - 272.

［92］吴卫星，李雅君．家庭结构和金融资产配置——基于微观调查数据的实证研究［J］．华中科技大学学报（社会科学版），2016（2）：57－66.

［93］吴卫星，荣苹果，徐芊．健康与家庭资产选择［J］．经济研究，2011（1）：43－54.

［94］吴卫星，齐天翔．流动性、生命周期与投资组合的相异性——中国投资者行为调查实证分析［J］．经济研究，2007（2）：98－110.

［95］吴卫星，吴锟，王琎．金融素养与家庭负债——基于中国居民家庭微观调查数据的分析［J］．经济研究，2018，53（1）：97－109.

［96］吴晓求等．我国居民收入资本化趋势的实证分析［J］．金融研究，1999（1）：36－43.

［97］吴景泰，刘秋明．投资效率视角下公司治理与企业绩效关系研究［J］．会计之友，2019（1）：84－89.

［98］肖争艳，刘凯．中国城镇家庭财产水平研究：基于行为的视角［J］．经济研究，2012（4）：28－39.

［99］肖忠意，赵鹏，周雅玲．主观幸福感与农户家庭金融资产选择的实证研究［J］．中央财经大学学报，2018（2）：38－52.

［100］谢佩洪，奚红妹，魏农建，等．转型时期我国 B2C 电子商务中顾客满意度影响因素的实证研究［J］．科研管理，2011，32（10）：109－117.

［101］谢平．中国金融资产结构分析［J］．经济研究，1992（11）：30－37＋13.

［102］徐锐钊，周俊淑．商业银行个人理财业务需求影响因素实证分析［J］．经济学动态，2009（3）.

［103］徐润萍．构建货币政策的资本市场传导机制［J］．经济研究参考，2006（55）：19.

［104］徐展峰，贾健．农民金融资产分布、选择行为与影响因素分析［J］．中国农业大学学报，2010.

［105］徐巧玲．劳动收入、不确定风险与家庭金融资产选择［J］．云南财经大学学报，2019，35（5）：75－86.

［106］杨凌，陈学彬．我国居民家庭生命周期消费储蓄行为动态模拟研究［J］．复旦学报（社会科学版），2006（6）：14－24.

［107］易纲．中国金融资产结构分析及政策含义［J］．经济研究，1996（12）：26－33.

[108] 易丽蓉. 基于结构方程模型的区域旅游产业竞争力评价 [J].
重庆大学学报, 2006, 29 (10): 154 – 158.

[109] 易明, 罗瑾琏, 王圣慧, 钟竞. 时间压力会导致员工沉默
吗——基于 SEM 与 fsQCA 的研究 [J]. 南开管理评论, 2018, 21 (1):
203 – 215.

[110] 严琼芳, 吴猛猛, 张珂珂. 我国农村居民家庭财产现状与结构
分析 [J], 中南民族大学学报 (自然科学版), 2013 (1): 124 – 128.

[111] 尹志超, 彭嫦燕, 里昂安吉拉. 中国家庭普惠金融的发展及影
响 [J]. 管理世界, 2019, 35 (2): 74 – 87.

[112] 尹志超, 宋全云, 吴雨. 金融知识、投资经验与家庭资产选择
[J]. 经济研究, 2014 (4): 62 – 75.

[113] 于蓉. 我国家庭金融资产选择行为研究 [D]. 暨南大学, 2006.

[114] 俞梦巧, 董致臻. 收入、人口年龄结构与居民家庭金融资产选
择——基于 CHFS (2011) 的经验证据 [J]. 特区经济, 2017 (12):
109 – 111.

[115] 袁志刚, 张冰莹. 养老体系、家庭资产需求与金融结构研究
[J]. 复旦学报 (社会科学版), 2020, 62 (4): 148 – 158.

[116] 朱金霞, 吕康银. 我国城镇居民财产差距及财产分化问题研究
[J], 税务与经济, 2019 (3): 45 – 49

[117] 臧日宏, 王宇. 社会信任与城镇家庭风险金融资产投资——基
于 CFPS 数据的实证研究 [J]. 南京审计大学学报, 2017 (4): 55 – 65.

[118] 臧旭恒, 刘大可. 利率杠杆与居民消费—储蓄替代关系分析
[J]. 南开经济研究, 2003 (6): 3 – 8.

[119] 张海洋, 耿广杰. 生活满意度与家庭金融资产选择 [J]. 中央
财经大学学报, 2017 (3): 48 – 58.

[120] 张海云, 王聪. 中美家庭金融资产选择行为的差异及其因为
[J]. 浙江金融, 2010 (4): 33 – 34.

[121] 张辉, 付广军. 城镇居民家庭金融资产投资渠道选择模型研究
[J]. 山东经济, 2008 (1): 94 – 97.

[122] 张剑, 梁玲. 家庭异质性对金融资产配置的影响实证研究 [J/
OL]. 重庆大学学报 (社会科学版): 1 – 11 [2020 – 11 – 07]. http://
kns. cnki. net/kcms/detail/50. 1023. C. 20200102. 0847. 002. html.

[123] 张琦. 构建基于微观主体资产选择行为的货币需求模型 [J].
湖南商学院学报, 2008 (1): 83 – 85.

［124］张桥云．最优银行账户管理费水平与存款人行为研究——基于银行挤兑模型的修正与应用［J］．金融研究，2007（4）：41–52.

［125］张群．货币政策有效性的微观基础研究——居民消费、储蓄行为［J］．金融与经济，2007（5）：13–17.

［126］张晓娇．风险态度与家庭金融资产组合［D］．西南财经大学，2013.

［127］张志伟，李天德．中国城镇家庭金融资产选择行为研究——基于四川地区数据的结构方程模型分析［J］．求索，2013（9）：5–8.

［128］赵桂芹，王上文．产险业资本结构与承保风险对获利能力的影响——基于结构方程模型的实证分析［J］．财经研究，2008，34（1）：62–71.

［129］赵晓英，曾令华．我国城镇居民投资组合选择的动态模拟研究［J］．金融研究，2007（4）：72–86.

［130］周广肃，樊纲，李力行．收入差距、物质苛求与家庭风险金融资产投资［J］．世界经济2018（4）：58–74.

［131］周广肃，梁琪．互联网使用、市场摩擦与家庭风险金融资产投资［J］．金融研究，2018（1）：84–101.

［132］周涛，鲁耀斌．结构方程模型及其在实证分析中的应用［J］．工业工程与管理，2006，11（5）：99–102.

［133］周月书，刘茂彬．基于生命周期理论的居民家庭金融资产结构影响分析［J］．上海金融，2014（12）：11–16.

［134］朱岚．我国居民金融资产选择与经济增长的关联性研究［D］．西南财经大学，2007.

［135］邹红，喻开志．我国城镇居民家庭的金融资产选择特征分析——基于6个城市家庭的调查数据［J］．工业技术经济，2009，28（5）：19–22.

［136］邹建国．基于结构方程模型的农户信贷约束研究［J］．湖南科技大学学报（社会科学版），2018（4）：125–131.

［137］Aizcorbe A M, Kennickell A B, Moore K B. Recent Changes in US Family Finances：Evidence from the 1998 and 2001 Survey of Consumer Finances［J］. Fed. Res. Bull, 2003（89）：1.

［138］Alessie R, Hochguertel S, Van Soest A. Household Portfolios in the Netherlands［J］. 2000.

［139］Angerer X, Lam P O K S. Income Risk and Portfolio Choice：An empirical study [J]. The Journal of Finance, 2009, 64 (2): 1037 – 1055.

[140] Arrondel L, Calvo Pardo H F. Portfolio Choice with a Correlated Background Risk: Theory and Evidence [J]. 2002.

[141] Barber B M, Lee Y T, Liu Y J et al. Just How Much Do Individual Investors Lose by Trading? [J]. Review of Financial studies, 2009, 22 (2): 609 – 632.

[142] Barber B M, Odean T. Boys Will Be Boys: Gender, Overconfidence, and Common Stock Investment, Quarterly Journal of Economics, 2001.

[143] Benzoni L, Chyruk O. Investing over the Life Cycle with Long-run Labor Income Risk [J]. 2009.

[144] Berkowitz M K, Qiu J. A Further Look at Household Portfolio Choice and Health Status [J]. Journal of Banking & Finance, 2006, 30 (4): 1201 – 1217.

[145] Bilias Y, Georgarakos D, Haliassos M. Portfolio Inertia and Stock Market Fluctuations [J]. Journal of Money, Credit and Banking, 2010, 42 (4): 715 – 742.

[146] Blow L, Nesheim L. Dynamic Housing Expenditures and Household Welfare [R]. CEMMAP Working Paper, 2009.

[147] Bodie Z, Merton R C, Samuelson W F. Labor Supply Flexibility and Portfolio Choice in a Life Cycle Model [J]. Journal of Economic Dynamics and Control, 1992, 16 (3 – 4): 427 – 449.

[148] Bogan V L, Goldberg P K. Household Asset Allocation, Offspring Education, and the Sandwich Generation [J]. American Economic Review, 2015, 105 (5): 611 – 615.

[149] Brueckner J K. Consumption and Investment Motives and the Portfolio Choices of Homeowners [J]. The Journal of Real Estate Finance and Economics, 1997, 15 (2): 159 – 180.

[150] Brunnermeier M K, Nagel S. Do Wealth Fluctuations Generate Time-varying Risk Aversion? Micro-evidence on Individuals' Asset Allocation [J]. The American Economic Review, 2008, 98 (3): 713 – 736.

[151] Calvet L E, Sodini P. Twin Picks: Disentangling the Determinants of Risk Taking in Household Portfolios [J]. Social Science Electronic Publishing, 2010, 69 (2): 867 – 906.

[152] Campbell J Y. Household Finance [J]. The Journal of Finance,

2006, 61 (4): 1553 –1604.

[153] Canner N, Mankiw N G, Weil D N. An Asset Allocation Puzzle [R]. National Bureau of Economic Research, 1994.

[154] Cardak B A, Wilkins R. The Determinants of Household Risky Asset Holdings: Australian Evidence on Background Risk and Other Factors [J]. Journal of Banking & Finance, 2009, 33 (5): 850 –860.

[155] Carroll C D. Portfolios of the Rich [R]. National Bureau of Economic Research, 2000.

[156] Cauley S D, Pavlov A D, Schwartz E S. Homeownership as a Constraint on Asset Allocation [J]. The Journal of Real Estate Finance and Economics, 2007, 34 (3): 283 –311.

[157] Chetty R, Sándor L, Szeidl A. The Effect of Housing on Portfolio Choice [J]. The Journal of Finance, 2017.

[158] Christian Bayer, Ralph Luetticke, Lien Pham-Dao, Volker Tjaden. Precautionary Savings, Illiquid Assets, and the Aggregate Consequences of Shocks to Household Income Risk [J]. Econometrica, 2019, 87 (1).

[159] Cocco J F, Gomes F J, Maenhout P J. Consumption and Portfolio choice over the Life Cycle [J]. Review of Financial Studies, 2005, 18 (2): 491 –533.

[160] Cocco J F. Portfolio Choice in the Presence of housing [J]. Review of Financial studies, 2005, 18 (2): 535 –567.

[161] David J P, Ghozali F, Falletbianco C et al. Glial Reaction in the Hippocampal Formation is Highly Correlated with Aging in Human Brain. [J]. Neuroscience Letters, 1997, 235 (1 –2): 53 –56.

[162] Davis S J, Kubler F, Willen P. Borrowing Costs and the Demand for Equity over the Life Cycle [J]. The Review of Economics and Statistics, 2006, 88 (2): 348 –362.

[163] Demarzo, Peter M. , Ron Kaniel, Han Kremer. Diversification as a Public Good: Community Effects in Portfolio Choice [J]. Journal of Finance, 2004.

[164] Dreze J H, Modigliani F. Consumption Decisions under Uncertainty [J]. Journal of Economic Theory, 1972, 5 (3): 308 –335.

[165] Duesenberry J S. Income, Saving, and the Theory of Consumer Behavior [J]. 1949.

[166] Eeckhoudt L, Gollier C, Schlesinger H. Changes in Background risk and Risk Taking Behavior [J]. Econometrica: Journal of the Econometric Society, 1996: 683 - 689.

[167] Elmendorf D W, Kimball M S. Taxation of Labor Income and the Demand for Risky Assets [J]. International Economic Review, 2000, 41 (3): 801 - 832.

[168] Etheridge B. Increasing Inequality and Improving Insurance: House Price Booms and the Welfare State in the UK [R]. Working Paper, 1 - 55, 2010.

[169] Evans D S, Jovanovic B. An Estimated Model of Entrepreneurial Choice Under Liquidity Constraints [J]. Journal of Political Economy, 1989, 97 (4): 808 - 827.

[170] Evans D S, Leighton L S. Some Empirical Aspects of Entrepreneurship [J]. The American Economic Review, 1989, 79 (3): 519 - 535.

[171] Fan E, Zhao R. Health Status and Portfolio Choice: Causality or Heterogeneity? [J]. Journal of Banking & Finance, 2009, 33 (6): 1079 - 1088.

[172] Flavin M, Yamashita T. Owner-occupied Housing and the Composition of the Household Portfolio [J]. The American Economic Review, 2002, 92 (1): 345 - 362.

[173] Friedrich A, Jonkmann K, Nagengast B et al. Teachers' and Students' Perceptions of Self-regulated Learning and Math Competence: Differentiation and Agreement [J]. Learning & Individual Differences, 2013 (27): 26 - 34.

[174] Gentry W M, Hubbard R G. Entrepreneurship and Household Saving [J]. Advances in Economic Analysis & Policy, 2004, 4 (1).

[175] Gollier C, Pratt J W. Risk Vulnerability and the Tempering Effect of Background Risk [J]. Econometrica: Journal of the Econometric Society, 1996: 1109 - 1123.

[176] Gomes F, Michaelides A. Optimal Life-Cycle Asset Allocation: Understanding the Empirical Evidence [J]. The Journal of Finance, 2005, 60 (2): 869 - 904.

[177] Grable J E, Lytton R H. Assessing the Concurrent Validity of the SCF Risk Tolerance Question [J]. Journal of Financial Counseling and Planning, 2001, 12 (2): 43.

[178] Grinblatt M, M Keloharju, J Linnaima. IQ and Stock Market Participation [J]. Journal of Financial, 2011.

[179] Grossman S J, Laroque G. Asset Pricing and Optimal Portfolio Choice in the Presence of Illiquid Durable Consumption Goods [J]. 1987.

[180] Guidara, Achek, Dammak. Internal Control Weaknesses, Family Ownership and the Cost of Debt: Evidence from the Tunisian Stock Exchange [J]. Journal of African Business, 2016, 17 (2).

[181] Guiso L, Jappelli T, Terlizzese D. Income Risk, Borrowing Constraints, and Portfolio Choice [J]. The American Economic Review, 1996: 158 - 172.

[182] Guiso L, Paiella M. The Role of Risk Aversion in Predicting Individual Behaviors [J]. 2004.

[183] Guiso L, Sapienza P, Zingales L. Trusting the Stock Market [J]. the Journal of Finance, 2008, 63 (6): 2557 - 2600.

[184] Guo H. A Simple Model of Limited Stock Market Participation [J]. Review-Federal Reserve Bank of Saint Louis, 2001, 83 (3): 37 - 47.

[185] H Hong, J D Kubik, J C Stein. Social Interaction and Stock Market Participation [J]. Journal of Finance, 2004.

[186] Haliassos M, Bertaut C C. Why do So Few Hold Stocks? [J]. the Economic Journal, 1995: 1110 - 1129.

[187] Halket J R, Vasudev S. Home Ownership, Savings, and Mobility Over the Life Cycle [J]. 2012.

[188] Hall R E, Mishkin F S. The Sensitivity of Consumption to Transitory Income: Estimates from Panel Data on Households [J]. 1980.

[189] Han W H. Investment System, Investment Audit and State-owned Investment Efficiency [J]. Journal of Zhongnan University of Economics and Law, 2005 (3): 2 - 4.

[190] Heaton J, Lucas D. Portfolio Choice and Asset Prices: The Importance of Entrepreneurial Risk [J]. The journal of Finance, 2000, 55 (3): 1163 - 1198.

[191] Heaton J, Lucas D. Portfolio Choice in the Presence of Background risk [J]. The Economic Journal, 2000, 110 (460): 1 - 26.

[192] Holtz-Eakin D, Joulfaian D, Rosen H S. Entrepreneurial Decisions and Liquidity Constraints [R]. National Bureau of Economic Research, 1993.

［193］ Hong H, Kubik J D, Stein J C. Social Interaction and Stock-market Participation ［J］. The Journal of Finance, 2004, 59（1）: 137 – 163.

［194］ Iwaisako T. Household Portfolios in Japan ［J］. Japan and the World Economy, 2009, 21（4）: 373 – 382.

［195］ Jappelli T. Who is Credit Constrained in the US Economy? ［J］. The Quarterly Journal of Economics, 1990, 105（1）: 219 – 234.

［196］ Jie Yang, Mengyuan Jin. Research on the Influencing Factors of Household Financial Asset Selection Empirical Evidence from China Financial Survey（CHFS）Data. International Science and Culture for Academic Contacts, 2018: 5.

［197］ John Maynard K. The General Theory of Employment, Interest, and money ［J］. 1936.

［198］ Kim S H, Jeong G H, Choi D et al. Synthesis of Noble Metal/graphene Nanocomposites Without Surfactants by One-step Reduction of Metal Salt and Graphene Oxide ［J］. J Colloid Interface Sci, 2013, 389（1）: 85 – 90.

［199］ Kimball M S. Standard risk aversion ［J］. Econometrica: Journal of the Econometric Society, 1993: 589 – 611.

［200］ Koo H K. Consumption and Portfolio Selection with Labor Income: Evaluation of Human Capital ［J］. Unpublished Paper, Washington University, 1995.

［201］ Krishnakumar J, Ballon P. Estimating Basic Capabilities: A Structural Equation Model Applied to Bolivia ［J］. World Development, 2008, 36（6）: 992 – 1010.

［202］ Liu Fengyu. Work Type, Enterprise Nature and Household Asset Allocation ［A］. Institute of Management Science and Industrial Engineering. Proceedings of 2019 5th International Conference on Economics, Business, Finance, and Management（ICEBFM 2019）［C］. Institute of Management Science and Industrial Engineering: Computer Science and Electronic Technology International Society, 2019: 9.

［203］ Loayza, Schmidt H K, Servn L. Saving in Developing Countries ［J］. World Bank Economic Review, 2000, 14（3）: 393 – 414.

［204］ Lovenheim M F. The Effect of Liquid Housing Wealth on College Enrollment ［J］. Journal of Labor Economics, 2011, 29（4）: 741 – 771.

［205］ Mahesh Dahal, Nathan Fiala. What do We Know about the Impact of Microfinance? The Problems of Statistical Power and Precision [J]. World Development, 2020: 128.

[206] Maobin He. Education Background, Cognitive Abilities and Urban Households' Financial Assets Choice [A]. Information Engineering Research Institute, USA、Singapore Management and Sports Science Institute, Singapore. Proceedings of 2019 IERI International Conference on Economics, Management, Applied Sciences and Social Science (EMAS 2019) (Advances in Education Research, VOL. 127) [C]. Information Engineering Research Institute, USA、Singapore Management and Sports Science Institute, Singapore: Intelligent Information Technology Applications Society, 2019: 6.

[207] Mariger R P. A Life-cycle Consumption Model with Liquidity Constraints: Theory and Empirical Results [J]. Econometrica: Journal of the Econometric Society, 1987: 533 –557.

[208] Markowitz H. Portfolio Selection [J]. The Journal of Finance, 1952, 7 (1): 77 –91.

[209] Marya Hillesl. Gender Differences in Risk Behavior: An Analysis of Asset Allocation Decisions in Ghana [J]. World Development, 2019 (117): 127 –137.

[210] Masson P R, T Bayoumi, H Samiei. International Evidence on the Determinants Private Saving [J]. The World Bank Economic Review, 1998, 12 (3): 483 –501.

[211] Merton R C. Lifetime Portfolio Selection under Uncertainty: The Continuous-time Case [J]. The Review of Economics and Statistics, 1969: 247 –257.

[212] Merton R C. Optimum Consumption and Portfolio Rules in a Continuous-time Model [J]. Journal of Economic Theory, 1971, 3 (4): 373 –413.

[213] Mishra A A, Shah R. In Union Lies Strength: Collaborative Competence in New Product Development and its Performance Effects [J]. Journal of Operations Management, 2009, 27 (4): 324 –338.

[214] Modigliani F, Brumberg R. Utility Analysis and the Consumption Function: An Interpretation of Cross-section Data [J]. Franco Modigliani, 1954: 1.

[215] Moshe Hazan, David Weiss, Hosny Zoabi. Women's Liberation as a Financial Innovation [J]. The Journal of Finance, 2019, 74 (6).

[216] M Niaz Asadullah, Saizi Xiao, Emile Yeoh. Subjective Well-being in China, 2005 - 2010: The Role of Relative Income, Gender, and Location [J]. China Economic Review, 2018: 48.

[217] Paxson C. Borrowing Constraints and Portfolio Choice [J]. The Quarterly Journal of Economics, 1990, 105 (2): 535 - 543.

[218] Pelizzon L, Weber G. Are Household Portfolios Efficient? An Analysis Conditional on Housing [J]. Journal of Financial and Quantitative Analysis, 2008, 43 (02): 401 - 431.

[219] Poterba, James M, Andrew Samwick, Taxation and Household Portfolio Composition: Evidence from Tax Reforms in the 1980s and 1990s, Journal of Public Economics, 2003.

[220] Qin Zhang, Haili Xue, Xueyan Zhao, Haiping Tang. Linking Livelihood Assets of Smallholder Households to Risk Management Strategies: An Empirical Study in China [J]. Environmental Hazards, 2019, 18 (3).

[221] Rosen H S, Wu S. Portfolio Choice and Health Status [J]. Journal of Financial Economics, 2004, 72 (3): 457 - 484.

[222] Rupprecht M. Low Interest Rates and Household Portfolio Behaviour in Euro Area Countries [J]. Intereconomics, 2018, 53 (3): 174 - 178.

[223] Selamah Abdullah Yusof. Ethnic Disparity in Financial Fragility in Malaysia [J]. International Journal of Social Economics, 2019, 46 (1).

[224] Sharpe W F. Capital Asset Prices: A Theory of Market Equilibrium under Conditions of Risk [J]. The Journal of Finance, 1964, 19 (3): 425 - 442.

[225] Shum P, Faig M. What Explains Household Stock Holdings? [J]. Journal of Banking & Finance, 2006, 30 (9): 2579 - 2597.

[226] Silos P. Housing, Portfolio Choice and the Macroeconomy [J]. Journal of Economic Dynamics and Control, 2007, 31 (8): 2774 - 2801.

[227] Tanapond Swanpitak, Xiaofei Pan, Sandy Suardi. . Family Control and Cost of Debt: Evidence from Thailand, Pacific-Basin Finance Journal, 2020, 62: 1 - 20.

[228] Thornton J. Age Structure and the Personal Savings Rate in the United States, 1956 - 1995 [J]. Southern Economic Journal, 2001, 68 (1): 166 - 170.

[229] Tobin J. Liquidity Preference as Behavior Towards Risk [J]. The

Review of Economic Studies, 1958, 25 (2): 65 – 86.

[230] T Yu. Bogomolova, T. Yu. Cherkashina. Regional and Settlement Aspects in the Structure of Nonfinancial Wealth of Russian Households [J]. Regional Research of Russia, 2016, 6 (1).

[231] Van Rooij M, and A Lusardi, R Alessie. Financial Literacy and Stock Market Participation [J]. Journal of Financial Economics, 2011.

[232] Vissing-Jorgensen A. Limited Asset Market Participation and the Elasticity of Intertemporal Substitution [J]. Journal of Political Economy, 2002, 110 (4): 825 – 853.

[233] Vissing-Jorgensen A. Perspectives on Behavioral Finance: Does "irrationality" Disappear with Wealth? Evidence from Expectations and Actions [J]. NBER Macroeconomics Annual, 2003, 18: 139 – 194.

[234] V Stango, J Zinman. Exponential Growth Bias and Household Finance, The Journal of Finance, 2009 (12): 1540 – 6261.

[235] Wachter, Jessica A, Motohiro Yogo. Why do Household Portfolio Shares Risk in Wealth [J]. Review of Finance Studies, 2010.

[236] Wajiha Haq, Noor Azina Ismail, NurulHuda Mohd Satar. Household Debt in Different Age Cohorts: A Multilevel Study [J]. Cogent Economics & Finance, 2018, 6 (1).

[237] Wilson S J. The Savings Rate Debate: Does the Dependency Hypothesis Hold for Australia and Canada? [J]. Australian Economic History Review, 2000, 40 (2): 199 – 218.

[238] Wu Shiyou, Wang Xiafei, Wu Qi, Harris Kathleen M. Household Financial Assets Inequity and Health Disparities Among Young Adults: Evidence from the National Longitudinal Study of Adolescent to Adult Health. [J]. Journal of health disparities research and practice, 2018, 11 (1).

[239] Wei Chen. Statistical Analysis of Coastal Port Competitiveness Factors Based on SEM Model [J]. Journal of Coastal Research, 2020 (103): 190 – 193.

[240] Xiaomeng Lu, Jiaojiao Guo, Li Gan. International Comparison of Household Asset Allocation: Micro-evidence from Cross-country Comparisons [J]. Emerging Markets Review, 2020, 43.

[241] Xue Zhang. The Effects of Occupation on Household Assets Allocation and Risk Preference [J]. Canadian Social Science, 2017, 13 (7).

［242］Yao R, Zhang H H. Optimal Consumption and Portfolio Choices with Risky Housing and Borrowing Constraints ［J］. Review of Financial Studies, 2005, 18 (1): 197 – 239.

［243］Yili Chien, Hanno Lustig, Kanda Naknoi . Why are Exchange Rates so Smooth? A Household Finance Explanation, Journal of Monetary Economics, 2019 (6): 1 – 20

［244］Yucan Li. The Influence of Financial Literacy and Risk Attitude on Household Financial Behavior ［A］. Wuhan Zhicheng Times Cultural Development Co. , Ltd. 2020: 12.

［245］Zeldes S P. Consumption and Liquidity Constraints: An Empirical Investigation ［J］. Journal of political economy, 1989, 97 (2): 305 – 346.

图书在版编目（CIP）数据

农村家庭金融资产选择行为研究/卢亚娟著 . -- 北京：
经济科学出版社，2021.12
国家社科基金后期资助项目
ISBN 978 - 7 - 5218 - 3310 - 2

Ⅰ.①农… Ⅱ.①卢… Ⅲ.①农村 - 家庭 - 金融资产
- 配置 - 研究 - 中国 Ⅳ.①TS976.15

中国版本图书馆 CIP 数据核字（2021）第 255719 号

责任编辑：刘　莎
责任校对：易　超
责任印制：王世伟

农村家庭金融资产选择行为研究

卢亚娟　著

经济科学出版社出版、发行　新华书店经销
社址：北京市海淀区阜成路甲 28 号　邮编：100142
总编部电话：010 - 88191217　发行部电话：010 - 88191522
网址：www. esp. com. cn
电子邮箱：esp@ esp. com. cn
天猫网店：经济科学出版社旗舰店
网址：http://jjkxcbs. tmall. com
北京季蜂印刷有限公司印装
710 × 1000　16 开　16.25 印张　330000 字
2021 年 12 月第 1 版　2021 年 12 月第 1 次印刷
ISBN 978 - 7 - 5218 - 3310 - 2　定价：66.00 元